高等学校测控技术与仪器专业应用型本科系列规划教材

环境监测在线分析技术

主　编◆王　森　杨　波

副主编◆聂　玲　杨君玲　钟秉翔

主　审◆唐德东

重庆大学出版社

内容提要

本书是一部环境监测在线分析仪器及其应用技术方面的教材。全书共9章，内容包括烟气排放连续监测系统和在线水质分析仪器系统的主流技术和典型应用情况等。本书以在线分析仪器系统的设计和应用为主线，结合环境监测的现场工艺要求，重点讲解在线分析仪器系统的设计思路和方法。

本书不仅可以作为高等院校仪器类、环境科学与工程类和自动化类等专业的教学用书，也可作为水质监测行业和烟气监测行业等相关从业人员的参考用书。

图书在版编目(CIP)数据

环境监测在线分析技术/王森，杨波主编.--重庆：
重庆大学出版社，2020.6(2023.1重印)
ISBN 978-7-5689-2084-1

Ⅰ.①环… Ⅱ.①王… ②杨… Ⅲ.①环境监测系统—在线监测系统—高等学校—教材 Ⅳ.①X84

中国版本图书馆CIP数据核字(2020)第070802号

环境监测在线分析技术

主　编　王　森　杨　波
副主编　聂　玲　杨君玲　钟秉翔
策划编辑：杨粮菊
责任编辑：文　鹏　涂　昀　　版式设计：杨粮菊
责任校对：万清菊　　责任印制：张　策

*

重庆大学出版社出版发行
出版人：饶帮华
社址：重庆市沙坪坝区大学城西路21号
邮编：401331
电话：(023)88617190　88617185(中小学)
传真：(023)88617186　88617166
网址：http://www.cqup.com.cn
邮箱：fxk@cqup.com.cn(营销中心)
全国新华书店经销
重庆市国丰印务有限责任公司印刷

*

开本：787mm×1092mm　1/16　印张：14.25　字数：368千
2020年6月第1版　2023年1月第5次印刷
ISBN 978-7-5689-2084-1　定价：45.00元

前言

随着《“十三五”生态环境保护规划》的颁发和大气、水、土壤三大污染防治行动计划的实施，在线分析技术在环境监测中的应用也日益增加。根据《2018 年中国生态环境状况公报》，我国目前的生态环境监测网络（国控点）包含 1 400 余个城市环境空气质量监测点位、1 900 余个地表水水质评价点位、万余个地下水监测点位，在线分析技术在这些监测点位中发挥了重要作用。为此，我们搜集整理了环境监测中应用的主流在线分析技术，并将实际工程中使用的典型仪器包含在本书中，为仪器仪表、自动控制、环境工程、应用化学等专业的本科生和研究生提供教学用书，同时也为水质监测和烟气监测等行业的从业人员提供参考用书。

全书共 9 章。第 1 章介绍烟气排放连续监测系统（CEMS）的发展、CEMS 的系统描述和基本组成、CEMS 的结构和工作原理、CEMS 质量保证和质量控制以及我国污染源废气排放控制和监测技术相关标准。第 2—4 章分别介绍 CEMS 中 3 种最典型的在线监测子系统：完全抽取式气态污染物在线监测子系统、烟尘颗粒物在线监测子系统和烟气参数在线监测子系统。第 5—6 章介绍 CEMS 的典型应用，包括 CEMS 在燃煤烟气脱硫脱硝和垃圾焚烧中的应用，重点依据不同的工艺特点，设计和应用在线分析仪器系统。第 7 章介绍在线水质分析仪器的发展历史、主要类别和实现技术、发展趋势和应用前景，以及在国内的应用情况。第 8—9 章分别介绍在线水质分析仪器及其系统在污水处理与排放水质监测、地表水与地下水环境监测中的应用，重点讨论不同现场环境中，在线水质分析仪器及其系统的设计要点。

本书由王森和杨波任主编，聂玲、杨君玲、钟秉翔任副主编。本书各章编写及审定人员如下：第 1 章，王森、钟秉翔；第 2 章，王森、杨波；第 3 章，王森、杨波；第 4 章，王森、杨波；第 5 章，王森、聂玲；第 6 章，王森、杨君玲；第 7 章，杨波、钟秉翔；第 8 章，杨波、王森、杨君玲；第 9 章，杨波、王森、聂玲。

参与本书编写和审定的人员还有：重庆科技学院柏俊杰、李作进、王雪、辜小花、张小云、曾建奎。

本书参考了大量公开发表的文献和网上资料，尽管这些文献和网上资料已在参考文献中列出，但难免有疏漏，在此对原作者致以衷心的感谢。限于编者水平有限，书中难免存在不当和欠缺之处，敬请读者指正并与我们联系：bob@ cqust. edu. cn。

编　者

2020 年 1 月

目录

第1章 烟气排放连续监测系统(CEMS)概述

改革开放以来,我国经济社会发展取得了举世瞩目的成就,但也付出了巨大的环境代价。20 世纪 70 年代开始出现部分地区局部污染,80 年代城市河段和大气污染加重,90 年代后污染范围呈扩大态势。伴随新一轮的经济高速增长,污染物排放总量居高不下,大大超出环境容量。

我国的大气污染形势较为严峻。大气污染的主要来源是火电厂,其次是钢铁厂、水泥厂和化工厂。我国 2/3 的电力来自火力发电,燃料主要是煤,中国煤炭的含硫量和粉尘含量较高,许多电厂特别是中、小型电厂又缺少脱硫、脱硝、除尘设备,大大加重了排放烟气中 SO_2、NO_x 和粉尘的含量。

近年来,环境空气细颗粒物($PM_{2.5}$)污染逐步引起广泛关注,$PM_{2.5}$ 已经成为影响环境空气质量、造成环境灰霾天气的首要污染物。2011 年国务院印发的《国家环境保护"十二五"规划》和 2013 年国务院发布的《大气污染防治行动计划》均把 $PM_{2.5}$ 环境监测和联防联控作为重要的环境保护要求。固定污染源废气排放是环境空气 $PM_{2.5}$ 的重要来源之一,除 SO_2 和 NO_x 外,其他污染物如颗粒物、汞等重金属污染物以及挥发性有机污染物(VOCs)等均是 $PM_{2.5}$ 的主要前体物,对环境空气 $PM_{2.5}$ 的贡献相当大。尽管已经采取了严厉的环境监管措施,发布了严格的污染物排放控制标准,但是当前我国环境形势依然严峻,环境风险不断凸显,污染治理和减排任务相当艰巨。环境污染和生态破坏已经成为危害人民健康、制约可持续发展和影响社会稳定的一个重要因素。

环境保护作为我国的一项基本国策,不仅是实施我国可持续发展战略的重要内容,而且是构建和谐社会和资源节约型、环境友好型社会的重要组成部分。监测固定污染源废气排放是环境保护的基础工作和数据来源,是衡量环境污染程度、进行环境决策与管理的重要依据,同时也是环境监督执法和总量减排核算体系的组成部分,在我国的环境保护工作中具有举足轻重的地位和作用,其监测技术的发展与进步以及监测数据的质量将为环境监管、环境监测、总量减排等环境保护重点工作的开展和环境空气质量的整体改善奠定坚实的技术基础。

1.1 CEMS发展概述

1.1.1 国外CEMS技术发展历程

固定污染源烟气排放连续监测系统(Continuous Emission Monitoring System, CEMS)是为适应固定污染源废气排放监测、污染物排放监管以及总量减排核算等国家环境管理需求而安装使用的一种污染物排放连续自动监测计量分析仪器。

早期的烟气监测多采用手工或半自动的仪器,基本程序首先是采样,然后送回实验室分析,最后计算结果。随着技术进步,烟气监测开始出现在线采样和在线分析的连续自动仪器,并逐渐集成为多参数的测量系统——CEMS。参数测量原理也在不断发展,早期气态污染物手工测量方法以化学分析法为主,初期的在线仪器多是基于电化学原理的仪器,现在主流的仪器其原理是采用光学法。

颗粒物测量原理手工经典方法是重量法,近年光学法仪器发展迅速。CEMS在可靠性、准确性和实时性上不断完善。

美国、欧盟各国、日本等早在20世纪60年代就开始尝试开发使用连续自动监测技术和仪器,80年代以后已经将CEMS作为固定污染源烟气排放连续自动监测的一种成熟、可靠的重要技术手段逐步推广,对污染源的排放状况进行连续、实时的监控和管理。

1.1.2 我国CEMS应用现状和发展

我国于1996年发布了《火电厂大气污染物排放标准》(GB 13223—1996),首次要求对锅炉排放烟气安装连续排放监测系统进行监测管理;随后开展了一系列针对CEMS的技术研究和仪器设备开发工作,2000年以后,CEMS技术研究和仪器设备开发逐步趋于成熟,并应用在污染源废气监测和监管工作中;同时与之配套的法律法规和技术规定也相应地逐步颁布实施。2003年7月和2012年1月颁布实施的《排污费征收使用管理条例》(国务院令第369号)和《火电厂大气污染物排放标准》(GB 13223—2011)中均提出必须安装CEMS,并规定CEMS数据作为执法的依据。2005年11月1日原国家环境保护局(现中华人民共和国生态环境部)发布了《污染源自动监控管理办法》(国家环境保护局令第28号),规定污染源自动监控设备是污染防治设施的组成部分,经验收合格并正常运行的CEMS数据可作为环保部门进行排污申报核定、排污许可证发放、总量控制、环境统计、排污费征收和现场环境执法等环境监督管理的依据。“十一五”期间,随着排污监督执法和主要污染物排放总量减排工作的深入开展,包括除尘、脱硫、脱硝等污染物治理设施大量投运,导致CEMS在我国国控、省控等废气污染源的安装和使用量逐步加大,尤其是在火电行业其安装使用率超过90%,为污染源排放监督执法、排污费征收和减排总量核查核算提供了大量基础数据和参考依据。

当前我国CEMS系统主要监测的污染物和烟气参数如下:污染物主要有二氧化硫(SO_2)、氮氧化物(NO_x)、颗粒物;烟气参数主要有氧含量(O_2)、烟气流速(流量)、烟气温度、压力和湿度等;根据燃料的不同及燃烧工艺的不同可能还要监测一氧化碳(CO)、氯化氢(HCl)等。

人们需要用CEMS来监测的参数也不断增加,除二氧化硫、氮氧化物、颗粒物这几个已纳入减排计划的污染物之外,如氨(NH_3)、硫化氢(H_2S)、氟化氢(HF)、重金属类污染物(汞、铅等)、挥发性有机物污染物(苯、二甲苯、卤代烃等)和半挥发性有机污染物(多环芳烃等)、温室气体(二氧化碳、甲烷、六氟化硫、一氧化二氮等)的连续自动监测也是今后污染源排放监测的发展方向。

仅就CEMS本身技术而言,二氧化硫、氮氧化物、颗粒物及其相关的烟气参数(温度、压力、流速、含氧量、湿度)与国外发达国家相比,国产CEMS仪器设备的技术能力已经达到国际一流水平,但在技术细节、仪器设备的质量稳定性等方面与欧美等发达国家的同类产品还有一定差距。

1.2　CEMS的系统描述和基本组成

1.2.1　CEMS的系统描述

CEMS即烟气排放连续监测系统,也称废气连续自动监测系统。该系统对固定污染源颗粒物浓度和气态污染物浓度以及污染物排放总量进行连续自动监测,并将监测数据和信息传送到环保主管部门,确保排污企业污染物浓度和排放总量达标。同时,各种相关的环保设备如脱硫、脱硝等装置,也依靠CEMS的数据进行监控和管理,以提高环保设施的效率。

1.2.2　CEMS的基本组成

一套完整的CEMS系统基本组成包括颗粒物监测子系统、气态污染物监测子系统、烟气排放参数监测子系统、数据采集和处理子系统4个主要部分。

(1)颗粒物监测子系统

颗粒物监测子系统主要对烟气排放中的烟尘浓度进行实时测量,主要构成物为颗粒物监测仪(或称烟尘仪)及反吹、数据传输等辅助部件。烟气中颗粒物又称烟尘或粉尘,一般是指颗粒粒径为0.01~200 μm的固态物质。

(2)气态污染物监测子系统

气态污染物监测子系统主要对烟气排放中以气态方式存在的污染物进行监测。烟气中气态污染物主要包括二氧化硫(SO_2)、氮氧化物(NO_x)、一氧化碳(CO)、二氧化碳(CO_2)、氯化氢(HCl)、氟化氢(HF)、氨气(NH_3)、汞(Hg)以及挥发性有机污染物(VOCs)等。安装在火电行业的常规CEMS监测的气态污染物通常为SO_2和NO_2。

(3)烟气排放参数监测子系统

烟气排放参数监测子系统主要对烟气排放过程中的烟气温度、湿度、压力、流速(流量)以及含氧量等参数进行连续自动监测。烟气参数测量主要用于对污染物浓度状态的转换计算和排放速率以及排放量的计算。同时有些烟气参数测量数值的变化往往与污染物排放浓度之间也具有一定的相关性,可以构建数学模型进行模拟测量。

(4)数据采集和处理子系统

数据采集和处理子系统负责采集现场的各种污染物监测数据、仪器工作状态,并将监测数据整理储存，通过某种通信手段，将数据传输到环保监控管理部门。对CEMS采样和分析单元测量的监测数据和系统状态参数进行采集和存储记录；通过相关软件对系统内部系统参数（日期时间、大气压、污染源尺寸、截面积、污染物测量量程、超标报警值、手工输入湿度、皮托管系数以及反吹、维护间隔设置等参数）和过程参数（污染物调节因子、校准斜率、截距以及速度场系数等）的有效设置和编辑，同时整合测量的各类数据进行有效的计算、处理和分析、汇总；最后将需要的测试结果和数据以及CEMS运行状态参数等信息实时准确地传输到各级监控软件和平台。

CEMS一般使用工控机作为数采和记录工具，其主要功能包括采集烟尘仪、气体分析仪、烟气参数仪等的一次测量数据，并记录仪器的各种工作状态，例如反吹、校准、故障、维护、停机等。

1.3 CEMS的结构和工作原理

1.3.1 CEMS的结构和分类

CEMS的结构一般包括采样和预处理系统、测量分析系统、辅助系统。

①采样和预处理系统：用于对烟道或烟囱内的烟气进行采集和传输，并在不改变污染物组成的前提下对烟气进行有效预处理以满足后续分析测试的需求。对于非采样方式的CEMS（直接测量法CEMS）往往不需要配置采样和预处理系统。

②测量分析系统：用于对烟气中的各种参数进行准确测量和显示。

③辅助系统：用于保障CEMS长期自动监测的稳定性，提高监测数据质量的辅助设备。辅助系统一般包括反吹系统、排气排水系统、压缩空气预处理系统、气幕保护系统、校准校验系统等。

CEMS的工作原理和技术分类按其测量分析方式可分为两大类：一类是抽取测量方式，将烟气从烟囱或烟道中抽取出来进行测试分析；另一类是直接测量方式，将测量分析单元安装在烟囱或烟道上直接对排放烟气进行测试分析。抽取测量方式依据其采样单元的不同又分为完全抽取方式和稀释抽取方式两种。CEMS采取不同的采样和分析测量方式，测量分析单位对应使用的分析方法和原理也不相同，出具的数据状态更是有较大差异，详细的CEMS技术分类和工作原理见表1.1。

表1.1 CEMS基本技术分类和工作原理

监测参数	采样分析方式和工作原理		
	抽取测量方式		直接测量方式
	完全抽取式	稀释抽取式	
颗粒物	β射线法、振荡天平法、光散射法	—	浊度法、光散射法、光闪烁法
二氧化硫	非分散红外法、非分散紫外法、气体过滤相关法、紫外差分吸收法、傅里叶红外法	紫外荧光法	紫外差分吸收法、非分散红外法、气体过滤相关法

续表

监测参数	采样分析方式和工作原理		
	抽取测量方式		直接测量方式
	完全抽取式	稀释抽取式	
氮氧化物	非分散红外法、非分散紫外法、气体过滤相关法、紫外差分吸收法、傅里叶红外法、双池厚膜氧化锆传感器法	化学发光法	紫外差分吸收法、非分散红外法、气体过滤相关法
氧气	电化学法、氧化锆法、顺磁法	—	氧化锆法
流速	—	—	皮托管法、热平衡法、超声波法
温度	—	—	铂电阻法、热电偶法
湿度	干湿氧法、红外法	—	干湿氧法、红外法、高温电容法

1.3.2　颗粒物测量

颗粒物监测仪(烟尘仪)绝大多数是使用直接测量式即原位式测量方法,我国应用最多的颗粒物监测技术是浊度法和散射法,安装量最大的是应用这两种技术制成的双光程浊度法烟尘仪和后向散射法烟尘仪。国外颗粒物监测仪还有抽取式的 β 射线法,但国内应用较少。

浊度法烟尘仪也称对穿法烟尘仪,应用原理为朗伯-比尔定律。以一定频率的调制光源发射的光,穿过含有颗粒物的气流时光强度会衰减,颗粒物浓度越高,光的衰减越厉害。在烟道的另一侧设置反光镜,用检测器接收反射回来的光的透过率,转换成电信号,通过用手工采样质量法测定的颗粒物浓度与信号值建立的相关关系,将仪器的电信号转换为颗粒物浓度,此种烟尘仪称为单侧双光程浊度法烟尘仪。另外,还有双侧发射同时双侧接受的双光程浊度法烟尘仪则称为对侧双光程浊度法烟尘仪。

散射法烟尘仪也是用类似于朗伯-比尔定律,即布格尔(Bouguer)定律而设计的测定烟气中颗粒物浓度的仪器。当光射向颗粒物时,颗粒物能够吸收和散射光,使光偏离它的入射路径,检测器在预设定偏离入射光的一定角度接收散射光的强度。颗粒物浓度越高,散射光强度越大,可以通过计算得到颗粒物浓度。仪器接收经颗粒物后向散射的光的强度的方式,称为后向散射法烟尘仪。另有前向散射法、侧向散射法烟尘仪,原理与后向散射法烟尘仪类似,只是接收的是颗粒物向前和向侧面散射的光。

颗粒物测量其他原理主要有动态光闪烁法、β 射线法和静电感应法。光闪烁法是感知测量区截面上浊度的变化来探测颗粒物浓度,类似于浊度法。β 射线法可以直接得到颗粒物的质量浓度,但其抽取式采样极容易被污染。静电感应法也称电荷法,主要用于布袋除尘器后检漏报警的定性判断,极少用于定量判定的颗粒物浓度监测。

1.3.3　气态污染物测量

(1)气态污染物 CEMS 测量方式

气态污染物 CEMS 测量按照采样和测量方式划分可分为完全抽取方式、稀释抽取方式和直接测量方式3类。其中,完全抽取方式又分为冷干方式和热湿方式;稀释抽取方式又分为烟道内稀释法和烟道外稀释法;直接测量方式又分为点测量法和线测量法或者是内置式和外置式。详细的系统结构分类如图1.1所示。

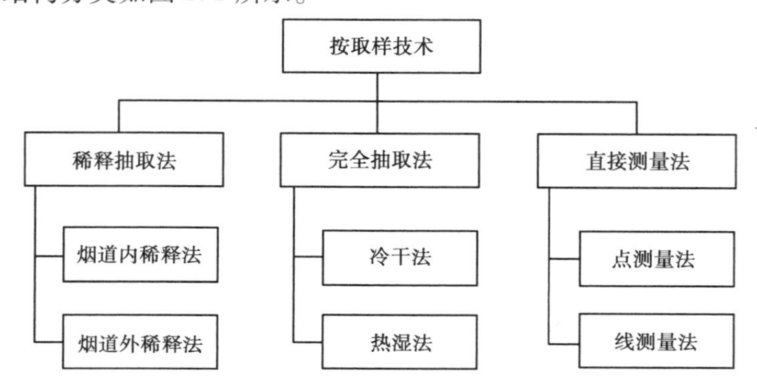

图1.1　气态污染物CEMS按结构分类

1)完全抽取式CEMS

完全抽取式CEMS是指直接从烟囱或烟道内抽取烟气,经过适当的预处理后将烟气送入分析仪进行检测的CEMS系统。

完全抽取法又可分为冷干抽取法和热湿抽取法。所谓冷干法和热湿法,是针对样气预处理步骤而言。烟气经抽取后全过程不除湿(保持烟气在露点温度以上),分析仪直接分析热湿态样气,称为热湿抽取法;样气在进入分析仪之前经冷却除湿系统除去水分变成干态后再分析则称为冷干抽取法。冷干抽取法给出的烟气浓度为干基值,热湿抽取法给出的烟气浓度为湿基值。由于我国排放标准以干基浓度计,所以我国安装的CEMS以冷干直接抽取法居多。冷干法又可分为后处理式和前处理式两种方式。后处理式需要对采样探头和传输管路加热,保证样气在输送过程中不会因传输管道温度低于采样气体露点温度而结露,然后在进入分析仪前再除去水分;前处理式即在烟气一抽出烟道就应用制冷技术或化学反应除水技术除去烟气中的水分,使采样气体成为干烟气,这样就可以不考虑加热传输的问题,但是探头部分变得比较复杂。

经典的冷干式直接抽取法(后处理式)CEMS基本流程:通过具有加热装置的烟尘过滤器将样气采集至加热输气管线,在分析小屋内通过两级冷凝脱水后,经过细过滤器进入分析仪,对烟气成分和浓度进行分析。其基本结构包括采样探头、采样伴热管、过滤器、除湿器、采样泵、气体分析仪及辅助单元。

热湿式系统由取样系统和高温分析仪组成。取样系统包括带加热过滤器的高温取样探头,高温条件运行的测量/反吹/校准阀组和伴热取样管线。系统机柜内组装有高温测量系统,包括使用高温测量气室及检测器的分析仪、高温取样泵、高温流量计和加热样气传输管线。

2)稀释抽取式CEMS

稀释抽取式CEMS是指使用洁净的空气对烟气样品进行一定比例稀释后再使用气体分析仪进行分析并取得数据,之后将所得数据乘以稀释倍数来得出实际样品浓度的CEMS系统。稀释法是将空气监测移植到烟气监测的技术。

稀释法CEMS最关键的技术在于稀释取样探头,它包括临界小孔(Critical Orifice)、文丘里管(Venturi)和喷嘴(Nozzle),其主要作用是将样气精确地按比例稀释。根据稀释探头在烟道内和烟道外,又可将稀释抽取法分为烟道内稀释法和烟道外稀释法。稀释探头在烟气混合稀释之前应对烟气进行过滤以去除颗粒物。为补偿样气和标气温度波动对稀释比的影响,有些稀释探头在前段还装有加热装置,以确保样气和标气以基本恒定的温度通过音速喷嘴。

典型稀释法 CEMS 基本结构由稀释取样探头、稀释气处理单元、取样管线、气体分析仪、稀释探头控制器等组成。

3)直接测量式 CEMS

直接测量式 CEMS 是指利用直接安装在烟道内的传感器或穿过烟道的特殊光束,无须对被测成分进行采样和预处理而直接测定烟气中污染物浓度的 CEMS 系统。直接测量式又称 In-situ 式、原位式或直插式,是一种结构相对比较简单的 CEMS 技术。

直接测量式 CEMS 按测量范围分一般分为两类:一类是直接在烟道中测量的传感器或发射一束光穿过烟道,利用烟气的特征吸收光谱进行气态污染物的分析测量,一般概念上的直接测量式 CEMS 即是指这种系统;另一类是指使用电化学或光电传感器,传感器安装在探头的端部,探头插入烟道,测量较小范围内烟气中污染物的浓度,相当于点测量,氧化锆法测氧仪、阻容法湿度仪都属于这种方式。

根据仪器的构造和测量点的位置不同,直接测量式 CEMS 可分为内置式和外置式;根据光源发射和接收段的位置和光线是否两次穿过被测烟气可分为双光程和单光程。直接测量法 CEMS 有采用探头和光谱仪紧凑相连的一体式结构,也有将探头和光谱仪分开的分体式结构,探头和光谱仪之间采用光纤进行光信号传输。

(2)气态污染物 CEMS 测量技术

气态污染物除了常规监测的二氧化硫(SO_2)和氮氧化物(NO_x),还有一些特殊行业排放的气态污染物,如垃圾焚烧厂需要监测氯化氢、氟化氢,近年来受到更多关注的气态汞、温室气体二氧化碳、挥发性有机物(VOCs)等。

SO_2 和 NO_x 测量技术目前以光学技术为主,分为红外光谱、紫外光谱和荧光光谱 3 种类型。SO_2 和 NO_x 等许多其他气体吸收红外光和紫外光(例如:SO_2 吸收 7 300 nm、NO 吸收 5 300 nm的红外光;SO_2 吸收 280 ~ 320 nm、NO_x 吸收 195 ~ 225 nm 的紫外光),利用污染物分子吸收特征波长光的特点,根据朗伯-比尔定律,能够检测出不同种类的污染物含量。

常用的检测方法有非分散红外(Non Dispersive Infrared,NDIR)、Luft 检测器、红外光声法(Photo-Acoustic Spectroscopy,PAS)测量法、气体过滤相关(Gas Filter Correlation,GFC)、傅里叶变换(Fourier Transform Infrared Spectroscopy,FTIR)、紫外差分吸收光谱法(DOAS)、非分散紫外(Non Dispersive Ultraviolet,NDUV)、紫外荧光法和化学发光法。

卤化氢气体指 HCl、HF 等,垃圾焚烧厂都需监测 HCl、HF。通常除了可以采用光学法测量技术外,也可采用可调谐二极管激光技术来测量。激光二极管的光通过被测量气体后被光二极管检测,激光二极管的波长可调谐成被测气体的吸收波长,此光被调谐波长调制,并由光二极管把透过光信号记录下来,由计算单元计算吸收光信号的大小并得到被测气体的浓度。此方法称为可调谐二极管激光光谱(TDLS)法,也可称为可调谐二极管激光吸收光谱(TDLAS)法。

烟气中汞的监测近年受到越来越多的关注。汞 CEMS 分为在线自动监测法和半自动方式的吸附管监测法两种方法。其中,在线自动监测法依照采样方法的不同,可分为稀释采样法、直接采样法和直接测量法3种。燃煤电厂多采用稀释采样和直接采样法，垃圾焚烧多采用直接采样法和直接测量法。为提高检测灵敏度，汞CEMS可采用金汞齐富集方式对样气进行预处理。汞CEMS主要采用的分析方法有冷原子吸收光谱法、塞曼分光冷原子吸收光谱法、原子荧光光谱法和紫外差分吸收光谱法等。

近年来，远距离利用红外扫描有毒气体及云团进行遥测的设备，也应用到了污染源监测上。其原理基于被动傅里叶红外技术，通过光学和红外成像系统获得被测区域的视频图像，再定性识别污染物，同时对污染物浓度、浓度梯度、扩散范围进行直观分析。

1.3.4 烟气参数测量

烟气参数连续自动监测单元是CEMS必不可少的重要组成部分，用于污染物排放浓度状态的转换折算和污染物排放速率、排放量的计算。

重要的烟气参数包括烟气含氧量、烟气流速、烟气压力、烟气温度和烟气湿度。

烟气含氧量是反映燃烧效果的重要指标，因此一些重点行业的污染物排放标准均设置了“标准含氧量”作为燃烧效果控制指标。当污染源排放烟气含氧量高于“标准含氧量”时，可认为该排放源排放烟囱或烟道漏风或人为漏气，因此废气排放浓度限值均指通过含氧量计算后的折算浓度。含氧量是计算污染物排放折算浓度的重要参数，进而也是环境监督执法中判断污染物排放是否超标的重要参数。常用的含氧量分析仪分析原理主要有氧化锆法、顺磁法（磁风、磁压或磁力机械法）、电化学法等。

烟气流速监测是烟气在线监测系统中用于计算污染物排放速率和排放总量的重要参数，流速CEMS测量方式一般包括点测量和线测量两种，不论点测量还是线测量均必须与手工烟气流速测量得到的烟囱或烟道截面的平均流速进行比较，并通过得到的速度场系数进行校验，从而计算出准确的烟气流量，因此烟气流速测量的测定非常关键。目前烟气流速测量方法主要有压差传感器法（皮托管法、S型皮托管法、阿牛巴皮托管法）、热平衡法、超声波法、靶式流量计法、声波法等。

烟气压力包括两个部分，即推动烟囱或烟道内气流前进的动压和烟气对烟道壁造成的静压，动压和静压之和等于全压。一般参与污染物浓度状态转换计算的压力参数指的是烟气的静压，静压一般用表压力或真空度表示，一般使用压力变送器或传感器直接测量。

烟气温度是参与污染物浓度状态转换计算的重要参数，其监测技术比较成熟，通常采用热电偶法或铂电阻法。

烟气湿度一般指烟气的绝对湿度，即水分含量，用于污染物干基浓度和湿基浓度的转换计算。早期由于我国污染源排放治理设施不齐全，排放烟气的湿度较小且比较稳定，因此其并不作为主要的烟气参数，允许将烟气湿度数值作为“固定值”，采取手工输入的方式参与污染物浓度状态转换的计算。近年来，随着污染源湿法脱硫等污染治理设施的不断投入使用，排放烟气的湿度逐步升高，部分特殊行业例如垃圾焚烧排放烟气湿度高达30%以上，且湿度往往随着脱硫效果的变化数值变化较大，因此，对湿度连续测量的要求不断提高，湿度在线监测技术也随之迅速发展。目前烟气湿度在线测量方法主要有干湿氧法、阻容法（湿敏传感器法）、激光光谱法、红外吸收法等。

1.4　CEMS 质量保证和质量控制

CEMS 的质量保证和质量控制分为外部质控和内部质控。CEMS 生产企业自己的研发、生产、检验、安装、调试等环节为内部质控,CEMS 适用性检测、验收、比对以及监督考核等环节为外部质控。内部和外部质控均是确保 CEMS 数据质量的重要质控手段,二者缺一不可。

CEMS 外部质控可分为 3 个阶段:第一阶段是 CEMS 适用性检测,适用性检测是 CEMS 外部质控的首要环节,每一型号的 CEMS 仪器抽检一台;第二阶段是 CEMS 验收检测,验收检测是针对安装在污染源现场的每一套 CEMS 仪器开展;第三阶段是日常维护、比对监测和现场监督考核,这是确保 CEMS 在污染源现场正常运行和保持良好状态的基础。

1.4.1　CEMS 适用性检测

CEMS 适用性检测的技术依据是《固定污染源烟气(SO_2、NO_x、颗粒物)排放连续监测系统技术要求及检测方法》(HJ 76—2017)标准,检测模式是现场检测,主要考核 CEMS 系统在污染源现场使用的性能质量和可靠程度。现场检测包括初检、90 d 运行和复检。系统正常运行 168 h 后可以进行 CEMS 初检,初检不少于 168 h。检测期间不允许进行计划外的维护、检修和调节。系统技术指标初检合格,并连续运行 90 d 以后进行复检,复检时间不少于 24 h。

1.4.2　CEMS 安装和验收

(1)CEMS 的安装

CEMS 系统的安装要求、位置选择以及配套规范应按照《固定污染源烟气(SO_2、NO_x、颗粒物)排放连续监测技术规范》(HJ 75—2017)标准执行。安装的位置选择和规范性包括 3 部分内容:

①CEMS 安装位置(点位)的选取。

②CEMS 安装配套环境条件设施的建设。

③CEMS 系统安装自身的规范性。

(2)CEMS 的验收

CEMS 的验收包括技术性能指标验收、联网验收和管理制度记录档案验收。技术性能指标验收由有资质的第三方用参比方法对 CEMS 主要测量参数烟尘、二氧化硫、氮氧化物等进行比对监测,考核相对准确度、相对误差、绝对误差等指标。联网验收即考核 CEMS 数据联网运行情况,包括按照《污染物在线监控(监测)系统数据传输标准》(HJ/T 212—2017)检查通信及数据传输协议的正确性,不定期抽查现场端数据和上位机接收到的数据进行比对,以及对通信长期稳定性的考察。

CEMS 的验收依据是《固定污染源烟气(SO_2、NO_x、颗粒物)排放连续监测技术规范》(HJ 75—2017)。

技术验收完成后应以不定期抽查的方式对现场端的运行状况进行检查,初步形成 CEMS 质量保证和质量控制管理体系,为后期的运行维护奠定良好的基础。

1.4.3 CEMS 运营管理和维护保养

CEMS 运行质量管理是 CEMS 全过程质控中十分重要的环节，对控制 CEMS 数据质量，提高数据有效性起到至关重要的作用。同时，CEMS 的运营维护必须以完成前两个阶段的适用性检测和安装、调试、验收检测的工作为前提条件，如果前两个阶段的质量控制不合格或没有前面的过程，那么运营维护工作也很难开展下去。

目前我国安装的 CEMS 运行管理主要由第三方运营公司来进行。第三方运营公司独立于排污企业和仪器生产企业，具有运营资质，按照质量保证和质量控制程序来维护 CEMS 的正常运行，使其出具有效数据。

(1)校准校验

CEMS 系统定期的校准和校验是保证 CEMS 测量数据准确可靠的基础。CEMS 的校准和校验通常包括两种方式：一种是分析仪仪表校准，用于标定和检验分析仪仪表的测量准确性；另一种是全系统校准，用于对 CEMS 整个采样、气体传输、预处理和分析仪表等全过程的测量情况进行标定和检验。

CEMS 校准校验的一般要求：

①必须采用国家认可的标准物质对自动监测系统进行现场的校准和校验。

②每月至少 2 次使用标气或校准装置对分析仪表进行检验和校准(零点和量程漂移、响应时间检查等)。

③每年至少 2 次使用标气或校准装置对系统进行全过程检验和校准(零点和量程漂移、响应时间检查等)。

④每年至少 1 次对 CEMS 内部参数设置尤其是过程参数进行有效校验和比对检查(速度场系数、颗粒物相关曲线斜率和截距等)。

(2)维护保养

CEMS 系统定期的维护保养是 CEMS 在污染源排放现场长期稳定正常运行的有效保障。维护保养一般包括定期巡检和耗材更新更换等工作。

1)定期巡检

CEMS 的日常定期巡检是 CEMS 预防性维护的基础和重要环节。日常巡检通常包括：每日巡检、每周巡检、每月巡检、每季度巡检和每年巡检；不同巡检频次的巡检要求和巡检范围不同，巡检的目的和工作量也不同；日常巡检的方式依据目的和项目可采用现场实地巡检和远程监控巡检等不同方式。

CEMS 日常定期巡检工作应建立严格的巡检制度，制定科学合理的巡检规程，同时在巡检时应做好详细准确的巡检记录。CEMS 定期巡检主要包括检查 CEMS 系统的整体运行状态、各组成部分的运行情况、分析仪或系统的校验和标定、外部环境条件状况、系统耗材的及时更新或更换以及系统报警和故障的预测和排除。

2)耗材更新和更换

CEMS 使用耗材的更新和更换是 CEMS 维护保养中必备的工作，依据 CEMS 监测分析环节的多少和系统耗材种类不同，一般的系统耗材主要包括气体过滤部件(探头过滤器滤芯、系统细过滤器等)、加热和冷凝预处理部件(伴热管线、冷凝液、温控器等)、流量采样控制部件(采样泵、电磁阀等)以及排气部件(蠕动泵泵管、转轴等)和零空气预处理部件(仪表气或压缩空气过滤器滤芯、除水除油消耗元件等)等。

CEMS 耗材更新和更换的周期和频次主要依据 CEMS 仪器供应商针对不同 CEMS 的仪器耗材更新和更换规定以及 CEMS 运行使用现场的环境条件、排放情况等外部因素。

(3)故障诊断和维修

CEMS 是作为整个系统在污染源现场实现连续自动监测。当分析仪出现故障时,例如测量值长期偏差无法有效校准、分析检测部件漏气或进水等,这时应及时联系分析仪生产厂家专业人员进行维修或更换。当分析仪运行测量正常,由于 CEMS 长期运行环境相对较为恶劣,现场污染源的排放状况也在不断变化波动,因此,CEMS 出现其他的常见故障也是不可避免的。重点在于出现故障时应及时准确查找问题所在并尽快排除故障,一方面使系统迅速正常运行实施监控,另一方面则保护 CEMS 各部件尤其是核心分析仪不会因为某些长期或严重的故障而彻底损毁,造成更大的损失。

1.5　我国污染源废气排放控制和监测技术标准

1.5.1　排放控制标准

我国污染源废气排放控制标准分为大气固定源废气排放标准和大气移动源废气排放标准两大类。大气移动源废气排放标准主要是针对摩托车、柴油车、小汽车等机动车的排放控制标准,如《轻型汽车污染物排放限值及测量方法(中国第六阶段)》(GB 18352.6—2016)、《城市车辆用柴油发动机排气污染物排放限值及测量方法(WHTC 工况法)》(HJ 689—2014)、《摩托车和轻便摩托车排气污染物排放限值及测量方法(双怠速法)》(GB 14621—2011)等。

大气固定源废气排放标准主要是针对各排污单位具有固定的废气排放烟囱或烟道的排放控制标准,如《火电厂大气污染物排放标准》(GB 13223—2011)、《大气污染物综合排放标准》(GB 16297—1996)、《锅炉大气污染物排放标准》(GB 13271—2014),还有分行业的水泥行业、炼焦行业、炼钢行业、橡胶制品、陶瓷工业等的行业排放标准。我国目前主要执行的大气固定源废气排放控制标准见表 1.2。

表 1.2　我国目前主要执行的大气固定源废气排放控制标准

序号	标准号	标准名称
1	GB 13223—2011	火电厂大气污染物排放标准
2	GB 13271—2014	锅炉大气污染物排放标准
3	GB 13801—2015	火葬场大气污染物排放标准
4	GB 15581—2016	烧碱、聚氯乙烯工业污染物排放标准
5	GB 16171—2012	炼焦化学工业污染物排放标准
6	GB 16297—1996	大气污染物综合排放标准
7	GB 20426—2006	煤炭工业污染物排放标准
8	GB 20950—2007	储油库大气污染物排放标准

续表

序号	标准号	标准名称
9	GB 20952—2007	加油站大气污染物排放标准
10	GB 21522—2008	煤层气(煤矿瓦斯)排放标准(暂行)
11	GB 21900—2008	电镀污染物排放标准
12	GB 21902—2008	合成革与人造革工业污染物排放标准
13	GB 25464—2010	陶瓷工业污染物排放标准
14	GB 25465—2010	铝工业污染物排放标准
15	GB 25466—2010	铅、锌工业污染物排放标准
16	GB 25467—2010	铜、镍、钴工业污染物排放标准
17	GB 25468—2010	镁、钛工业污染物排放标准
18	GB 26131—2010	硝酸工业污染物排放标准
19	GB 26132—2010	硫酸工业污染物排放标准
20	GB 26451—2011	稀土工业污染物排放标准
21	GB 26452—2011	钒工业污染物排放标准
22	GB 26453—2011	平板玻璃工业大气污染物排放标准
23	GB 27632—2011	橡胶制品工业污染物排放标准
24	GB 28661—2012	铁矿采选工业污染物排放标准
25	GB 28662—2012	钢铁烧结、球团工业大气污染物排放标准
26	GB 28663—2012	炼铁工业大气污染物排放标准
27	GB 28664—2012	炼钢工业大气污染物排放标准
28	GB 28665—2012	轧钢工业大气污染物排放标准
29	GB 28666—2012	铁合金工业污染物排放标准
30	GB 29495—2013	电子玻璃工业大气污染物排放标准
31	GB 29620—2013	砖瓦工业大气污染物排放标准
32	GB 30484—2013	电池工业污染物排放标准
33	GB 30770—2014	锡、锑、汞工业污染物排放标准
34	GB 31570—2015	石油炼制工业污染物排放标准
35	GB 31571—2015	石油化学工业污染物排放标准
36	GB 31572—2015	合成树脂工业污染物排放标准
37	GB 31573—2015	无机化学工业污染物排放标准
38	GB 31574—2015	再生铜、铝、铅、锌工业污染物排放标准
39	GB 4915—2013	水泥工业大气污染物排放标准

1.5.2　监测技术标准

我国污染源废气监测技术标准可分为三大类,主要包括:

①监测分析方法类:例如《固定污染源废气　二氧化硫的测定　非分散红外吸收法》(HJ 629—2011)、《固定污染源废气　汞的测定　冷原子吸收分光光度法(暂行)》(HJ 543—2009);

②监测仪器技术要求标准类:例如《固定污染源烟气(SO_2、NO_x、颗粒物)排放连续监测系统技术要求及检测方法》(HJ 76—2017)、《定电位电解法二氧化硫测定仪技术条件》(HJ/T 46—1999);

③监测技术操作规范类:例如《固定污染源烟气(SO_2、NO_x、颗粒物)排放连续监测技术规范》(HJ 75—2017)、《固定污染源排气中颗粒物与气态污染物采样方法》(GB/T 16157—1996)。

我国目前主要执行的大气固定源废气监测技术标准见表1.3。

表1.3　我国目前主要执行的大气固定源废气监测技术标准

序号	标准号	标准名称
1	HJ 76—2017	固定污染源烟气(SO_2、NO_x、颗粒物)排放连续监测系统技术要求及检测方法
2	HJ 75—2017	固定污染源烟气(SO_2、NO_x、颗粒物)排放连续监测技术规范
3	HJ 57—2017	固定污染源排气 二氧化硫的测定 定电位电解法
4	HJ 547—2017	固定污染源废气 氯气的测定 碘量法
5	HJ 545—2017	固定污染源废气 气态总磷的测定 喹钼柠酮容量法
6	HJ 38—2017	固定污染源废气 总烃、甲烷和非甲烷总烃的测定 气相色谱法
7	HJ 548—2016	固定污染源废气 氯化氢的测定 硝酸银容量法
8	HJ 544—2016	固定污染源废气 硫酸雾的测定 离子色谱法
9	HJ 739—2015	环境空气 硝基苯类化合物的测定 气相色谱-质谱法
10	HJ 734—2014	固定污染源废气 挥发性有机物的测定 固相吸附-热脱附气相色谱-质谱法
11	HJ 732—2014	固定污染源废气 挥发性有机物的采样 气袋法
12	HJ 693—2014	固定污染源废气 氮氧化物的测定 定电位电解法
13	HJ 692—2014	固定污染源废气 氮氧化物的测定 非分散红外吸收法
14	HJ 690—2014	固定污染源废气 苯可溶物的测定 索氏提取-重量法
15	HJ 685—2014	固定污染源废气 铅的测定 火焰原子吸收分光光度法
16	HJ 684—2014	固定污染源废气 铍的测定 石墨炉原子吸收分光光度法
17	HJ 688—2013	固定污染源废气 氟化氢的测定 离子色谱法(暂行)
18	HJ 675—2013	固定污染源排气 氮氧化物的测定 酸碱滴定法
19	HJ 629—2011	固定污染源废气 二氧化硫的测定 非分散红外吸收法
20	HJ 543—2009	固定污染源废气 汞的测定 冷原子吸收分光光度法(暂行)

续表

序号	标准名称	标准号
21	HJ 538—2009	固定污染源废气 铅的测定 火焰原子吸收分光光度法（暂行）
22	HJ/T 398—2007	固定污染源排放烟气黑度的测定 林格曼烟气黑度图法
23	HJ/T 397—2007	固定源废气监测技术规范
24	HJ/T 373—2007	固定污染源监测质量保证与质量控制技术规范(试行)
25	HJ/T 68—2001	大气固定污染源 苯胺类的测定 气相色谱法
26	HJ/T 67—2001	大气固定污染源 氟化物的测定 离子选择电极法
27	HJ/T 66—2001	大气固定污染源 氯苯类化合物的测定 气相色谱法
28	HJ/T 65—2001	大气固定污染源 锡的测定 石墨炉原子吸收分光光度法
29	HJ/T 64.3—2001	大气固定污染源 镉的测定 对-偶氮苯重氮氨基偶氮苯磺酸分光光度法
30	HJ/T 64.2—2001	大气固定污染源 镉的测定 石墨炉原子吸收分光光度法
31	HJ/T 64.1—2001	大气固定污染源 镉的测定 火焰原子吸收分光光度法
32	HJ/T 63.3—2001	大气固定污染源 镍的测定 丁二酮肟-正丁醇萃取分光光度法
33	HJ/T 63.2—2001	大气固定污染源 镍的测定 石墨炉原子吸收分光光度法
34	HJ/T 63.1—2001	大气固定污染源 镍的测定 火焰原子吸收分光光度法
35	HJ/T 56—2000	固定污染源排气中二氧化硫的测定 碘量法
36	HJ/T 48—1999	烟尘采样器技术条件
37	HJ/T 47—1999	烟气采样器技术条件
38	HJ/T 46—1999	定电位电解法二氧化硫测定仪技术条件
39	HJ/T 45—1999	固定污染源排气中沥青烟的测定 重量法
40	HJ/T 44—1999	固定污染源排气中一氧化碳的测定 非色散红外吸收法
41	HJ/T 43—1999	固定污染源排气中氮氧化物的测定 盐酸萘乙二胺分光光度法
42	HJ/T 42—1999	固定污染源排气中氮氧化物的测定 紫外分光光度法
43	HJ/T 41—1999	固定污染源排气中石棉尘的测定 镜检法
44	HJ/T 40—1999	固定污染源排气中苯并(a)芘的测定 高效液相色谱法
45	HJ/T 39—1999	固定污染源排气中氯苯类的测定 气相色谱法
46	HJ/T 37—1999	固定污染源排气中丙烯腈的测定 气相色谱法
47	HJ/T 36—1999	固定污染源排气中丙烯醛的测定 气相色谱法
48	HJ/T 35—1999	固定污染源排气中乙醛的测定 气相色谱法
49	HJ/T 34—1999	固定污染源排气中聚乙烯的测定 气相色谱法
50	HJ/T 33—1999	固定污染源排气中甲醇的测定 气相色谱法
51	HJ/T 32—1999	固定污染源排气中酚类化合物的测定 4-氨基安替比林分光光度法

续表

序号	标准名称	标准号
52	HJ/T 31—1999	固定污染源排气中光气的测定 苯胺紫外分光光度法
53	HJ/T 30—1999	固定污染源排气中氯气的测定 甲基橙分光光度法
54	HJ/T 29—1999	固定污染源排气中铬酸雾的测定 二苯基碳酰二肼分光光度法
55	HJ/T 28—1999	固定污染源排气中氰化氢的测定 异烟酸-吡唑啉酮分光光度法
56	HJ/T 27—1999	固定污染源排气中氯化氢的测定 硫氰酸汞分光光度法
57	GB/T 16157—1996	固定污染源排气中颗粒物测定与气态污染物采样方法

第2章 完全抽取式气态污染物 CEMS

2.1 概　述

完全抽取式气态污染物 CEMS 是直接从烟囱或烟道中抽取气体，滤出气体中的粗颗粒物、输气管路加热、保温（≥120 ℃）、除湿或不除湿，处理后的气体经滤出细颗粒物再进入分析单元测量烟气中污染物浓度的系统，用零气和标准气体标定仪器，属于点测量。

完全抽取式气态污染物。CEMS 采用的分析原理主要是红外光谱吸收原理和紫外光谱吸收原理。利用污染物分子在特征波长处吸收红外光或紫外光，能够区分不同种类的污染物。

当样品受到频率连续变化的红外光照射时，分析吸收某些频率的辐射，产生分子振动和转动能级从基态到激发态的跃迁，使对应这些吸收区域的透射光强度减弱。记录红外光的百分透射比与波数或波长关系曲线，就得到红外光谱。例如 SO_2 气体对红外光的吸收带中心波长为 7 300 nm，NO 气体对红外光的吸收带中心波长为 5 300 nm。

分子的紫外吸收光谱法是基于分子内电子跃迁产生的吸收光谱进行分析的一种常用的光谱分析法。紫外光的波长范围是 100～400 nm，它分为两个区段。波长在 100～200 nm 称为远紫外区，这种波长能够被空气中的氮、氧、二氧化碳和水所吸收，因此只能在真空中进行研究工作，故这个区域的吸收光谱称真空紫外，由于技术要求很高，目前用途不广。波长在 200～400 nm 称为近紫外区，一般的紫外光谱是指这一区域的吸收光谱。气态污染物 SO_2 吸收波长为 280～320 nm，NO 吸收波长为 195～225 nm 和 350～450 nm。

完全抽取式气态污染物 CEMS 在欧洲各国和日本应用比较广泛，同时也是目前我国生产数量最多的气体 CEMS。据不完全统计，在我国已安装使用的气态污染物 CEMS 中完全抽取式 CEMS 约占 70%。

完全抽取式气态污染物 CEMS 又可分为冷干法完全抽取 CEMS 和热湿法完全抽取 CEMS。

冷干法是对样品处理采用制冷脱水方式，将高温、高湿的样品在一个区域内进行快速冷凝，使样品中的水分与样品分离后再进入分析仪进行分析的方法。冷干法完全抽取 CEMS 在我国的烟气连续排放监测中得到广泛应用，是国内在线分析系统及环境监测领域连续排放监测的主流产品，广泛应用于脱硫、脱硝的二氧化硫、氮氧化物等的排放监测。

热湿法是指采样管路和输送到气体分析仪的管路全程加热，加热温度需高于气体冷凝的露点温度。烟气中气体成分复杂，含水量高，有些酸性气体成分如 HCl 等极易被吸附，测量难度大，例如垃圾焚烧炉烟气排放的监测。

2.2 样品处理系统的基本功能要求

CEMS 在线分析仪对样品提出的基本要求是样品气要清洁、干燥和不失真，应达到或接近瓶装标准气的要求，一般分析仪要求样品气：颗粒物应 $<0.3\ \mu m(10\ \mu g/m^3)$，样品气露点应 <5 ℃。样品气进入分析仪的温度、压力、流量应在分析仪的规定工作范围内。样品处理系统应去除样品中的干扰组分、腐蚀性物质等，满足在线分析仪的正常工作要求。

样品处理系统的基本功能组成参见图 2.1，一般包括样品提取、样品传输、样品处理、样品排放（废气、废液流统称废流）等功能，其中样品处理功能是指除尘、除湿、泵及压力流量调节等。并不是所有的样品处理系统都需要按照上述基本功能配置，要按照实际需要进行系统设计。

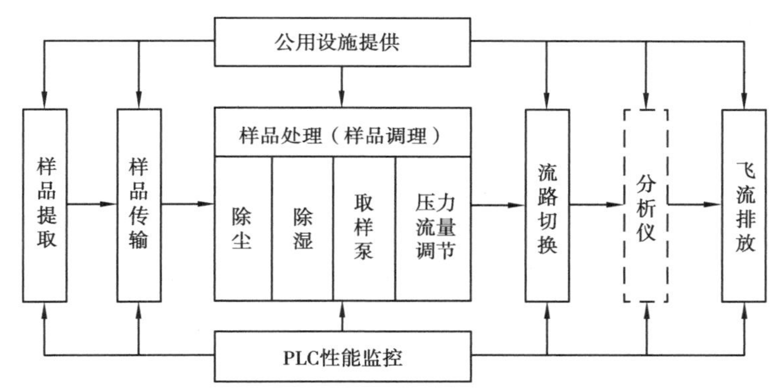

图 2.1 样品处理系统基本功能框图

2.2.1 样品提取

从污染排放源的样品取样点提取所需样品流称为样品提取，又称取样或采样。

取样点位置的选择，应参照国家有关标准、技术规范的规定，以及工艺流程设计要求选定。所提取样品流，应具有代表性，能真实地体现源流体被分析对象的组成及性质。

应根据被测样品流的工艺参数、环境条件等设计取样探头的功能。取样探头用于提取含有各种化学组分的过程源流体，是在不改变源流体化学组分的情况下，完成对样品流的分离取样。有的取样探头在取样时可实现初步的物理分离（惰性分离）功能。

流程工艺的样品大多含有水分及颗粒物等，被测样品中可能含有易溶于水的组分，样品中水分的析出会造成对这些气体的吸收与化学反应，不仅会产生腐蚀性物质，还会影响分析准确性。因此，这类取样过程应采取加热保温，以保证样品温度在其露点之上，样品在全过程中不会产生气态水的凝结和探头堵塞。

2.2.2 样品传输

将样品流从取样点送到在线分析仪的功能称为样品传输。样品传输,习惯上是指从取样探头出口端,到分析柜的入口端或冷却除湿器的入口端。根据样品流特性,应采取对传输管线采用电伴热或蒸汽伴热,以及温度控制措施。

2.2.3 样品处理

样品处理是将样品流除去或改变那些障碍组分和干扰组分。样品处理系统只改变样品流的物理和(或)化学特性,而不改变其组分(除非这种改变是按照预知的方式进行),使之符合在线分析仪的控制要求。

样品处理系统的各功能部件以及由各种阀件、管件等组成的样品流路切换及压力流量调节系统,必须按照样品处理系统的流程图配置。

样品处理的基本功能是除尘、除湿;取样泵(按需要)及压力与流量调节。应根据样品流的工艺组分条件确定样品处理方案。对样品中高含尘及高含水的样品处理应采取多级处理方案。对样品流中特殊的障碍组分、干扰组分,如样品中含有易溶于水或相互影响的组分、干扰组分的处理也要特别注意。

2.2.4 样品排放

样品排放系统是将在线分析仪出口端或样品处理系统某一点与排放点连接起来的系统。样品排放包括分析仪的废气排放,以及旁通流(快速放散回路样品流)和样品处理过程的废液排放。应注意满足在线分析仪出口的废气对出口端的排放要求。

样品排放的功能要求是保持样品的废气、废液排放畅通及排放口的压力要稳定,不受外界环境的影响。

样品废气、废液的排放点可以是对大气排放的点、过程管路或容器的入口端、外部排放系统的处理系统的入口端。分析系统排放的废气、废液会集中到排放总管,然后排放到大气环境中,称为集管排放。当在线分析仪对废气排放点的压力波动有要求时应采取必要的措施,保证排放点的压力波动不影响仪器的分析结果。

有毒、有害、易燃、易爆的废气排放要特别注意安全排放,必要时要进行环保及安全处理后再排放。有回收利用价值的样品废气要返回到流程管道中,需要采取特别的措施,如回流取样技术。

废液排放,如烟气经气溶胶过滤器去除的液滴,以及冷凝除湿器等排出的废液,要通过废液排放总管及时排到分析小屋的外部。特别寒冷地区的废液排放管路应采取保温措施,防止废液结冰堵塞排放管路。

排放样品回收也可使用机械方法使低压产品返回流程。低压产品可从旁路样品流和(或)分析仪器出口的气流得到。典型样品回收是使用带有泵的容器,由容器的液位开关控制泵的启动。

2.2.5　其他功能要求

(1)分析系统内部的流路切换、控制

分析系统内部的流路切换、控制属于系统流程设计范围，按照分析流程的程序设计，通过自动或手动控制取样泵、各种电磁阀、切换阀、调节阀、流量计等，由PLC或其他控制系统实现流路切换自动控制功能。分析系统的内部流路包括分析回路、标定回路、快速回路等。

分析回路是在样品除尘、除湿处理后，将样品送给一台或多台分析仪分析的样品流路。样品流路可以按照分析要求采取并行分析或串联分析回路设计。

标定回路是对在线分析仪进行标定的回路。采用标准气或其他标准物质通过切换阀，按照分析程序要求对分析仪进行自动或手动标定，称为"内标法"。CEMS要求从取样探头处通入标准气进行系统标定，标准气通过样品传输管缆，送到取样探头，再通过样品处理流程进入分析仪，称为"外标法"。

快速回路是指为加快样品流动以缩短样品传输滞后时间的管路，包括返回到工艺装置的快速循环回路和通往样品排放点的快速旁通回路。

(2)提供公用设施

系统公用设施的作用是为样品处理系统及分析仪等提供必要的工作条件，确保在线分析系统能适应被测工艺组分的检测要求及对工作环境的要求，满足系统的安全检测和对安装环境的适应性。

系统的公用设施一般包括供电、供气(包括压缩空气、标准气等辅助气体，以及需要时提供加热蒸汽等)、供水(需要时供给冷却水等)，并提供分析系统的环境防护功能。

系统环境防护功能一般是将分析仪、样品处理，以及系统供电、控制各部件集成在一个分析柜内或分析小屋内，并采取必要措施满足在线分析仪的工作条件要求。

(3)样品处理系统的性能监控

样品处理系统的性能监控主要包括两个功能：

①按照分析流程的要求对样品处理系统设定的程序进行自动控制功能，包括流路切换、自动反吹、自动标定等。

②报警功能，对样品处理系统及分析仪的工作状态是否正常，通过采集的温度、压力、水分、流量等报警信号，判别系统是否工作正常，如出现异常状态，除报警外同时采取必要的控制措施，以保证系统部件不致损坏，系统运行不受影响。

(4)自动控制功能

CEMS的样品处理系统监控大多通过PLC(Programmable Logic Controller)实现自动控制和信号采集、报警。PLC具有对开关量及模拟量信号采集控制功能，通过设定程序自动控制分析流路的正常工作状态及故障报警等。PLC控制各种电磁阀、切换阀、取样泵的工作，采集各种报警器的信号，实施对系统流路切换、系统反吹控制、系统自动标定等。例如，取样泵的进口压力检测，当探头及系统管路堵塞，造成抽气负压超过取样泵负荷时，取样泵自动停止工作，保护取样泵不致因超负荷工作而损坏，同时也是管路或探头可能堵塞的报警，需要检查处理。

PLC不仅用于样品处理系统的监控，也包括对分析仪的监控及其信号的采集传输。PLC涉及对整个分析系统的监控，并与数据采集处理传输系统实现通信与控制。

2.3 样品处理系统的主要技术性能

2.3.1 样品处理系统的共性技术指标

(1)系统的滞后时间

样品处理系统的滞后时间,又称样品传送滞后时间,是指样品从取样点传送到在线分析仪所经过的时间。样品传送滞后时间的计算如下:

$$样品传送滞后时间 + 分析仪的响应时间 = 分析系统分析滞后时间 \tag{2.1}$$

(2)系统的渗透率

系统的渗透率是指在规定工作压力范围内单位时间渗入(如大气)或漏出样品处理系统的流体量。系统的渗透率表示样品处理系统的密封性能。

(3)系统可能引起的组成误差

样品处理后的样品流分析值和取样点被测组分分析值之间可能存在的浓度之差,称为系统组成误差。系统组成误差可能是由于系统内存在吸附、稀释、渗透或样品流中被测组分的相互作用所引起。

系统组成误差是考察样品经过取样处理后是否存在失真及失真的程度。

系统组成误差的试验方法:在规定条件下校准在线分析仪,在取样点处引入与源流体相似且被测组分浓度已知的试验流体,记录在线分析仪的示值,组成误差就是仪器的示值与已知浓度之差,用量程的百分比表示。

(4)系统安全指标

样品处理系统由各部件按照系统流程设计要求配置,系统部件包括各种电动控制部件、PLC 控制系统,以及系统的供电等。安全指标主要指对系统的电气绝缘及耐压等强制性安全指标,也包括系统的接地、防静电、防雷击及抗电磁干扰等安全功能特性。在火灾爆炸危险场所安装的 CEMS,还包括系统的防火防爆性能指标。

2.3.2 样品处理系统的特有误差

样品取样处理的特有误差是指在样品处理过程中,样品的组成或含量可能会发生变化,这些变化会影响到测量结果,该影响可以通过计算、补偿或适当的校准得到修正或降低。

(1)体积效应误差

体积效应又称富集效应,是指由于样品流在样品处理时被除去一些组分,导致样品流被测组分浓度升高的效应。例如冷干法 CEMS,样品处理系统的除湿功能是从含水分的烟气中除去水分。脱硫后净烟气的含水量达到 15% ~20%,垃圾焚烧炉电厂的烟气含水量甚至达到 40%以上,系统除湿后原有烟气中各组分的体积分量会发生变化。样品中气态水的体积分量去除后会导致烟气中其他被测组分的浓度升高,从而带来系统分析误差。

在线分析仪测得的被测组分浓度,与在取样点处被测组分的浓度之间的误差,称为体积误差(又称富集误差)。体积误差通常可以通过计算修正,例如冷干法 CEMS 除湿后带来的体积误差,受系统除湿的效率影响,除湿效果是定值,则为系统的固有误差,可以通过分析系统的计算或在线标定消除。

(2)转换器效率误差

转换器是指改变流体中的一个或多个组分的化学成分的装置。转换器可以将样品中的障碍组分或干扰组分转换成不相干组分，或将待测组分转化为可测量组分。

由转换器产生的实际摩尔浓度与被转换的理想最大摩尔浓度之比称为转换器效率。

例如氮氧化物转化炉，将样品中的二氧化氮转化为一氧化氮检测，其转换效率的高低将影响测量结果，带来转换误差。通常转换器的转换效率在 95% 左右，并受到转换炉温、催化剂的效率等因素影响，特别是催化剂接近失效时会产生明显的误差影响，因此在使用中要监测转换器的效率及其影响，但这又是十分困难的。

转换器误差受转换器效率的影响，如转换器效率是定值，则为系统的固有误差，可以通过分析系统的校正消除。

(3)其他误差

样品取样处理系统的特有误差还包括吸收或吸附误差，以及稀释法探头产生的样品稀释误差。例如烟气二氧化硫在样品冷凝除湿过程中，由于样品气与冷凝水的接触产生的吸收带来的误差。样品气在传输管道及其他部件中可能产生的管道吸附带来误差等。

2.4　取样及取样探头

2.4.1　取样点选择及安装要求

以冷干法 CEMS 为例，其取样点选择及安装的一般要求如下：

①取样点的选择应符合国家环保标准规定的要求，所选取烟道及取样点应位于气态污染物混合均匀的位置，该处测得的气态污染物浓度或排放速率能代表污染源的排放，在不影响参比方法取样前提下，尽可能靠近参比方法取样孔。

②烟气参数取样点的安装位置应能代表整个断面的情况，并不影响颗粒物及气态污染物 CEMS 的测定。

③所选择安装的烟道振动幅度尽可能小，测定路径不得有水滴和水雾出现，取样点探头安装应密封不漏风。

④CEMS 分析小屋的安装位置应尽量选择在取样点烟道附近的位置，尽量缩短烟气传输管线的长度。分析小屋应设置永久性电源及仪表空气源，内部环境及公共设施应能保证 CEMS 的正常运行。

⑤采样或监测平台应易于人员到达，有足够的空间，便于日常维护和比对监测。当采样平台设置在离地面高度不低于 5 m 的位置时，应有通往平台的 Z 字梯或旋梯或升降梯。

⑥安装 CEMS 处要做好接地，防止强电场及电磁干扰，采取防雷击措施，以保证人身安全和仪器的运行安全。为室外的烟气 CEMS 装置提供掩蔽所，以便在任何天气条件下不影响烟气 CEMS 的运行，能够安全地进行维护。

2.4.2 带过滤器的烟气取样探头

取样探头容易被烟尘颗粒物堵塞,特别是当烟气含水量高时更容易堵塞,这是烟气中的冷凝水与颗粒物结块造成的。为了解决堵塞问题,普遍采用带过滤器的烟气取样探头。

过滤器用烧结不锈钢或多孔陶瓷(碳化硅)材料制成。烧结金属是将尺寸大小在微米数量级的金属微粒压紧,置于高压和高温下制成的。依靠施加的压力,金属微粒熔合并形成多孔性物质。烧结不锈钢过滤器能够滤除 5 ~ 50 μm 粒径的颗粒物,多孔陶瓷过滤器能够滤除≥2 μm的颗粒物,但过滤器越精细,样气通过的阻力越大,这时就需要增大泵的抽吸力。

过滤器装在探管头部(烟道内)的称为内置过滤器式探头,装在探管尾部(烟道外)的称为外置过滤器式探头。内置过滤器式探头的缺点是不便于将过滤器取出清洗,只能靠反吹方式进行吹洗,过滤器的孔径也不能过小,以防微尘频繁堵塞。这种探头用于样品的初级粗过滤比较适宜。目前普遍使用的是外置过滤器式探头,这种探头可以很方便地将过滤器取出进行清洗。

(1)外置过滤器式探头

图 2.2 是一种外置过滤器式探头,过滤器装在烟道外部与法兰连接的圆筒内。

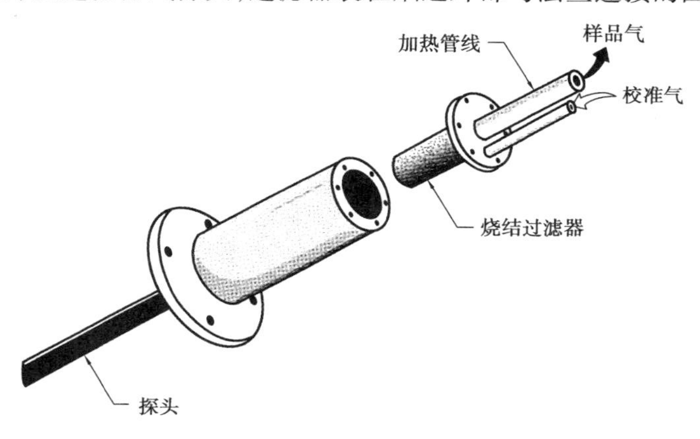

图 2.2 一种外置过滤器式探头

在这种过滤器组件中,加热器埋装在圆筒筒体内,或绕装在筒体外。通过加热可以避免湿烟气冷凝,烟气从加热的过滤器中抽出,送入加热的样品管线再送到样品处理系统。

这种结构的主要优点是,过滤器不会潮湿且容易维护。只需卸掉螺栓就可将过滤器取出进行清理或更换,如果探头被颗粒物堵塞,可用一根细杆穿通清理。此外,如果探头向下倾斜一定角度安装,探头中冷凝出的水和酸液会滚流回烟道而不会形成淤积。

这种外置过滤器式探头也可进行探头校准检查。校准时,标准气从圆筒顶部引入,顶替烟气而充满过滤器和圆筒之间的环形空间。所谓探头校准检查是指从探头引入标准气进行的校准,这种校准可以对从探头到分析仪的整个系统进行检查,以便及时发现取样、样品传输和处理过程中存在的问题。

图 2.3 是德国 M&C 公司 SP200 外置过滤器式探头结构图。

外置过滤器式探头也有一些其他形式的设计。其中一种是将一个 10 ~ 50 μm 孔径的粗过滤器装在探杆前端,而在烟道外的法兰组件中装一个 1 μm 孔径的细过滤器。另一种是在外置过滤器和探杆之间装一个波纹管密封阀,进行探头校准时将阀关闭,以降低标准气的需要量。

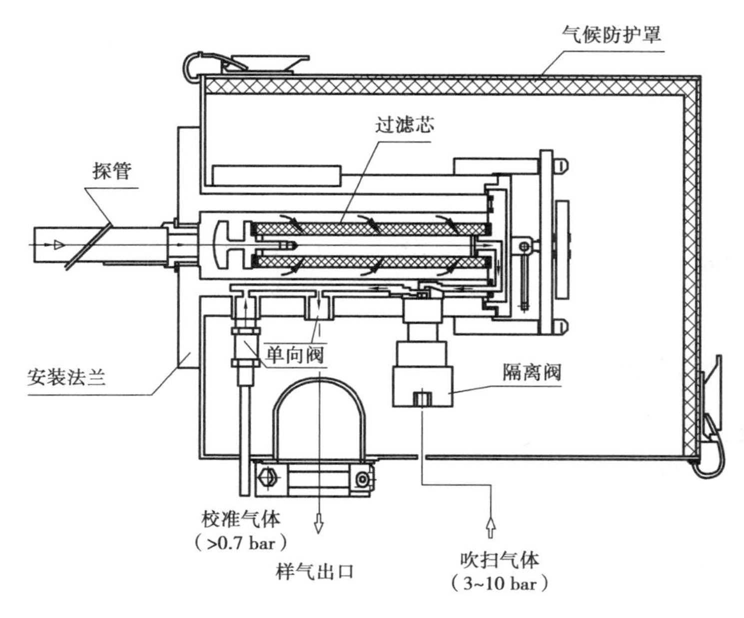

图 2.3　M&C 公司 SP200 外置过滤器式探头结构图

(2)*脱硫加热过滤取样探头*

脱硫加热过滤取样探头的加热保温温度为 150 ℃左右,探头温度控制器的调节范围为 0~180 ℃。对脱硫前的烟气取样,探头过滤器可保温在 150 ℃左右,因为脱硫前原烟气的温度在130 ℃左右,烟气露点在 100~110 ℃。脱硫后的净烟气烟温较低,通过 GGH 的烟气温度在 80 ℃左右,无 GGH 的温度只有 45 ℃左右,其含水分量很高。设定探头过滤器保温温度的原则是确保烟气在取样过滤探头内不出现冷凝水,不能低于烟气露点以下。

图 2.4 是南京埃森环境技术有限公司生产的 JSP2150/BF 脱硫 CEMS 用加热过滤取样探头,主要特点和技术参数如下:

- 采样腔加热温度:100~180 ℃(预设温度 150 ℃,可调)。
- 陶瓷滤芯,过滤精度 2 μm。
- 过滤腔容量 80 cm^3。
- 带单路反吹(过滤器内反吹)气体控制单元。
- 备用校准气入口:OD6×1 卡套,SS316。
- 供电电源:220 VAC/50 Hz/700 W。

注:单路反吹指仅对过滤器内部进行反吹;双路反吹指对过滤器内部和外部都进行反吹。

(a)　　(b)

图 2.4　南京埃森公司 JSP2150/BF 型脱硫 CEMS 用加热过滤取样探头

(3)脱硝加热过滤取样探头

烟气脱硝 CEMS 检测,其取样点在锅炉烟气的高温高尘段,烟气温度在 300 ℃左右,含尘量为 20 ~ 30 g/m³。

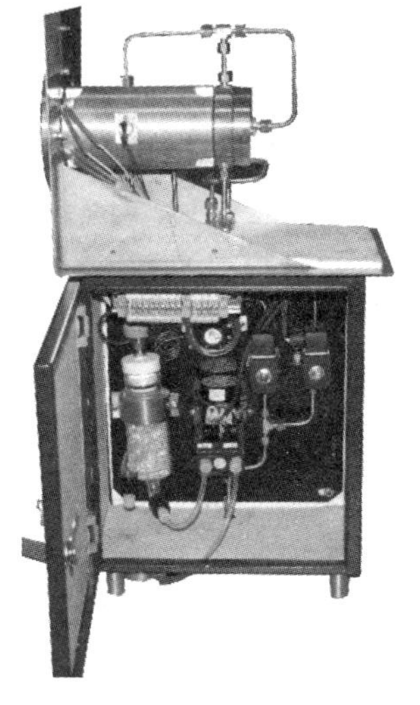

图 2.5　埃森公司脱硝 CEMS 高温采样及预处理一体化装置

图 2.5 是南京埃森公司生产的脱硝 CEMS 高温采样及预处理一体化装置,产品型号 NO_x 2150/BF-HP,采样探头至铵盐清洗装置前端全程高温加热,防止烟气冷凝造成堵塞。铵盐清洗装置由铵盐清洗瓶和蠕动泵组成,铵盐清洗瓶内部装有纳米铵盐清洗珠,增加了烟气接触面积,使多余的 NH_3 和 SO_2、SO_3 有足够时间进行反应生成 NH_4HSO_4,使气体内多余的 NH_3 得以去除,同时利用纳米铵盐清洗珠使黏性物质 NH_4HSO_4 直接吸附在其表面,由于烟温降低形成的少量水由蠕动泵及时排出,待测组分丢失率低于 5%。高温采样及预处理一体化装置主要特点和技术参数如下:

- 280 ℃高温加热采样腔。
- 带有铵盐清洗装置,有效防止铵盐结晶造成的堵塞。
- 采样腔加热温度:100 ~ 300 ℃(可调,预设温度 280 ℃)。
- 不锈钢滤芯,过滤精度 2 μm,过滤腔容量 120 cm³。
- 带温度调节单元和双路反吹单元。
- 供电电源:220 VAC/50 Hz/700 W。

(4)取样探头的反吹防堵

任何一种源级抽取系统都存在过滤器堵塞问题。用高压气体对过滤器进行“反吹”可使堵塞现象减至最低,反吹气体一般使用 0.4 ~ 0.7 MPa(60 ~ 100 Psi)干燥、洁净的仪表空气,反向(与烟气流动方向相反)吹扫过滤器。反吹可以采取脉冲方式产生,可以使用一个预先加压的储气罐,突然释放的高压气流可以将过滤器孔隙中的颗粒物冲击出来(脉冲反吹形式为反吹 5 s,停 1 s,吹 10 次/min)。根据颗粒物的特性和含量,过滤器的反吹周期间隔时间从 15 min ~ 8 h 不等。使用反吹系统时必须注意,反吹气体应予以加热,不可将探头冷却到酸性气体或其他气体能够冷凝析出的温度。

2.5　样品传输的要求及样品传输管线

2.5.1　样品传输的要求

样品传输的基本要求如下:

①防止相变:在样气传输过程中,气态样品要保持为气态,不要因传输过程中保温低于烟气露点而出现冷凝水,冷凝水会吸收烟气中的酸性气体形成酸液,对系统造成腐蚀,又影响分析准确性。冷干法样气传输管线需加热保温在烟气露点之上。

②样气传输管线不得泄露:以免样品气外泄或环境空气侵入,造成分析误差及污染环境。

③样气传输管线应尽可能短:要求取样点与分析柜的距离要尽量短,使传输管线的容积尽可能小,样品气流速尽可能快,以 0.5 ~3.0 m/s 为宜。

④样气传输的滞后时间应小于 30 s,最大不宜超过 60 s。如达不到系统响应时间的要求,可采取快速循环回路或快速旁通回路,以缩短样品传输的滞后时间。

⑤对含有冷凝液的气体样品,传输管线应保持一定坡度(>5°)向下倾斜,最低点靠近分析仪,并设有冷凝液收集罐。

⑥样气传输管线的连接,应特别注意电加热传输管线与取样探头的连接接头处,以及与分析柜内的除湿器接头处的加热与保温,防止在这些部位会出现因局部温度降低产生冷凝水,导致腐蚀管路及连接件。

2.5.2　样品传输管线

样品传输管线通常采用电伴热组合管缆。电伴热带按加热控制方式可分为恒功率型、限功率型(或称自限型)、自调控型 3 种。CEMS 中多使用限功率型电伴热组合管缆。在这种自限型的电伴热管缆中,如果环境温度降低(例如在冬季降至 0 ℃以下),它将维持在设定的最低操作温度;如果环境温度升高,它将不超过设定的最高操作温度,即其加热控制将样品管线温度限制在一个设定范围之内。

一种典型的电伴热组合管缆如图 2.6 所示。

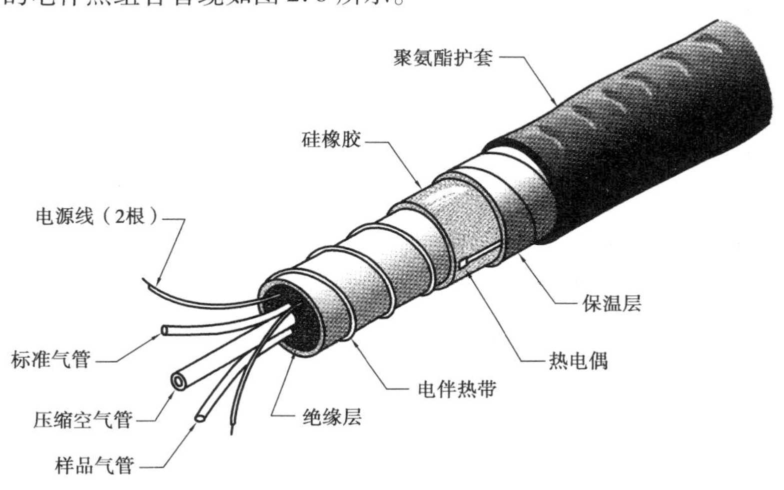

图 2.6　典型的电伴热组合管缆

在这种组合管缆中,有样品管线、反吹管线、标气管线和电伴热带。热电偶元件沿管线按一定间隔设置,用于监视加热温度,当温度降低时发出报警信号。

尽管许多材料对腐蚀性气体具有化学抵抗力,但目前大多数系统中使用的样品管材是 PFA Teflon 和 316 不锈钢。PFA Teflon 是可溶性聚四氟乙烯,由聚四氟乙烯和全氟乙丙烯按一定比例共聚而成,具有优良的抗腐蚀性能,管壁吸附效应很小,在 250 ℃时比 PTFE 有更好的机械强度(2 ~3 倍),且耐应力开裂性能优良,因而使用更为广泛,其主要缺点是当温度接近 250 ℃时会变软,即耐温性能较差。

通过提高样品管线温度以避免冷凝和吸附,有时会导致管线和伴热带的熔化。此外,一些气体(如 CO)能穿透聚合物材料的管壁,特别是在较高温度下其穿透力更强。目前,一种能将挥发性有机化合物的吸附效应降至最低的解决办法已经开发出来,这就是玻璃涂层挠性不锈钢 Tube 管。这种熔融硅和不锈钢的结合物管材(俗称硅钢管),当被加热到 350 ℃时,可使气体从 Tube 管表面脱附。

伴热管缆省却了现场包覆保温施工的麻烦,使用十分方便。其防水、防潮、耐腐蚀性能均较好,可靠耐用,值得推荐。电伴热管缆可根据厂家提供的选型样本选择,有时也需要通过计算加以核准和确认。

图 2.7 为南京埃森环境技术有限公司生产的电伴热管缆外形图。电伴热管缆有 3 种规格:脱硝 CEMS 电伴热管缆(220 ℃)、垃圾焚烧 CEMS 电伴热管缆(180 ℃)、普通 CEMS 电伴热管缆(150 ℃)。

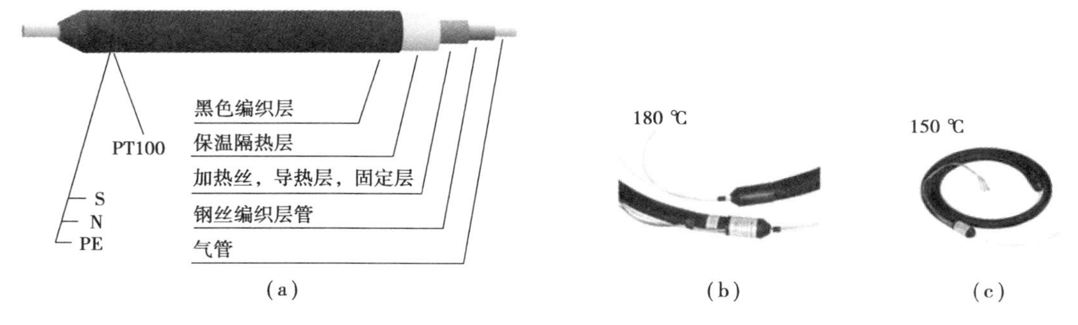

图 2.7 南京埃森公司串联型电伴热管缆结构与外观图

2.6 样品除水除湿部件

2.6.1 样品除水要求及除水方法

(1)除水要求

通常把气体样品露点降至常温(15 ~20 ℃)称为除水,而将样品露点降至常温以下称为除湿或脱湿。样品除湿的一般做法是先将样品温度降至 5 ℃左右,脱除大部分水分,然后再加热至 40 ~50 ℃进行分析。这样,残存的水分便不会再析出。

(2)除水方法

样品除水脱湿的方法主要有以下几种:冷却降温、惯性分离、聚结过滤、Nafion 管干燥器、干燥剂吸收吸附等,CEMS 系统中烟气样品除水脱湿常用的器件主要有压缩机冷却器(Compressor Cooler)、半导体冷却器(Semiconductor Cooler)和 Nafion 管干燥器。

2.6.2 压缩机冷却器

压缩机冷却器的制冷原理和电冰箱完全相同,如图 2.8 所示。制冷剂蒸气经压缩机压缩后,在冷凝器中液化并放出热量,进入干燥器脱除可能夹带的水分。毛细管的作用是产生一定的节流压差,保持入口前制冷剂的受压液化状态并使其在出口释压膨胀汽化。制冷剂在汽化器中充分汽化并大量吸热,使与之换热的样品冷却降温。

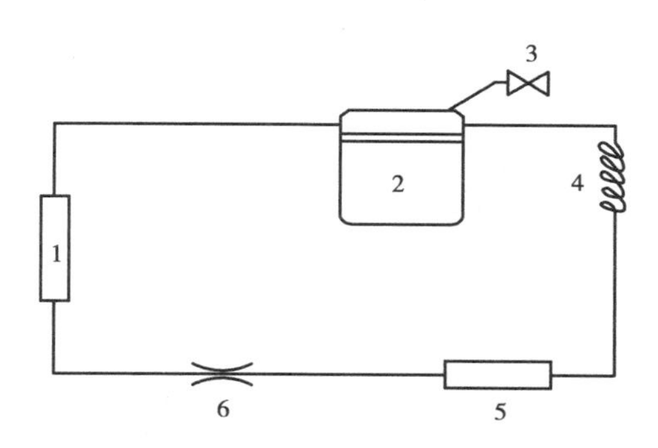

图2.8　压缩机冷却器的工作原理

1—气化器;2—压缩机;3—制冷剂补充阀;4—冷凝器;5—干燥器;6—毛细管

压缩机冷却器的除湿装置示意如图2.9所示,它由一组放置在液体中的盘管组成。盘管材料有玻璃、Kynar(聚偏二氟乙烯)和Teflon(聚四氟乙烯)等,液体可以是水或某种防冻液,有时也采用空气。这些液体由制冷系统冷却,为了避免烟气中的水分在盘管中冻结,液体的温度不允许低于1.67 ℃(35 ℉)。水蒸气冷凝液由液体收集器集中,用蠕动泵定期或连续排出。冷凝水通常采用自动方式排放,因为手动排放时,如果操作者忘记定期排放,那么就会存在一种风险,冷凝液收集器充满后,水会溢流到样品管线中去,从而导致严重后果。

增加一组冷却盘管可进一步降低水分含量,但更为有效的措施是在第一级盘管之后加一个样品泵,从第一级冷却器加压向第二级冷却器传送样气。气体在压力下比在真空下更容易冷凝。因为气体受压时,水分子从液体表面逃逸蒸发更为困难。这种增压会使气体的水分含量降得更低,比在大气压力下冷却除湿效果更好。

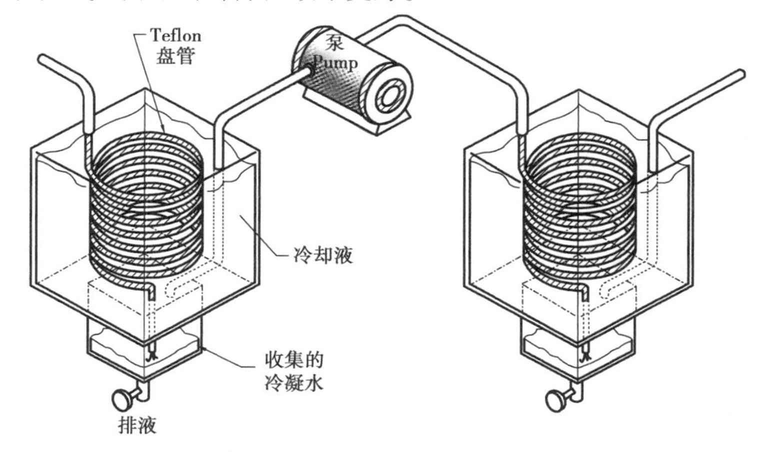

图2.9　压缩机冷却器的除湿装置(二级冷却,正压操作)

南京埃森公司通过多年对冷凝器的研制和经验的积累,在CEMS冷凝器设计上提出了脱水能力和烟气组分丢失平衡的设计理念,既要保证充分脱水(干基测量),又要保证烟气组分丢失最少。这种平衡需要可量化、可溯源的检测设备和标准物质的支持。冷凝器脱水能力衡量指标为脱水率,烟气组分丢失衡量指标为SO_2组分丢失率,具体表示如下:

$$\text{脱水率} = (Td_0 - Td_1)/Td_0 \times 100\% \tag{2.2}$$

式中　Td_0——脱水前的烟气含湿量;

Td_1——脱水后的烟气含湿量。

$$SO_2\text{ 组分丢失率} = (\rho_1 - \rho_2)/\rho_1 \times 100\% \tag{2.3}$$

式中 ρ_1——冷凝器入口 SO_2 的浓度；

ρ_2——冷凝器出口 SO_2 的浓度。

图 2.10 是南京埃森公司压缩机冷凝器外观图。

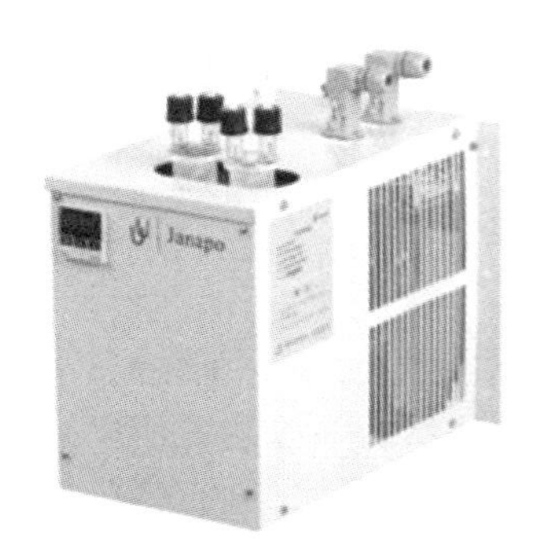

图 2.10 南京埃森公司生产的压缩机冷凝器外观图

南京埃森公司的 CEMS 面板安装式冷凝器 CEC RM300-2 的主要特点和技术参数如下：

- 无氟压缩机制冷。
- 冷凝器入口样气露点：≤80 ℃。
- 冷凝器出口样气露点：≤5 ℃。
- 双级冷凝，具有两只热交换管。
- 供电电源：220 VAC/50 Hz。
- 高温报警功能：≥8 ℃时报警。

2.6.3 半导体冷却器

半导体冷却器又称热电冷却器，其优点是外形尺寸小，使用寿命长，工作可靠，维护简便，控制灵活方便，且容易实现较低的制冷温度。其缺点是制冷效率低，成本高。

半导体冷却器结构示意参见图 2.11。半导体制冷的原理是当一块 N 型半导体（电子型）和一块 P 型半导体（空穴型）用导体连接并通以电流时，正电流进入 N 型半导体，多数载流子即电子在接头处发生复合。复合前的动能和势能变成接头处晶格的热振动能，于是接头处温度上升。当正电流进入 P 型半导体时，须挣脱 N 型半导体晶格的束缚，即要从外界获取足够能力才能产生电子-空穴对。于是接头处发生吸热现象，电流越大，接头处温差越大。N 型和 P 型半导体之间的导流片采用紫铜板。为使制冷端和样品、发热端和散热片之间既保持良好接触，又保持电绝缘性，两者之间的电绝缘层采用镀银陶瓷板、薄云母板、铝或铜的氧化物层。调节电流大小即可控制制冷温度。

半导体冷却器的除湿装置是将一个撞击器（又称射流热交换器）装在吸热块中，吸热块与珀尔帖元件的冷端连接，珀尔帖元件的热端由一组散热片散热或用风扇将热量驱散。在这种撞击器中，烟气从中心管中流出，中心管被一圈真空护套管所环绕。烟气到达撞击器底部之前，湿度保持在露点以上（真空护套管起绝热作用），在撞击器底部被迅速冷却。水蒸气在撞击器底部冷凝析出并被排除。气体折转向上流动，在到达出口之前被撞击器冷壁进一步冷却。半导体冷却装置除湿示意图如图 2.12 所示。这种设计的独特之处在于，气体在到达上部的出口之前，被置于护套管之外的中心管部分再度加热。这种冷却器的制冷效率取决于撞击器的表面积和长度、气体的流速、结构材料、环境空气温度和冷却面温度。半导体冷却器通常设定制冷温度在 3 ~5 ℃。

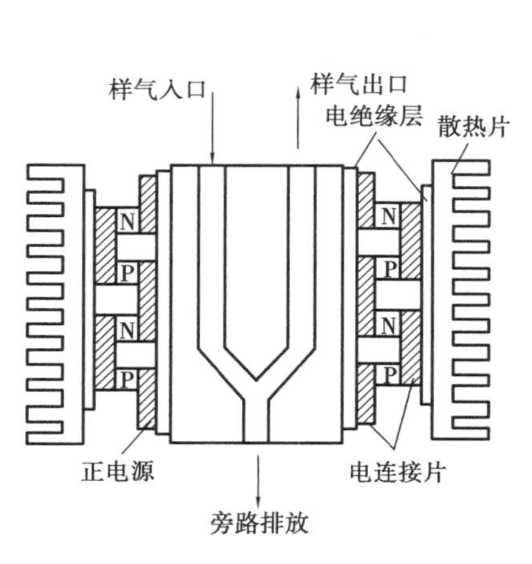

图 2.11　半导体冷却器结构示意图

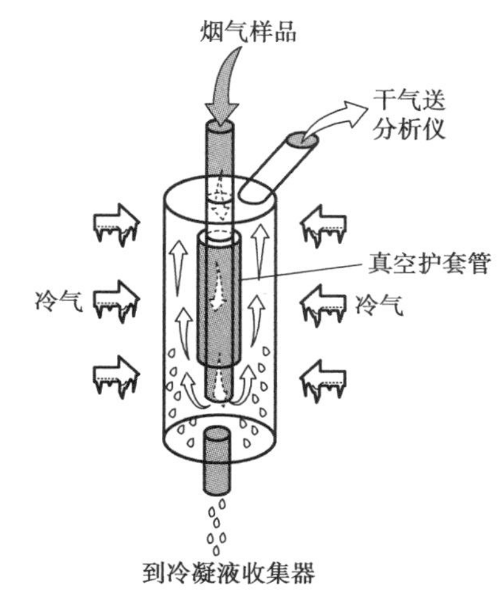

图 2.12　半导体冷却装置除湿示意图

图 2.13 是南京埃森公司半导体冷凝器的外观图。

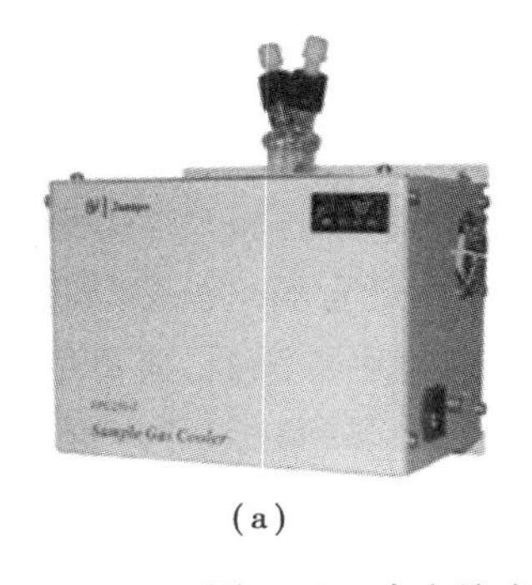

(a)

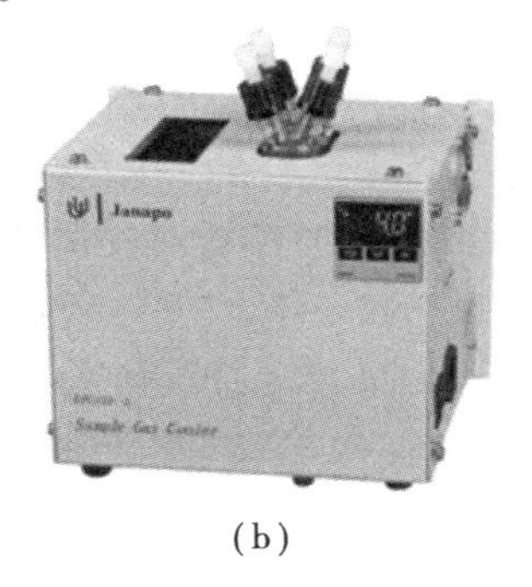

(b)

图 2.13　南京埃森公司生产的半导体冷凝器外观图

南京埃森公司的 CEMS 半导冷凝器 EPC BM250-2 的主要特点和技术参数如下：

- 冷凝器入口样气露点：≤80 ℃。
- 冷凝器出口样气露点：≤5 ℃(25 ℃环境温度)。
- 工作环境温度:2 ~45 ℃。
- 双级冷凝,具有两只热交换管。
- 供电电源:220 VAC/50 Hz。
- 高温报警功能：≥8 ℃时报警。

2.6.4　Nafion 管干燥器

Nafion 管干燥器(Nafion Dryer)是 Perma Pure 公司开发的一种除湿干燥装置,其结构如图 2.14 所示。在一个不锈钢、聚丙烯或橡胶外壳中装有多根 Nafion 管,样品气从管内流过,净化气从管外流过,样品气中的水分子选择性地穿过 Nafion 管半透膜被净化气带走,从而达到除湿目的;而待测气体,如 NO_x、SO_x、CO、CO_2、O_2、HCl、HF、H_2S 等无机气体和多数有机气体,都可以保留在 Nafion 管中。

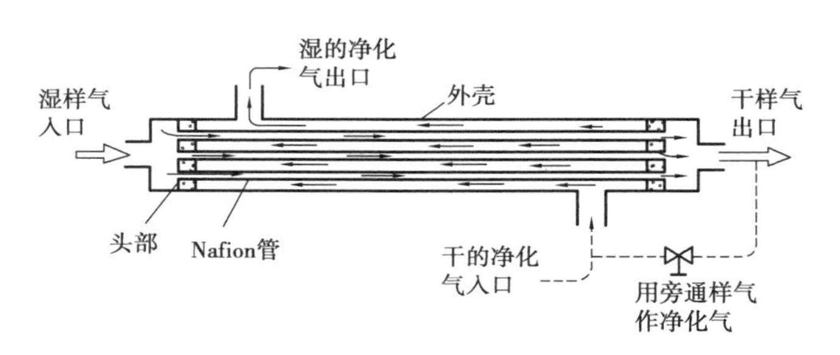

图 2.14 Nafion 管干燥器示意图

(1) Nafion 管干燥器的工作原理

Nafion 管的干燥原理完全不同于多微孔材料的渗透管,渗透管基于气体分子的大小来迁移气体,而 Nafion 管本身并没有孔,它是以水合作用的吸收为基础来进行工作的。水合作用是一种与水的特殊的化学反应,它不吸收或传送其他化合物。

具体地说,Nafion 管中气体分子的迁移是以其对硫酸的化学亲和力为基础的。Nafion 管是以 Teflon 为基体,在 Teflon 矩阵域内嵌入了大量的离子基——磺酸基制成的。磺酸基($—SO_3H$)是硫酸($HO—SO_2—OH$)分子中除去一个羟基(—OH)后残余的原子团($—SO_2—OH$)。磺酸基很容易与烃基或卤素原子连接,Teflon 中引如磺酸基后,会增强其酸性和水溶性。由于磺酸基具有很高的亲水性,水分子一旦被吸收进入 Nafion 管壁,它就会从一个磺酸基向另一个磺酸基渗透,直到最终到达管的外壁,即水分子会全部穿过 Nafion 管到达管壁外的净化气中。

这里的驱动力是水蒸气的分压,而不是样品的总压。事实上,即使 Nafion 管内的压力低于管外的压力,Nafion 管照样能对气体进行干燥。关键在于是 Nafion 管内部的湿度大,还是外部的湿度大。如果 Nafion 管内气体所含的水分比管外气体所含的水分多(即具有更高的水汽分压),则水汽将会向外移动;反之,水汽则会向里移动(即充当加湿器,而不是干燥器)。

除了水分之外,任何与硫酸具有极强结合力的气体分子都会穿过 Nafion 管。碱和酸具有极强的结合力,但大多数碱在常温下都是固体,碱性气体主要是一部分含有氢氧基(—OH)或水(H—OH)的有机碱醇(一般形式为 R—OH)及 NH_3(当 NH_3 中有水时就会形成氢氧化铵,即 $NH_3 + H_2O = NH_4OH$),它们能够穿过 Nafion 管。环境监测和过程分析中需要测量的大多数的气体,都无法穿过 Nafion 管,或者穿过速度相当慢。因此,当所损失的组分含量可以忽略不计时,可以用 Nafion 管干燥器来去除这些样气中的水分。

(2) Nafion 管干燥器的特点和优点

①除湿能力强:常温常压下,样气经 Nafion 管干燥后可达到的最大露点温度是 −45 ℃,相当于含水量为 100 μL/L,其除湿效果取决于反吹气的干燥程度(或露点)。对于 Nafion 管来说,这是一个极限露点,即使用含水量为 2 μL/L、露点为 −71 ℃的 N_2 作为净气,样品的露点也不会变得更低。

②除湿速度快:水合作用的吸收是一个一级化学反应,这个过程会在瞬间完成。所以,Nafion 管干燥气体的速度非常快。

③样气经干燥后其组成和含量基本不变:气态水分子可以随意通过 Nafion 管,而其他分子基本上都不能通过。因此,可以确保目标监测气体的含量不变。

④Nafion 管和聚四氟乙烯一样,具有极强的耐腐蚀性能,即使是氢氟酸、硫酸或别的凝结酸,Nafion 管都可以承受。

⑤耐温、耐压能力较好:Nafion 管可以承受的最高温度为 190 ℃,最高压力为 1 MPaG。

⑥Nafion 管干燥器无可移动部件,一般无须维护。

由于 Nafion 管干燥器没有机械可动部件,所以比制冷器有许多优点。在实验室用湿热发生系统产生已知含 H_2O 15% 和 30% 及 SO_2 浓度分别为 20 μmol/mol、50 μmol/mol 和 100 μmol/mol的气体,分别通过电热冷却器干燥系统和 Nafion 管干燥器后用 UV 和 FTIR 分光计检测,结果见表 2.1。结果表明,通过电热冷却器干燥系统除湿后相对于通过 Nafion 管干燥器除湿后 SO_2 的损失较大。考虑到 Nafion 管干燥器因管径小而易发生颗粒物堵塞或盐结晶的问题,必须采用去除颗粒物、去除氨气等可行性的工程手段,避免以上问题在 Nafion 管干燥器内发生。

表 2.1　两种干燥除湿技术对 SO_2 溶解损失影响的比较

气体中含 H_2O	15%			30%		
气体中含 SO_2(μmol/mol)	20	50	100	20	50	100
电热干燥器(SO_2 回收率%)	89.5	90.5	91.0	86.5	89.0	89.3
Nafion 管干燥器(SO_2 回收率%)	94.0	96.0	95.0	95.0	97.0	94.7

2.6.5　冷凝液的排出

无论是采用冷却器还是气液分离器排水,都存在将冷凝液或分离出的液体排出的问题,样品处理系统中常用的排液方法和排液器主要有:

(1)采用自动浮子排液阀排液

自动浮子排液阀的结构如图 2.15 所示。当液位引起浮子上升时打开阀门,使液体排出。当样气压力较高或需要保持样品流路压力稳定时不适用。

(2)采用手动排液装置排液

手动排液装置的结构如图 2.16 所示。该方法适用于压力较高或需要保持样品流路压力稳定的场合。如将手动阀改成电动或气动阀并由程序进行控制,则可以成为自动排液装置。

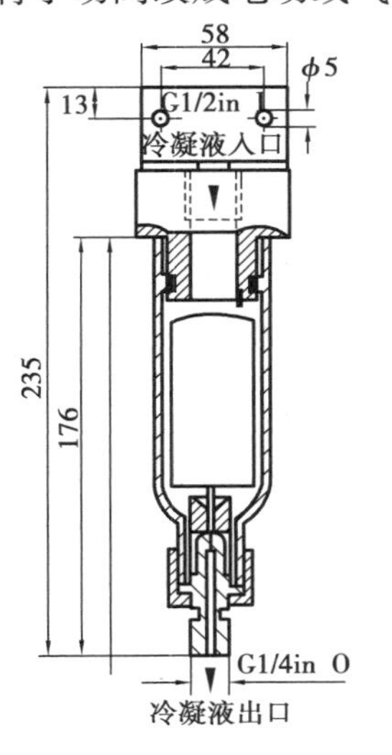

图 2.15　自动浮子排液阀

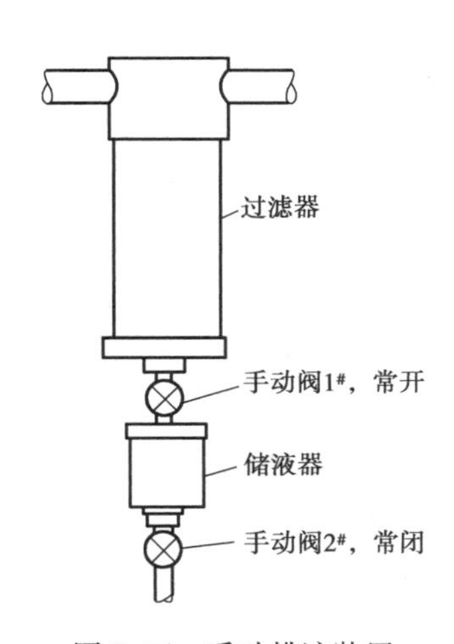

图 2.16　手动排液装置

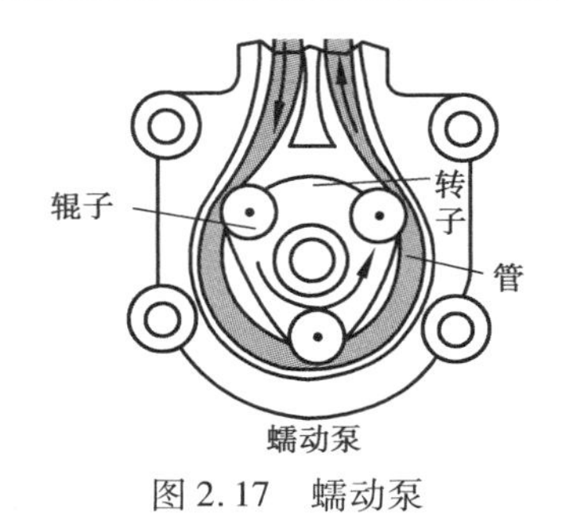

图 2.17　蠕动泵

(3)采用蠕动泵自动排液

蠕动泵(图 2.17)适合对烟气监测样品处理系统中少量冷凝液的连续自动排放,不受样品压力高低的影响,也不会对样品流路压力的稳定产生干扰。例如用于冷凝除湿器的冷凝液自动排放,同时能阻止气体的排出。蠕动泵需要定期维护,其中泵管需要每 30 ~ 60 d 进行预防性更换。

2.7　精细过滤器和气溶胶过滤器

2.7.1　精细过滤器

多数气体分析仪要求将粒径大于 0.5 μm 的颗粒物全部或绝大部分滤除,精细过滤器可以实现除尘精度达到 0.5 μm。精细过滤器有两种类型:表面过滤器和深度过滤器。

表面过滤器是一个简单的纸质过滤器,它能够把某一粒径颗粒物排除在外。滤纸是一种多孔性材料,允许气体穿过,而将粒径大于孔径的细小颗粒物挡住。颗粒物在滤纸表面堆积会逐渐形成一层滤饼,使过滤孔径进一步缩小。由于滤饼的形成以及逐渐积累起来的静电荷影响,能够通过表面过滤器的颗粒物尺寸比过滤器的实际过滤孔径要小。

深度过滤器在散装的过滤材料内部收集颗粒物。过滤材料通常采用石英玻璃纤维,过滤材料的装填密度和厚度足以将细小的颗粒物拦截下来。这种过滤器特别适合于拦截干气流或湿气流中含有气溶胶及气体中的悬浮微粒,如烟、雾等。

2.7.2　气溶胶过滤器

所谓气溶胶是指气体中的悬浮液体微粒,如烟雾、油雾、水雾等,其粒径小于 1 μm,采用一般的过滤方法很难将其滤除。图 2.18 是德国 M&C 公司 CLF 系列气溶胶过滤器的结构。

CLF 系列过滤器适用于气体样品中各种类型气溶胶的过滤。气溶胶过滤器的过滤元件是两层压紧的超细纤维滤层,气样中的微小悬浮粒子在通过过滤元件时被拦截,并聚结成液滴,在重力作用下垂直滴落到过滤器底部。过滤器的工作情况可以通过玻璃外壳直接观察到,分离出的酸性凝液可以打开下端的帽盖排出,或接装蠕动泵连续排出。使用中应注意防止酸性流体灼伤。气溶胶过滤器的有关技术数据如下:

- 样品温度:max. +80 ℃。
- 样品压力:0.2 ~2 bar abs. 。
- 样品流量:max. 300NL/h。
- 样品通过过滤器后的压降:1 kPa。
- 过滤效果:粒径大于 1 μm 的微粒 99.999 9% 被滤除。

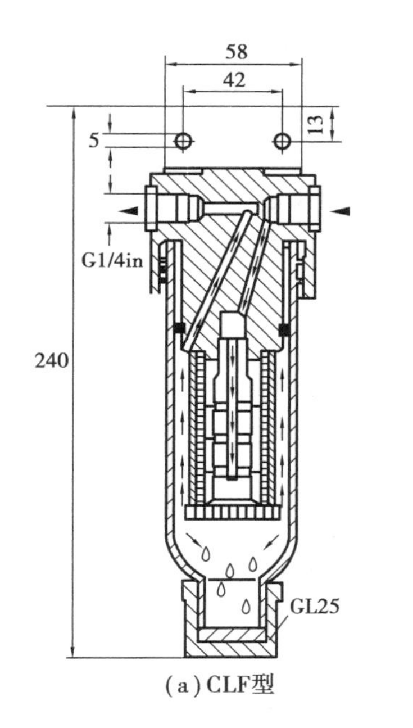

(a) CLF型

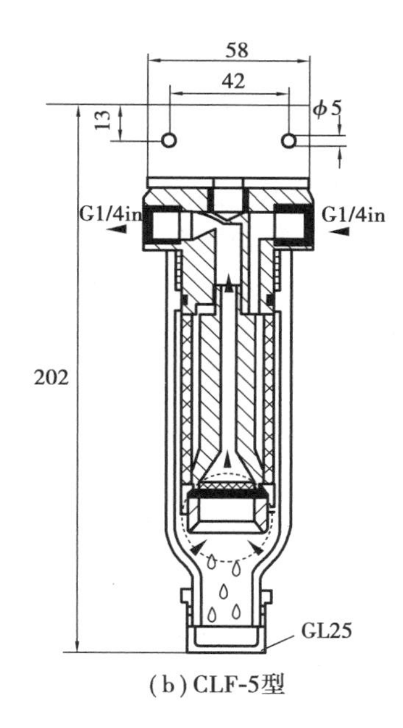

(b) CLF-5型

图2.18　CLF 系列气溶胶过滤器结构

2.8　样品抽气泵

烟气排放连续监测中,被测烟道的压力通常为负压或微正压,必须采用样品泵从烟道抽取烟气,向分析仪传送。对样品泵的要求:泵送流量和泵送压力符合分析仪的要求;环境空气不渗入泵体(指从旋转轴密封处);样气不受润滑油污染。主要有两种泵符合上述要求:隔膜泵和喷射泵,它们通常用于抽取法 CEMS 作为抽取动力。

2.8.1　隔膜泵

隔膜泵是无油泵,避免了油蒸汽污染的问题。隔膜泵的工作原理是机械冲程活塞或连接棒移动使软隔膜扩张和收缩抽取气体。隔膜为圆形,由软金属片、聚四氟乙烯、聚氨酯或其他合成橡胶制成。隔膜往复运动,以短脉冲方式移动气体,当隔膜向下移动时,气流通过气体进口吸气阀进入泵的内腔;当隔膜向上移动时,吸气阀关闭同时排气阀打开,泵腔中的气体从气体出口进入采样管。因为只有泵腔、隔膜和阀门与气体接触,故气体被污染的可能性很小。隔膜泵的工作原理示意图如图2.19所示。

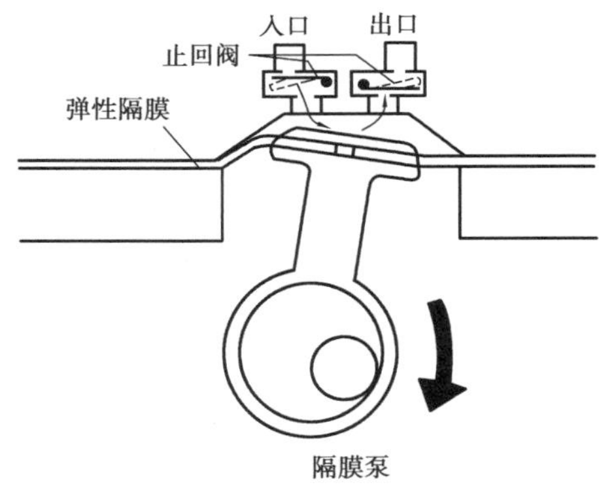

图2.19　隔膜泵及其工作原理示意图

样品系统所用的泵,其体积流量远小于工艺装置中所用的泵,泵送效率和动力消耗是不太重要的,而高可靠性、样品不受污染、耐腐蚀性则是最重要的问题。隔膜泵通过隔膜(采用柔性金属片、聚四氟乙烯、聚氨酯或其他弹性材料制成)将泵的机械传动部分和润滑系统与样品隔离开,样品不会受到污染,选用合适的隔膜材料也可解决腐蚀性样品带来的问题,是最适用于样品取样处理系统的泵。

隔膜泵可以安装在样气除尘、除湿器之前,甚至能加热操作;但烟气颗粒物的磨损和冷凝酸的腐蚀会损害泵头,为了避免这种情况,通常将泵安装在第二级除尘、气溶胶过滤器及冷却除湿器之后,或安装在两级冷却除湿器之间。

隔膜泵的流量可以采取下述方式加以控制:一种是在泵的输出管线上安装一个节流阀调节控制;另一种是在泵的吸入阀和排出阀之间并联一条带针阀的旁路管线调节。使用旁路控制流量的方案较好,部分排出气体通过旁路重新回到泵的入口,补充供气流量不足或调节供气流量的波动。

抽气泵的选型和使用时应注意以下几点。

①泵的额定压力和流量,应当超过要求值的10% ~20%为宜。

②泵的振动会对分析系统产生不良影响,应采用独立支架和柔性接头加以隔离。

③减小泵引起的样品压力脉动,它可能会对分析仪及减压阀等带来有害影响。

德国 M&C 分析仪器公司 MP47-EX 型防爆隔膜泵的主要性能指标如下:

- 泵送流量:最大 6 L/min(在一个大气压下)。
- 泵送压力:0.4 ~2.2 bar abs.。
- 样品温度范围:-30 ~80 ℃。
- 配管尺寸:1/4 in。
- 部件材质:泵头 PTFE(聚四氟乙烯),隔膜 PTFE(聚四氟乙烯)。
- 防爆等级:Ⅱ2G EEXe,qⅡT3。
- 防护等级:IP44EN60529。

泵送流量和泵送压力之间的关系曲线如图 2.20 所示。

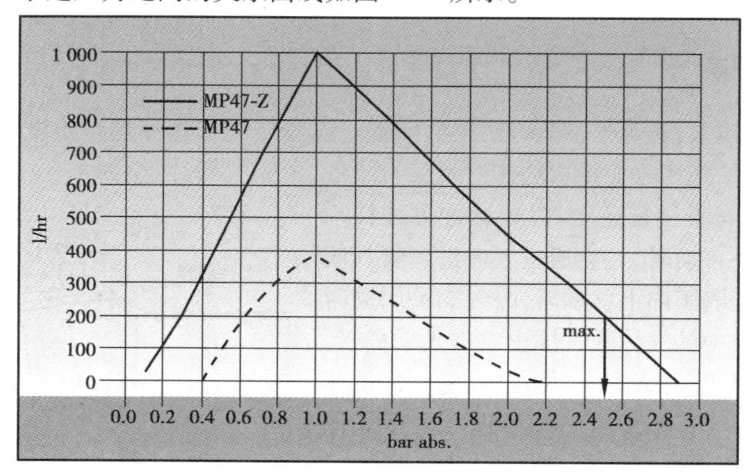

图 2.20 泵送流量和泵送压力之间的关系曲线

注:在泵送压力为 0.8 ~1.4 bar abs.时,泵送流量为 240 L/h,即 4 L/min。

2.8.2　喷射泵

喷射泵又称为文丘里抽吸器，它是一种利用高速第二流体（水、空气或蒸汽，又称工作流体）在文丘里管中产生的低压把样品抽吸出来的装置，其结构如图2.21所示。以水、压缩空气、蒸汽作为动力，这些流体经喷射进入吸入腔体，形成低压区，从而把低压样品吸入，再经扩压管中的喉管将混合流体升压后排出，控制第二流体入口压力，就能控制样品的吸入量。

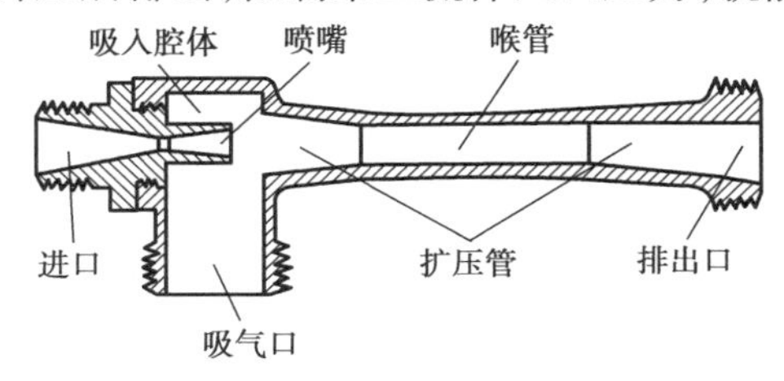

图2.21　喷射泵的结构示意图

喷射泵的体积小，结构简单，材质可用不锈钢、工程塑料或聚四氟乙烯。由于样品经过泵后与第二流体发生混合，因而喷射泵大多位于分析仪之后。使用喷射泵需要注意的问题：分析仪之前的样品管线和部件必须严格密封，以防环境空气被吸入。

2.9　样品处理系统的流程设计技术

取样式在线分析系统的样品处理系统的流程设计，主要包括取样探头系统、样品传输、样品处理系统等设计；其中样品处理系统设计主要是除尘、除湿、除干扰物，以及压力、流速的调节等，取样泵是根据需要设计配置的。

系统流程设计包括相关的流路设计，如多流路、多点取样，系统的分析回路、标定回路，快速放散回路，废气废液排放回路以及探头反吹回路等。

样品处理系统的流程设计技术，还包括流程的自动控制技术，通常对系统流程的自动控制采用PLC可编程控制器，按照系统流程设计要求，实现对样品处理各功能部件的控制，从而确保样品处理系统安全、可靠运行。

2.9.1　冷干法样品处理系统的流程设计技术

以冷干法抽取式CEMS的样品处理系统为例，典型的冷干法样品处理系统流程设计如图2.22所示。

(1)取样探头

取样探头采用加热过滤式，探头应加热保温，探头温控范围0～180 ℃，探头内置粗过滤器，除尘精度一般为2～3 μm。内置过滤器采用陶瓷过滤器或不锈钢烧结过滤器，过滤器作为对烟气的粗过滤。过滤器外部采用电加热恒温控制，控温可以按需要调节，如控温在150 ℃。探头的反吹采用自动反吹，反吹柜设在探头附近。

(2)样品输送管线

样品输送管线采用电加热一体化管缆，直接送到分析柜的冷凝除湿器的入口，要求全程加

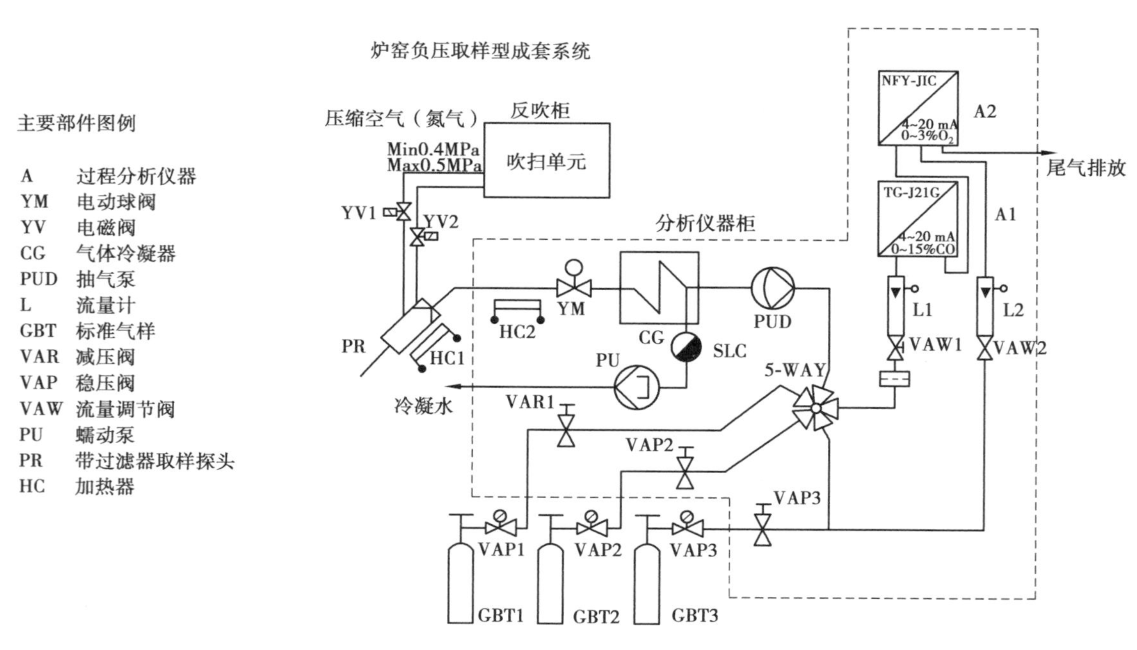

图 2.22 典型的冷干法样品处理系统流程设计

热保温，例如保温为 110 ~ 120 ℃，以确保样品在传输过程中样品的温度高于样品露点，全过程不会产生冷凝。

(3)冷凝除湿器

按照样品含水量多少，采取一级或两级除湿，一级除湿可采用电子除湿器，或单路的压缩机式除湿器；二级除湿大多采取双路的压缩机除湿器，冷凝除湿的温度一般设定为 2 ~ 5 ℃。冷凝器在气路的相对高度一般应设置低端，保证冷凝水直接顺利排出，防止在气路中留存。

(4)排水

在预处理系统中，当需要在采样泵前排水时，由于泵前是负压，则需要使用蠕动泵。当需要在采样泵后排水时，由于泵后为正压，则使用蠕动泵排水、电磁阀自动排水、手动排水等方法均可以。

(5)样品除尘

按照含尘量多少采取一级或多级除尘，一般情况下，取样探头内设前级过滤器，在分析仪前设膜过滤器，其除尘过滤精度达到 0.1 ~ 0.3 μm；如采取 3 级除尘，则在除湿器前设气溶胶过滤器，实现细过滤和除去样品中的酸雾滴。

(6)抽气泵

通常烟道气的压力是负压或微正压，系统需要烟气压力选取适合取样泵抽取样气，冷干法 CEMS 取样泵大多采用隔膜泵，要求耐腐蚀，抽气性能强，能满足分析系统对样气的流量要求。通常设置在除湿器后或两级除湿中间，取样流量 3 ~ 5 L/min。

(7)样品处理系统的流路设计技术

样品处理系统的流路设计主要包括系统内部分析回路设计、系统标定回路、系统反吹回路等设计技术。

①冷干法 CEMS 的样品处理流程为例，样品通过除尘、除湿处理后进入分析回路，系统分析回路设有流量、压力调节装置，保证分析仪对被测样品的压力流量要求。一般单台分析仪样

品流量约为1 L/min。根据被分析对象的要求可选用的在线分析仪可以是多台仪器,多台仪器的供气大多采取并联模式,并满足各个分析仪对流量的要求。在线分析仪的模块化发展,已经实现一台仪器可同时完成多组分分析,例如一台在线分析仪内可安装多个红外、热磁、电化学分析模块,实现1～6个多组分分析。因此,大多数分析系统的分析回路只有1～2台分析仪,每台分析仪设有流量、压力调节阀及流量计,以确保分析仪所需要的流量。

②系统标定回路通过切换阀、稳压阀及调节阀等管路、阀件,将标准气通入分析仪进行自动或手动标定,仪器标定从仪器入口通入标气;CEMS标定按标准要求,必须从取样探头通入标气,称为系统标定。分析仪的自动标定又分为仪器内设自动标定和仪器通入标准气自动标定;光学式分析仪在实现仪器内部标定时,可以采用标准气室或光学滤光片进行定标。

有的专业标准提出:在线分析仪除自动标定外,必须定期(如每月、每季度等)采用标准气进行标定。系统标定一般通过系统的数据处理系统或PLC实现自动标定。

③系统反吹回路,采取干净的仪表用压缩空气,通过PLC自动控制定时反吹。对加热过滤取样探头实行反吹时,必须采取加热脉冲式吹扫,例如,出厂时由PLC设定反吹周期为8 h,脉冲反吹为3～5 min,脉冲反吹的频次为5×2 s=10 s,停5 s,可以根据现场情况调整探头反吹周期,在1～24 h选择。必要时反吹的仪表空气要经过预热,要保证在反吹时,不能降低取样探头的加热恒温温度。

④快速放散回路是为了加快系统分析速度,满足分析系统的响应时间要求,放散流量1.5～2 L/min。废气废液排放回路,是通过排放总管后排出分析小屋,注意对毒害气体排放应经过处理。系统设有各种报警功能,如湿度报警、流量报警及加热温度报警等功能。

2.9.2 热湿法CEMS的分析流程设计

热湿法CEMS通常由高温取样系统、高温测量系统及分析机柜等组成。高温取样系统包括带加热过滤器的高温取样探头、高温条件下运行的测量/反吹/校准阀件和电伴热烟气传输管线、反吹管线等。

高温测量系统现在使用的检测系统有两种:一种在分析仪前使用抽取泵,通常将高温抽取泵、连接管道和高温分析仪器的传感器气室等安装在一个恒温柜中;另一种在分析仪后设置射流泵,通过分析仪来抽取样气。

热湿法CEMS分析流程设计时应考虑分析仪的工作特性,确定所需的气量、加热温度等。

在用于烟气中含有HCl、HF、NH_3的微量检测时,要特别注意连接管道管壁的吸附性,即使采用PTFE材料的气路对HCl、HF、NH_3仍有吸附。

为防止灰尘在探头处沉降、积聚,而将采样探头及过滤器堵塞,将经过缓冲的压缩空气引入进行大流量吹扫,可增加压缩空气程控反吹的设计,将过滤器和采样探头中停留的灰全部吹回烟道中去。探头疏堵自动完成,维护量大幅减少、管道阻力平稳,可提高测量数据的精确度和保持稳定的系统快速响应。

2.9.3 样品处理系统的自动控制

在线分析系统常用规模较小的PLC,其I/O点数比较少(几十点),功能要求不高。大多选用整体式、低档和小型的PLC,例如西门子S7-200具有很好的性价比和广泛的应用范围。

PLC 基本组成包括中央处理器(CPU)、存储器、输入/输出接口(缩写为 I/O,包括输入接口、输出接口、外部设备接口、扩展接口等)、外部设备编程器及电源模块组成。PLC 内部各组成单元之间通过电源总线、控制总线、地址总线和数据总线连接,外部则根据实际控制对象配置相应设备与控制装置构成 PLC 控制系统。

CEMS 的样品处理系统 PLC 自动控制,主要实现状态控制、流程控制、报警功能及信号采集功能,并通过 PLC 实现分析系统的逻辑控制、数据采集、数据通信等功能。

(1)系统状态监控

系统状态监控包括取样分析工作状态、探头反吹状态、系统标定状态及系统故障状态的自动控制。

①系统处于取样分析工作状态时:抽气泵正常工作,从探头抽取烟气,经过传输管线、除尘、除湿处理及压力流量调节后送分析仪分析。

②系统处于探头反吹状态时:抽气泵停止工作,接通反吹电磁阀,压缩空气对探头实施脉冲反吹,反吹结束,抽气泵恢复工作,系统进入正常分析工作状态。反吹包括对探头的自动反吹或手动反吹控制等,按照用户工况条件,PLC 可以设定自动定时反吹周期及脉冲反吹时间。例如在出厂时,预设定反吹周期 8 h,每次脉冲反吹周期 5 min,采取循环 5 ×2 s(10 s)间断吹扫,再连续吹扫 5 s。探头反吹按照流程要求,要进行探头过滤器的内部及外部反吹,确保将附着在探头过滤器内部及外表面的烟尘从探头管道吹回烟道内。

③系统处于标定状态时:按照手动或自动标定的要求,打开标准气瓶压力调节阀,切换阀门到标定位置,此时烟气经放散回路排出,标准气按照标定要求接通零气或量程气,按照标定回路要求进入分析仪进行标定,同时标定数据输入 PLC 保存。

④系统处于故障状态报警时:按照报警的类别不同对系统流程进行不同的处理,如由于探头堵塞、流量下降报警,将停止泵抽气,防止泵损坏。例如湿度报警、样品气含水量增加均可能引起分析仪测量气室进水损坏,也必须停止泵工作。系统报警包括温度报警、压力报警、湿度报警、流量报警等系统故障报警,以及设定的分析测量值的报警等。

对故障报警,PLC 将报警传感器的开关量信号采集后送 DAS 进行处理,并控制各电磁阀及泵的工作状态。温度报警主要是对取样探头及传输管线的保温或恒温控制是否正常进行判定;压力报警主要是对泵前的负压判定,可判断探头堵塞的程度,如探头堵塞时,抽气泵长期工作会损坏电机,湿度报警可对系统的冷却除湿进行判定,当除湿器损坏时,样气水分增加,会造成流量计进水,甚至仪器测量气室进水损坏。PLC 在接受 DAS 指令后,会采取相应的保护措施。

(2)信号采集传输

PLC 主要采集的模拟信号包括颗粒物检测仪器的输出模拟信号、气体分析仪检测模拟信号(含 SO_2、NO_x、O_2)以及烟气参数检测模拟信号(烟气温度、压力、流速、含湿量)等。

2.10 完全抽取式 CEMS 常见故障、原因及排除方法

完全抽取式 CEMS 常见故障、原因及简要维修排除方法见表 2.2。

表 2.2　完全抽取式 CEMS 常见故障、原因及简要维修排除方法

序号	故障点	现象	原因	简要维修
1	采样探头	抽气量不足、抽气困难	采样管或过滤滤芯反吹不及时或反吹压缩机故障导致堵塞	疏通或更换采样探管
2	采样管路	污染物测量值降低,氧气量升高	采样管、接头、阀门等腐蚀、断裂导致漏气	查找漏点,更换部件
3	加热系统	采样加热温度达不到设置要求	加热系统有短路或断路情况、保温不够导致加热失效	查找断点,更换部件
4	采样泵	采样系统正常时采样流量下降	采样泵被腐蚀或长期使用导致抽气能力下降	更换采样泵泵膜等部件
5	除水冷凝系统	冷凝温度显著升高,达不到设置要求	冷凝液泄露或失效导致冷凝除水失效,长期分析仪损坏	更换冷凝部件,检查分析仪
6	过滤部件	过滤器滤芯变色,污染物测量值偏低	过滤部件长期无人维护保养	更换过滤滤芯,重新校准系统
7	冷凝排水系统	冷凝水排放不畅,无法排出	蠕动泵泵管老化或接反、转轴腐蚀破坏,长期分析仪损坏	更换排水部件,检查分析仪
8	排气系统	进样流量不稳,排放尾气不通畅	排气管路堵塞或水汽冷冻结冰	疏通排气管或排气管路,加热保温

第 3 章

烟尘颗粒物 CEMS

3.1 颗粒物排放与监测概述

3.1.1 颗粒物及其危害

颗粒物的种类很多,一般指空气动力学粒径介于 0.1 ~ 100 μm 的尘粒、粉尘、雾尘、烟、化学烟雾和煤烟,其中颗粒直径小于 100 μm 的称为总悬浮颗粒物(TSP);颗粒直径小于 10 μm 的称为可吸入颗粒物(PM_{10});颗粒直径小于 2.5 μm 的称为呼吸性颗粒物($PM_{2.5}$)。颗粒直径越小,在空气中悬浮的时间越长,进入人体肺部之后停滞在肺部及支气管中的比例越大,危害也就越大。PM_{10}能在大气中长期飘浮,因而被称为飘尘。飘尘粒径小,能被人直接吸入呼吸道造成危害;飘尘易将污染物带到很远的地方,导致污染范围扩大;同时,飘尘在大气中还可为化学反应提供反应床。$PM_{2.5}$也称为可入肺颗粒物。虽然它在地球大气中含量很少,但其对空气质量和能见度等有重要的影响,而且与较粗的大气颗粒物相比,$PM_{2.5}$粒径更小,富含大量的有毒、有害物质且在大气中的停留时间更长、输送距离更远,因而对人体健康和大气环境质量的影响更大。目前,颗粒物已经成为我国城市大气污染的首要污染物,颗粒物污染正不断侵蚀着人们的健康。

3.1.2 颗粒物来源与排放监测

大气中的颗粒物主要来自城市扬尘、工业废气排放等过程,其中,固定污染源烟尘是颗粒物污染的重要来源之一,固定污染源主要包括燃煤、燃油、燃气工业和民用锅炉以及冶金、建材、化工等燃烧源。目前在我国能源构成中,煤炭占 70% 以上,预期在相当长的时期内煤炭仍将是我国最主要的能源。煤炭燃烧所造成的大气污染,以烟囱排放烟气颗粒物污染最为严重。我国每年向大气中排放污染物 4 300 万 t,其中烟气颗粒物约 2 000 万 t 以上。这些燃烧和工业生产所排放的烟尘是对大气环境质量造成破坏的主要固定污染源,我国已经要求各排放单位对排放烟气进行净化处理,处理的同时需要监测处理结果、对污染物的排放浓度和排放量进行监督和控制,实时监测污染源排放物是否符合现行国家排放标准规定,从而评价除尘净化装置及污染防治设施的性能、监督防污设施的运行情况，为环境质量管理和评价提供科学准确的依据。

3.1.3　颗粒物监测技术

目前污染源排放颗粒物连续监测技术主要有光透射法、光散射法、光闪烁法、β射线衰减法和接触电荷转移法5种，按照取样方式的不同又可以分为原位(直接)测量式和抽取测量式两种，其中光透射法、光散射法、光闪烁法、接触电荷转移法采用原位测量，β射线法采用抽取测量，抽取测量主要是应用在高湿场合。

各种烟尘颗粒物质量浓度连续测量技术列于表3.1中。

表3.1　烟尘颗粒物质量浓度连续测量技术

测量原理	测量方式
1. 光学法	
光透射法(Light Transmission)	原位式线测量 抽取采样测量
光散射法(Light Scattering) (后向散射、侧向散射、前向散射)	原位式点测量 抽取采样测量
光闪烁法(接收光调制法)(Received Light Modulation)	原位式线测量
2. 质量累计法	
β射线衰减法(β-radiation Attenuation)	抽取采样测量 稀释抽取采样测量
3. 接触电荷法	
接触电荷转移法(撞击起电法) (Contact Charge Transfer)	原位式点测量

表3.1所列的各种测量技术中，光学法测尘仪在烟尘质量浓度连续监测中占主导地位。在欧洲应用最为广泛和成功的是光散射法和β射线衰减法测尘仪，它们均能符合欧洲环保标准对低浓度颗粒物(<20 mg/m^3)监测的要求；在我国，目前主要使用的是光透射法和后向散射法测尘仪。

(1)光透射法

光透射法是基于朗伯-比尔定律测定烟气中颗粒物浓度，是一种普遍采用的颗粒物监测方法。根据朗伯-比尔定律，光穿过含尘气流时透过率与颗粒物浓度呈指数下降。与其他方法相比，光透射法的灵敏度要低一些，在颗粒物浓度较高的场所应用较多。透射法颗粒物监测仪是检测路径上颗粒物的平均浓度，当颗粒物在检测断面上分层比较严重时其测定结果比点式设备要好。该法主要的不足：

①容易受颗粒物粒径分布变化和折射系数变化的影响，可以通过选用红外光源解决。

②灵敏度不高，一般设计的系统在0～100%的不透明度范围内测量颗粒物浓度，低粉尘烟道中光透过率接近100%，透射光相对于入射光变化很小，仪器的灵敏度难以达到其检出限，因此适用于烟道直径大、粉尘浓度高(>300 mg/m^3)、粉尘粒径和组分变化不大、湿度低的

场所,如水泥厂、电厂等行业颗粒物浓度的监测。

(2)光散射法

近年来,工业烟尘和粉尘在排放之前基本上都经过了净化除尘,排放出的烟尘浓度大大降低,排放的烟尘颗粒尺寸基本上达到了微米量级,而直径小于 2.5 μm 的呼吸性颗粒物和小于 10 μm 的可吸入性颗粒物则能直接影响人类的身体健康。对于当前这种烟尘排放情况,传统的光学透射式测尘仪因其灵敏度安装准直度方面的不足,很难满足监测要求。针对这种状况,散射法越来越多地被应用于烟气颗粒物浓度监测中来。

光散射法利用颗粒物对光的散射作用检测颗粒物浓度,灵敏度高,在低浓度场所应用较多。按照其检测散射光位置的不同可分为前向散射、后向散射和侧向散射 3 种类型。光散射法一般都是探头式,安装在烟道单侧即可,不需要准直等,安装方便;一般具备自动零点和量程校准功能;灵敏度高,最低量程可以做到 0 ~ 5 mg/m^3,适合在低浓度的小直径烟道上应用。

与光透射法相比,光散射法在减少对颗粒物粒径分布和颗粒物折射系数的依赖性方面有较大改善,但是水滴对测量影响较大。三种散射法相比较,在一定的颗粒物粒径范围内,前向散射对颗粒物的粒径和折射系数的变化敏感度最小,侧向散射最敏感。后向散射法的测量更具有代表性,因为烟气颗粒物与气体的性质不同,其流动性较小,因此在烟道中的分布是不均匀的,后向散射法的发射器和接收器呈一定的角度,夹角越大,测量截面越大,测量体积也越大,测量结果也更具有代表性。后向散射容易受烟道反射光的影响,实际应用时应尽量避免。

在高粉尘烟道中,散射光的衰减很厉害,测量的非线性增加,影响测量精度,因此该方法适合粉尘浓度低、粉尘粒径和组分变化不大,且湿度低的场所。

(3)光闪烁法

光闪烁法兼具光透射法和散射法的优点,获得高灵敏度的同时又能保证测量的颗粒物浓度是线平均浓度,克服了烟道粉尘分层时散射法的局部测量不具有代表性的不足。由于技术的可靠性和可监测高温烟气等特点,光闪烁粉尘监测仪在各领域都有着广泛的应用。

粉尘分析仪的传感系统由位于烟道两侧的发射探头和接收探头组成。发射探头中安装有高功率发光二极管,二极管发射出固定波长、固定频率的光脉冲,穿过烟道气体到达接收探头。烟道气体中的粉尘经过发射探头与接收探头之间的光路时会引起光的闪烁(即光强度的增大和减小),光的闪烁幅度(即光强度的变化幅度)与穿过光路的粉尘浓度成正比,因此通过测量光的闪烁幅度即可得到烟道气体中的粉尘浓度测量值。

光闪烁法比光透射法的灵敏度要高。光透射法在颗粒物浓度较低时,由于参比光的强度高,很难通过测量低强度光的变化准确检测颗粒物的浓度;而光闪烁法利用了含尘气流通过光束时对光强造成的高频波动(>1 Hz),具有较高的灵敏度。

光闪烁法的测量结果是跨烟道的线浓度,当监测断面存在颗粒物分层时测定结果的代表性要比光散射法好。同时该方法不受镜面污染、光强衰减和检测器漂移的影响,但是粉尘粒径变化、组分变化、水滴对测量有影响,因此该方法适合粉尘粒径和组分变化不大、湿度低的场合。

(4)β 射线衰减法

β 射线衰减法是基于抽取式的颗粒物监测技术,一般采用稀释抽取法,可用于高湿度场所;另外,其避免了前面介绍的光学法受颗粒物粒径分布等特性的影响。

β 射线吸收颗粒物测量系统通常由采样单元和分析单元组成,采样单元由采样探头、稀释模块、流量控制模块和抽气泵等组成，其作用是将粉尘从烟道中抽取出来，并稀释降低到露点以下后通入分析模块。分析模块包括运动模块和检测模块，粉尘被截留在纸带上，通过测量纸带沉积颗粒物前后探测器的计数值得到颗粒物浓度。稀释气为经过净化的压缩空气，过量的稀释气最终又排回到烟道中。

β射线检测技术已经在空气质量监测领域有非常成熟的应用，与其他颗粒物测量技术相比，其测量结果不受颗粒物特性(粒径分布、折射系数等)影响，因此粉尘粒径变化、组分变化、水滴对测量无影响；直接测量探头所在断面采样点的质量浓度，属于点测量，受颗粒物浓度分层影响。该方法需要等速采样，不适合烟气流速变化较大场所。该方法适合湿度大，粉尘粒径和组分变化大，流速变化不大的场所，与稀释采样方法结合能够用于高湿度粉尘监测场所。

(5)接触电荷转移法

接触电荷转移法利用电绝缘传感探针将颗粒物撞击产生的电荷传输到电学放大器，连续撞击产生的电流正比于颗粒物的动量原理来测量气流中颗粒物浓度。接触电荷转移法在测量布袋除尘器是否泄漏中应用较多，主要还是作为一种定性测量方法进行使用。采用接触电荷转移法粉尘粒径变化、组分变化、水滴对测量有较大影响，在使用前需要对这些因素进行校正，颗粒物带电对测量有影响，不能用于静电除尘后；流速变化对测量有较大影响，需要同时测量流速，不适合流速变化较大的场所。此法用于定性检测，测量准确度差，不能用于湿度较高场所，适合湿度小，粉尘粒径和组分变化小，流速变化不大，颗粒物不带电的场所，主要用于布袋除尘的泄露监测和报警。

颗粒物CEMS不同测量技术之间的比较见表3.2(仅供参考)。

表3.2　颗粒物CEMS不同测量技术之间的比较

主要指标	光学不透明度法	光前向散射法	光后向散射法	β射线衰减法	接触电荷转移法
最小量程	0 ~ 50 mg/m^3	0 ~ 5 mg/m^3	0 ~ 10 mg/m^3	0 ~ 1 mg/m^3	0 ~ 10 mg/m^3
最大量程	0 ~ 10 mg/m^3	0 ~ 200 mg/m^3	0 ~ 300 mg/m^3	0 ~ 1 g/m^3	0 ~ 1 g/m^3
测量精度	< ±1% F.S.	< ±2% F.S.	< ±1% F.S.	< ±5% F.S.	< ±5% F.S.
烟道直径	0.5 ~ 15 m	> 0.15 m	0.3 ~ 4 m	> 0.5 m	—
适用场所	高粉尘场所	低粉尘场所，烟尘直径小	中、低粉尘场所	非实时连续监测场所	布袋除尘的泄露检测

3.1.4　颗粒物CEMS排放监测的影响因素

(1)颗粒物采样点位置的影响

采样断面尽量选择在气流平稳、尘粒分布均匀的位置，避开烟道的弯头、阀门和变径管等处。烟道中气流速度场和颗粒物浓度场的分布是不均匀的，一般情况下，速度场是靠近管壁的速度慢，管道中心处速度快；颗粒物浓度场，在垂直烟道中，中心处颗粒物粒子较小，浓度也较低，靠近管壁处的颗粒物粒子较粗，浓度也较高；在水平管道中，上部颗粒物颗粒较细，浓度也较低，下部颗粒物颗粒较大，浓度也偏高，在气流速度较低的烟道中特别明显。因此在选择符合标准要求的采样位置后就必须考虑一系列采样点位的布设问题。

(2)湿度对测量的影响

湿度是影响颗粒物测量的一个重要因素，其中接触电荷法受烟气湿度的影响最大，其次是原位式的光学方法，而β射线衰减法则基本不受烟气湿度的影响。接触电荷转移法一般应用在烟气相对湿度小于80%的场合，光学方法可以工作在烟气相对湿度小于100%的场合，β射线衰减法则可以应用在烟气中有液态水冷凝出来的场合。

(3)振动对测量的影响

现场使用过程中振动是不可避免的，光程越长，振动越容易使光路的准直发生偏移，从而导致测量精度下降。因此在现场振动太大、烟道直径也较大的场合，选择颗粒物监测系统时尽量避免选择对穿式安装的光学透射法、前向散射法、光闪烁法原理的颗粒物监测系统。

3.1.5 颗粒物 CEMS 技术的发展趋势和进展

固定污染源排放对大气颗粒物的贡献有两类，即直接排出的一次颗粒物和以气态形式(如 SO_2、NO_x 和 VOCs 等)等排放到大气中，通过复杂的大气物理化学过程生成的二次颗粒物。一次颗粒物又可分为直接以固态形式排出的一次固态颗粒物和在烟气温度状态下以气态形式排出、在烟羽的稀释和冷却过程中凝结成固态的一次凝结颗粒物(气溶胶)。准确测量燃烧源一次颗粒物的排放，对于了解污染源对大气颗粒物的贡献，制定污染控制措施和排放标准十分重要。在我国现有的方法中目前只对一次颗粒物进行测量，而美国在20世纪80—90年代就首先发展了可以用于测量燃烧源一次颗粒物排放的稀释采样法。该方法将高温烟气在稀释通道用洁静空气进行稀释和冷却至大气环境温度，稀释冷却后的采样气体进入烟气驻留室，停留一段时间后颗粒物被捕集，模拟烟气排放到大气中的稀释、冷却、凝结等过程，捕集的颗粒物可近似认为是燃烧源排放的一次颗粒物(包括一次固态颗粒物和一次凝结颗粒物)。高温烟气稀释冷却至大气环境温度，为颗粒物在线测量提供了可能。随着人们对颗粒物危害认知的加深以及颗粒物测量技术的发展，采用稀释法进行烟气中一次颗粒物的准确测量将会成为现实。

3.2 光学透射法测尘仪

光学透射法测尘仪有单光程和双光程两种形式，目前多使用双光程测尘仪，其光源和检测器组合在同一个单元里，发射/接收器组合件安装在烟道的一侧，烟道的另一侧安装反射镜反射穿过烟气的光线。

透射法测尘仪的优点：当颗粒物浓度分层(烟气呈层流状态)时，可以得到仪器测量光路上的平均浓度；透射仪的结构相对简单，易于维护。其缺点主要有：对于低浓度颗粒物的测量灵敏度不高；测量结果易受颗粒物粒径和折射率变化的影响；测量光路准直度要求极高($<1°$)，否则误差很大，安装复杂费时；受振动影响大。

3.2.1 透射法测尘仪的原理

光学透射法测量烟尘颗粒物浓度的原理基于朗伯-比尔定律：

$$I = I_0 e^{-kcl} \tag{3.1}$$

式中　I_0——入射光强;

I——接收光强;

k——消光系数(Extinction Coefficient),即颗粒物对光能的吸收系数(Absorption Coefficient);

c——颗粒物浓度;

l——光程长度。

对于稳定的颗粒物介质和固定的波长,k 为常数;对于固定的烟道,l 为常数;因此,c 只与 I/I_0 有关。由式(3.1)两边取对数,可得:

$$\ln \frac{I}{I_0} = -kcl \tag{3.2}$$

则 c 为:

$$c = \frac{-\ln \frac{I}{I_0}}{kl} = \frac{\ln \frac{I_0}{I}}{kl} = \frac{2.303 \lg \frac{I_0}{I}}{kl} = \frac{2.303E}{kl} \tag{3.3}$$

式中　E——仪器测得的消光度,$E = \lg \frac{I_0}{I}$。

从式(3.3)可以看出,消光度 E 和烟尘浓度 c 成正比关系,其比例系数为 $2.303/kl$。式中的消光系数 k 与颗粒物的大小、形状、表面性质以及测量光的波长等因素有关。

3.2.2　OMD41 透射法双光程测尘仪

(1)OMD41 的系统配置

OMD41 的系统配置如图 3.1 所示,它主要由发射接收单元、反射单元、两个带有连接管的法兰、连接单元(用于数据处理和就地显示)、吹扫空气单元几个部分组成。

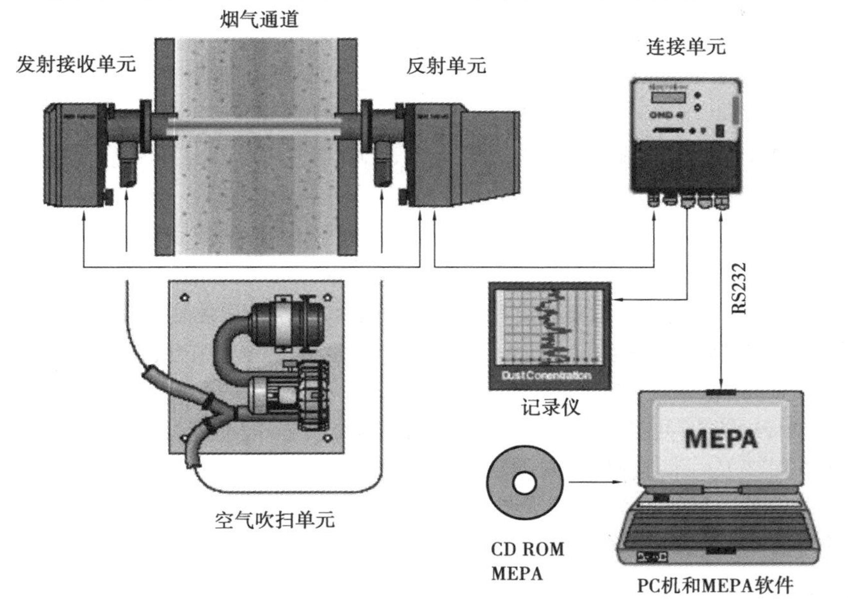

图 3.1　OMD41 测尘仪的系统配置

(2)OMD41 的光学系统和基本工作原理

OMD41 的光学系统如图 3.2 所示。由脉冲调制的 LED 光源发射波长 500～600 nm 的可见光,当烟道直径小于 2 m 时采用发光二极管,烟道直径大于 2 m 时采用激光二极管。LED 光源发出的测量光,通过半透半反镜 3 和 6,经物镜 7 聚焦后穿过测量通道到达反射镜 12,反射镜有玻璃三棱镜、塑料多棱镜、光刻薄片反射镜 3 种,使用何种反射镜取决于测量通道的长度。

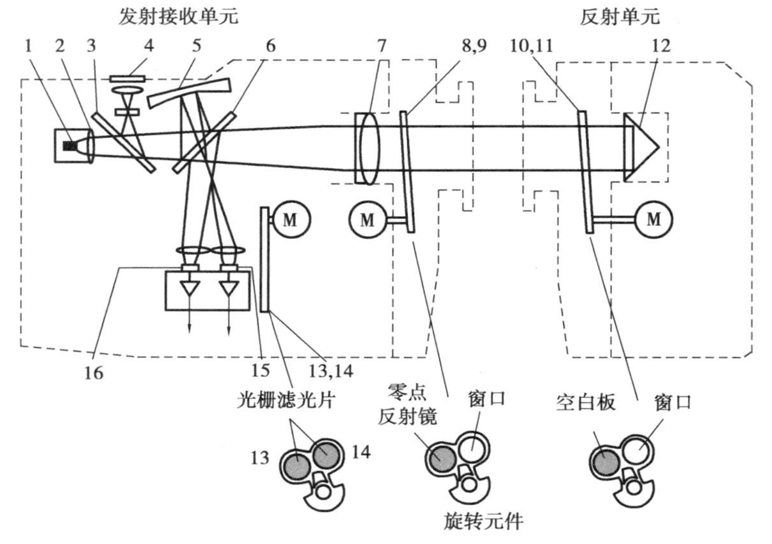

图 3.2　OMD41 的光学系统

1—LED 光源;2—聚光镜;3—半透半反镜(目视镜的分光反射镜);4—目视镜(瞄准镜);5—抛物柱面反射镜;6—半透半反镜(测量光、参比光的分光反射镜);7—物镜;8—发射接收单元窗口(保护晶片);9—零点反射镜;10—反射单元窗口(保护晶片);11—背景光板(空白板);12—测量光反射镜;13—滤光片 1;14—滤光片 2;15—参比光接收器;16—测量光接收器

测量光经反射镜反射后返回,由半透半反镜 6 反射至测量光接收器 16,得到测量光强信号 I 。与此同时,LED 光源发出的一部分光,经半透半反镜 6、抛物柱面反射镜 5 到达参比光接收器 15,得到参比光强信号 I_0。15 和 16 是两个带有前置放大器的光电接收器,根据接收到的测量光强 I 和参比光强 I_0,可以计算出 $T=I/I_0$, $O=1-(I/I_0)$, $E=\lg(I_0/I)$,从而得到透光度、不透光度和消光度测量结果。

采用参比光的作用有二:一是抵消光源波动或漂移(由电源波动或光源老化等因素造成)给测量带来的影响;二是用于窗口的污染校正,测量光路的 I 和参比光路的 I_0 之差作为一个固定值被储存在仪器中,通过窗口的污染校正求得实际工况下的无污染的 I 值。目视镜(瞄准镜) 4 用于发射接收单元和反射单元之间光轴的对准和透镜系统的调焦。

(3)自动校准功能

OMD41 的自动校准包括零点、量程点及线性校准,背景光校正,窗口污染校正 3 项内容。

1)零点、量程点及线性校准

进行零点校准时,马达驱动旋转元件将发射接收单元窗口晶片 8 移出,而将零点反射镜 9 置入光路,测量光不经过测量通道,由零点反射镜反射返回至测量光接收器 16;进行量程点校准时,测量光路中置入零点反射镜,同时置入滤光片 1 或滤光片 2(滤光片是一种透光度已知的光栅滤光元件),两个滤光片可分别校准两个量程点,线性校准与量程点校准同时进行。校准操作如图 3.3 所示。

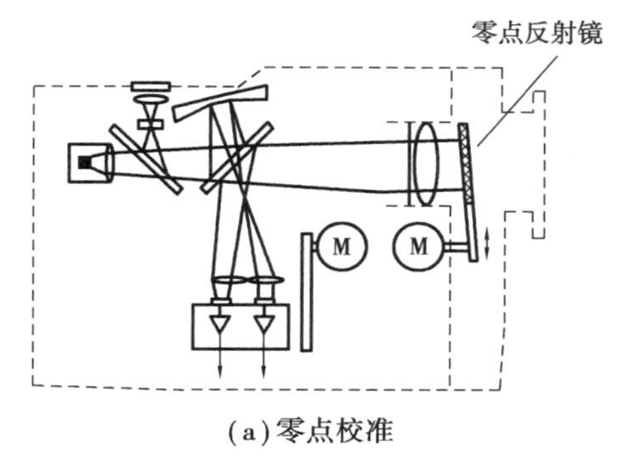

(a)零点校准

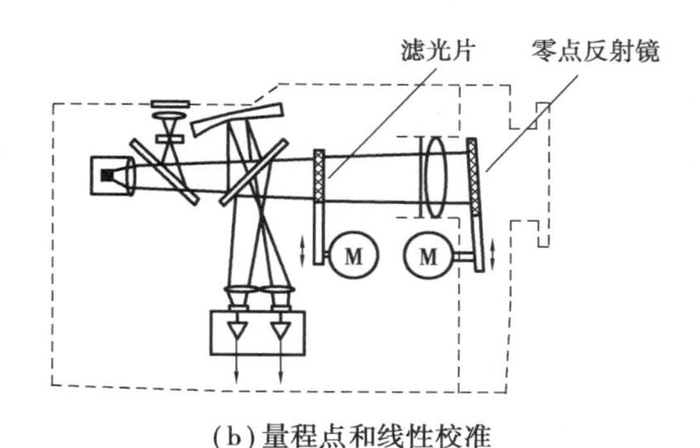

(b)量程点和线性校准

图 3.3　零点、量程点和线性校准

由以上操作过程可以看出,OMD41 中的上述校准是在发射接收单元内部进行的,属于一种模拟校准(模拟无烟测量通道的校准),因为在线烟尘测量不可能终止烟气排放进行横穿烟道的校准,也不可能配制出标准气体来进行校准。所以,在 OMD41 的操作说明书中,将这种校准称为检测(Monitoring)而不称其为校准(Calibration)。

2)背景光校正

所谓背景光(Background Light)是指烟道和发射接收单元内存在的分布光(Distributed Light),这种分布光会由各种途径进入测量光接收器,给测量带来干扰。背景光的测量如图 3.4 所示,图中的背景光板(在仪器分析中称为空白板)表面涂有黑体材料,将测量光全部吸收。背景光测量值储存在仪器中,分别用于零点、量程点及线性校正,这种校正在 OMD41 说明书中也称为基本光补偿。

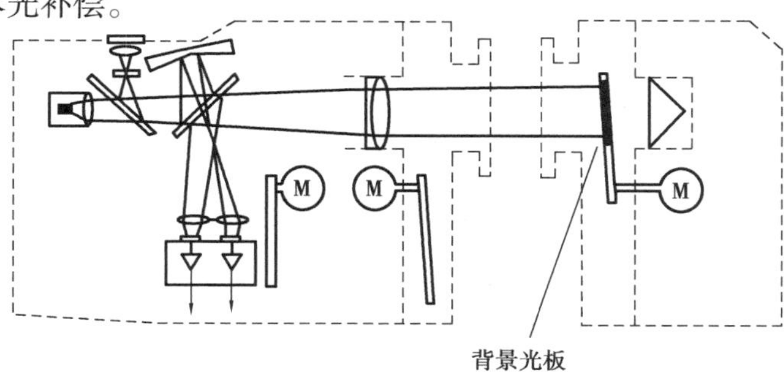

(a)背景光测量——用于零点校正

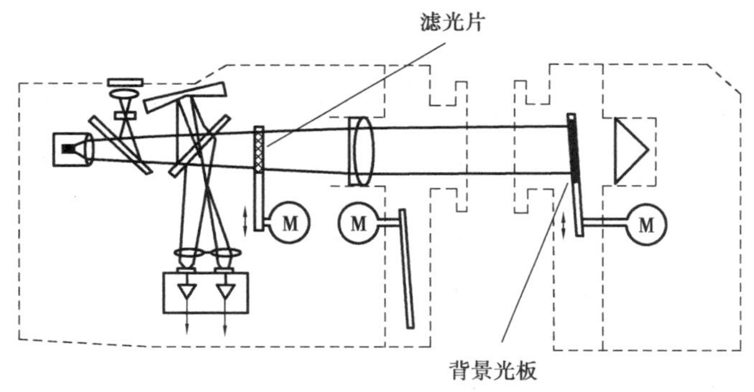

(b)背景光测量——用于量程点及线性校正

图 3.4　背景光测量

此项校正由仪器自动进行。如果窗口污染严重,可能使到达测量光接收器 16 的信号太弱,致使信噪比降低,非线性增大,此时 OMD41 采取以下补救措施:测出窗口污染度后,通过自动提高发射光能量,保证在测量光接收器 16 上测得的信号强度不变,与此同时,相应进行零点补偿和线性校准;如果窗口污染程度超出仪器补偿范围,则发出维护请求,由维护人员对窗口晶片进行人工清洗。

(4)技术数据

OMD41 的主要技术数据见表 3.3。

表 3.3 OMD41 测尘仪的主要技术数据

光源	脉冲调制 LED,可见光波长范围 500 ~ 600 nm	
测量范围	OMD41-02	OMD41-03
透光度	max. 100% ~0% ,min. 100% ~50%	max. 100% ~0% ,min. 100% ~80%
不透光度	max. 0% ~100% ,min. 0 ~ 50%	max. 0% ~100% ,min. 0% ~20%
消光度	max. 0 ~ 2,min. 0 ~ 0.3	max. 0 ~ 2,min. 0 ~ 0.1
烟尘浓度	在 1 m 测量通道上,min. 0 ~ 200 mg/m^3 ,max. 0 ~ 4,000 mg/m^3	
测量通道长度	0.5 ~ 2 m,2 ~ 6 m,6 ~ 10 m,10 ~ 15 m(法兰与法兰之间的距离)	
测量精度	±2% 满量程	
响应时间	1 ~ 360 s ,以 1 s 为单位自由编程	
环境温度	-20 ~ +55 ℃	
烟气温度	最高 600 ℃	

3.3 光学散射法测尘仪

当颗粒物浓度很低时,光透射法的测量准确度不如光散射法高,因为光散射法测尘仪比光透射法测尘仪的灵敏度高 100 ~ 1 000 倍。光散射法测尘仪的输出正比于颗粒物浓度,而光透射法测尘仪的输出与颗粒物浓度成反比。清洁烟道的透射率是 100% ,也就是说,透射仪的测量是从 100% 开始的。与此相反,散射仪的测量从零开始,清洁烟道中没有颗粒物,不会出现散射光,如果存在颗粒物,光才会被散射。对于低浓度颗粒物的检测来说,透射仪需要从 100% 强透射光中扣除一个微小的光强减弱量,而散射仪只需对微弱的散射光能量有所响应,从光敏检测元件的响应特性可知,在低浓度颗粒物检测方面,散射仪显然比透射仪具有更高的灵敏度。

散射法测尘仪的优点是:适合于低浓度烟尘测量,测量范围一般为 0 ~ 200 mg/m^3;灵敏度高,分辨率可达 0.02 mg/m^3;单侧安装,不需要反射装置,安装比较容易。其缺点主要是只能测量烟道壁附近或烟道内某点或有限空间的烟尘浓度。

3.3.1 颗粒物粒径和散射角对散射光的影响

散射光(或称漫射光)的强度与颗粒物的粒径、折射率、形状、入射光的波长以及散射角

(测量角)等因素有关。其中主要影响因素是颗粒物的粒径和散射角。

(1)颗粒物粒径与入射光波长之间的关系

首先说明,关于颗粒物的粒度和粒度分布的定义,可参见有关文献资料。对于小于10 μm的超细粉尘(烟尘、雾尘等),粒度常以粒径尺寸(颗粒物的半径,r)表示,单位为μm,粒度分布也常称为粒径分布。

根据颗粒物粒径与入射光波长之间的关系,光的散射现象可以分别加以讨论。

①如果颗粒物的尺寸比入射光的波长小得多,则光线以几乎相同的强度向各个方向散射,这种现象称为瑞利散射(Rayleigh Scattering)。例如,小于0.1 μm的颗粒物对可见光的散射就属于瑞利散射。

②如果颗粒物的尺寸比入射光的波长大得多,则光线与颗粒物的作用可能是反射、折射或衍射,反射是一种表面效应,光线没有进入颗粒物,只是撞击颗粒物后改变了方向。折射发生在光进入颗粒物之后,光速和飞行方向的改变是由颗粒物材料的光学性质(折射率)决定的。衍射是光弯曲绕过一个物体时在颗粒物表面产生的干涉现象,也称为绕射,光线绕过颗粒物后主要向前散射,这种现象称为几何光学散射(Geometric Optics Scattering)。

③与上述两种现象不同,米氏散射(Mie scattering)发生在中间尺寸范围的颗粒物上,即颗粒物的粒径与入射光的波长相当或类似。前述两种散射现象中使用的"小得多""大得多"是指二者相差很大,例如瑞利散射中所讲的"小得多"一般是指不大于$\lambda/20$,几何光学散射中所讲的"大得多"一般是指不小于20 λ。

大多数散射仪使用400 nm~700 nm波长的可见光。在经过充分处理的烟气流中,以亚微米级颗粒物(粒径小于1 000 nm)为主,袋滤除尘器和静电除尘器只能滤除直径大于1 μm(1 000 nm)的颗粒物,对直径小于1 μm的亚微米级颗粒物则难以滤除。因此,烟尘颗粒物对光的散射现象通常用米氏理论描述。

(2)散射角与散射光强度之间的关系

图3.5所示是当颗粒物的粒径与入射光波长大约在同一数量级时,不同测量角度上的米氏散射光强度。从该图可以看出,散射光的强度是散射角的函数,在不同角度上,散射光强的分布是不对称的。散射光强的分布轮廓类似于耳垂,有两个圆形突出部,光线既向前散射也向后散射,向前散射光强大于向后散射强光。后向散射又称反向散射,因为散射方向与入射方向是相反的。可以从后面、侧面和前面测量散射光的强度,根据测量角度的不同,将散射仪分别称为后向(Back Scattering)、侧向(Side Scattering)和前向(Forward Scattering)散射仪。

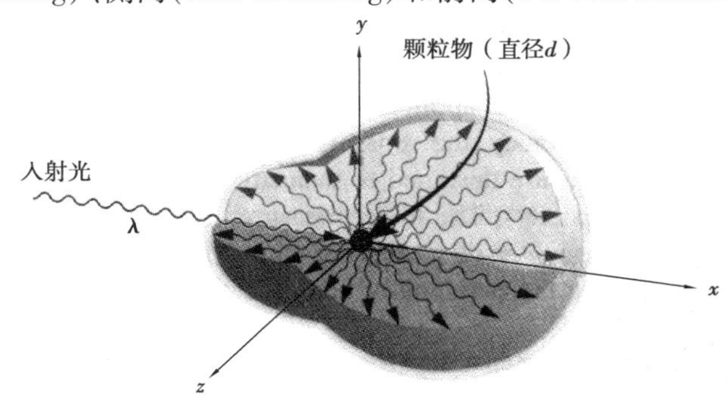

图3.5 不同观测角度上的米氏散射光强度

3.3.2 后向散射式测尘仪

后向散射式测尘仪最适宜测量直径小于 10 μm 的颗粒物。采用 900 nm 测量波长的近红外光和后向散射测量方式,仪器的响应值与颗粒物半径的立方成比例。这一响应值直接与颗粒物的体积有关,因此也与颗粒物的质量有关。后向散射式仪器使用红外光,烟气中通常遇到的颗粒物尺寸会产生更多的后向散射,因此可以接收到更多的散射光能量。

美国环境系统公司(Environmental Systems Corporation)的后向散射式测尘仪如图 3.6 所示。在这种仪器中,从红外发光二极管发出的光经过聚焦后照射到采样空间中,该空间的颗粒物对红外光产生散射,向后散射的光经光收集透镜聚焦后射向检测器。仪器的内部校准是将已知反射率的反射镜插入测量光路进行的,零点校准则通过阻挡后向散射光通路实现。

这种后向散射式测尘仪的测量范围是 1 ~ 20 000 mg/m^3,最适用于测定 0.1 ~ 5 μm 粒径的颗粒物,在这一粒径范围内,仪器对颗粒物的粒径分布变化相对不灵敏,但对颗粒物的折射率变化有些敏感。如果颗粒物的特性变化范围较大,导致初始校准结果无效,此时需采用手工测试方法对仪器重新进行相关校准。后向散射测尘仪现场安装图如图 3.7 所示。

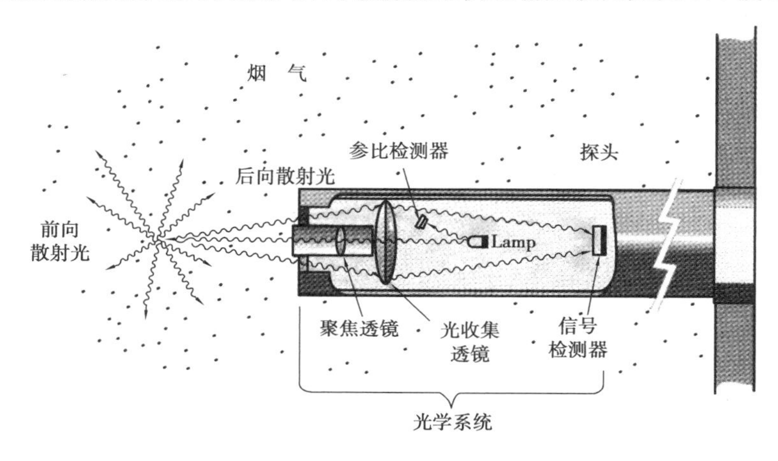

图 3.6 环境系统公司的后向散射式烟尘浓度计

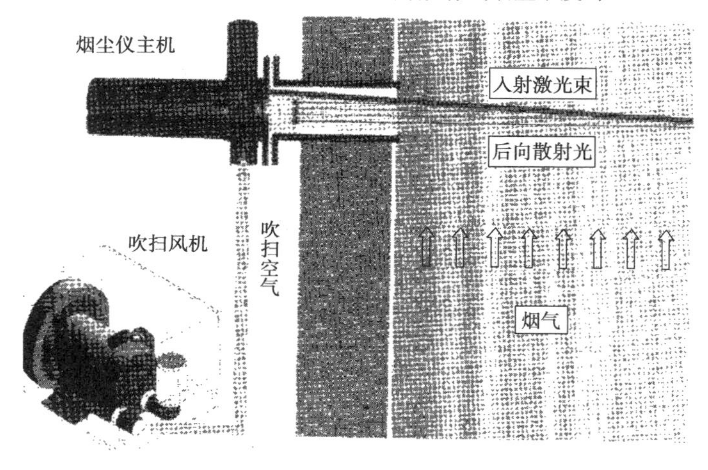

图 3.7 后向散射式测尘仪现场安装应用示意图

3.3.3　侧向散射式测尘仪

侧向散射式测尘仪能够测量极低浓度的颗粒物，测量范围低至 0.01 ~ 10 mg/m^3。和后向散射式仪器一样，它们都受颗粒物折射率和粒径分布的影响。因此，相关校准曲线的稳定性也受排放装置操作条件变化的影响。

德国开发的几种侧向散射式仪器已在颗粒物连续监测中得到广泛应用。Sick 和 Durag 公司生产的两种仪器结构类似，安装在烟道侧面，观测散射光的角度与入射光方向成 60° ~ 90°。这里以西克麦哈克公司 RM210 型侧向散射式测尘仪为例加以介绍。

(1) RM210 的系统配置

RM210 型侧向散射式测尘仪的系统配置如图 3.8 所示，它主要由发射接收单元、光吸收器、连接单元、吹扫空气单元以及操作控制软件等部分组成。光吸收器的作用是将发射器发出的光全部吸收，以免产生反射给散射光的测量带来影响。

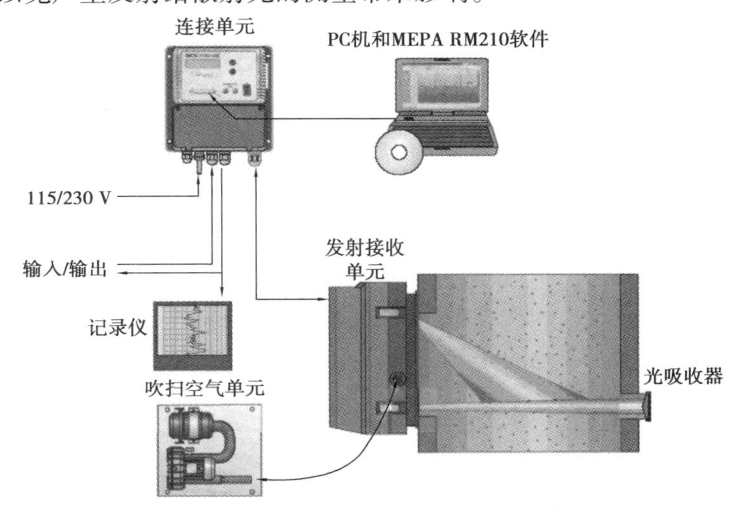

图 3.8　RM210 侧向散射式测尘仪系统配置

(2) RM210 的操作模式

RM210 的操作包括测量、参考点测量和零点测量 3 种模式。测量模式如图 3.9 所示，通过转动元件改变接收器的朝向（改变散射光接收角度），即可改变量程范围。

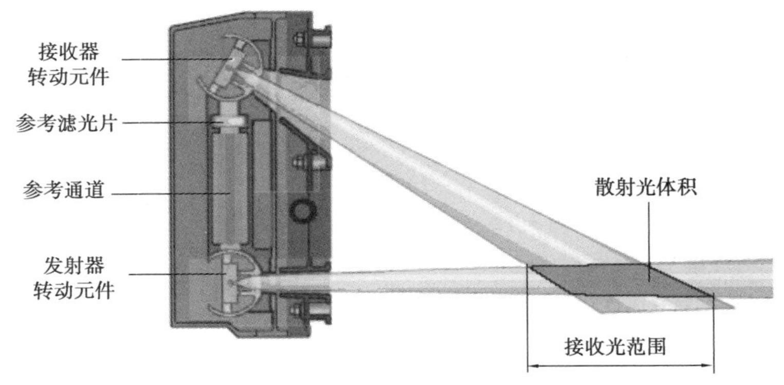

图 3.9　RM210 的测量模式

RM210 的参考点测量模式如图 3.10 所示，此时发射器和接收器均朝向参考通道。发射器发出的光通过参考滤光片到达接收器。参考滤光片的消光度是按下述要求确定的，当发射器和接收器的光学界面未受到污染时，参考滤光片的消光作用使接收器接收到的光强恰好等于某一量程点的散射光强，通过参考点测量可对仪器进行量程校准。如果光学界面受到污染，则接收器接收到的光强减弱，减弱程度反映了光学界面的污染程度，通过计算即可得到污染修正值。此时，仪器通过增大发射光强自动进行光学界面的污染校正。

RM210 的零点测量模式如图 3.11 所示，此时发射器朝向烟道，而接收器朝向参考通道。

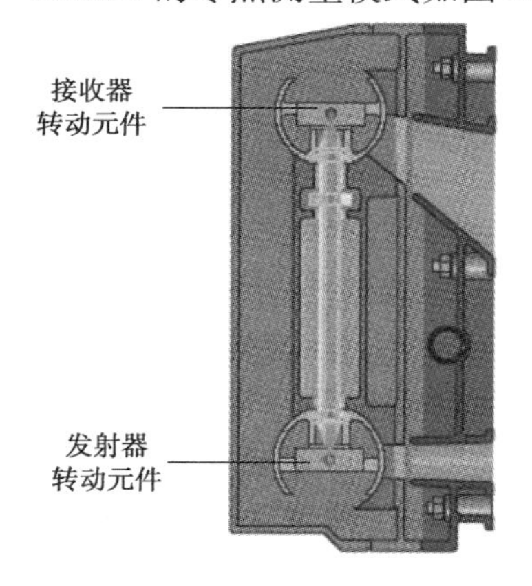

图 3.10　RM210 的参考点测量模式

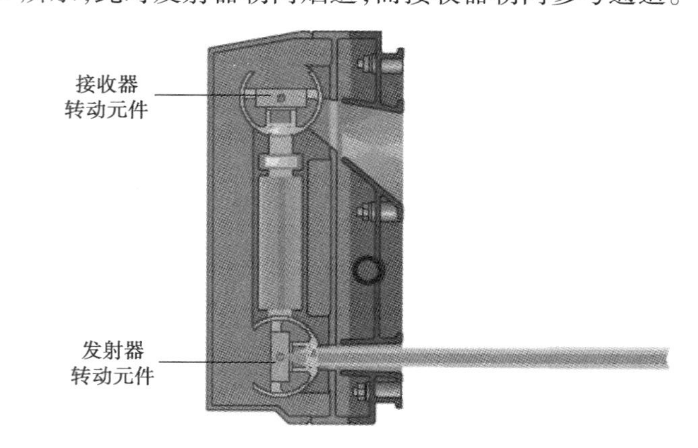

图 3.11　RM210 的零点测量模式

在 RM210 的运行过程中，参考点测量和零点测量是自动定期进行的，每进行一次称为一个参考循环（Reference Cycle），两次参考循环之间的时间间隔一般根据实际需要由人工设定，也可采用仪器默认值。图 3.12 是一个参考循环的记录图。

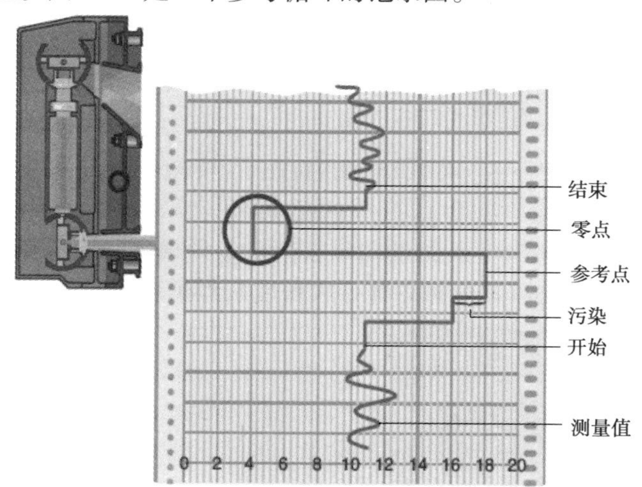

图 3.12　一个参考循环的记录图

RM210 的主要性能如下：

- 测量范围：min. 0 ~ 0.5 mg/m^3；max. 0 ~ 200 mg/m^3。
- 测量精度：±2% F. S.。
- 烟气温度：最高 500 ℃。
- 环境温度：-20 ~ +50 ℃。

3.3.4　前向散射式测尘仪

前向散射式仪器对于颗粒物的粒径变化和折射率变化的灵敏度最低,这一论点已被认可。原位测量式和抽取采样式前向散射测量系统均已开发出来。原位式系统中使用的激光器光源置于水冷探头中,抽取式系统则使烟气样品流动通过样品池以获得连续测量结果。

图3.13为德国Sick公司的FW 101型前向散射式测尘仪测量原理示意图。仪器的激光二极管直接发射经过调制的光(可见光范围)到含有颗粒物的气流中,由高灵敏度的检测器检测颗粒物的散射光。被测烟气的体积为发射光束和接收器孔径的相交区域,散射光的强度正比于颗粒物浓度。利用手工采样质量法,建立与仪器显示数据的相关关系,仪器输出测量信号正比于颗粒物浓度。

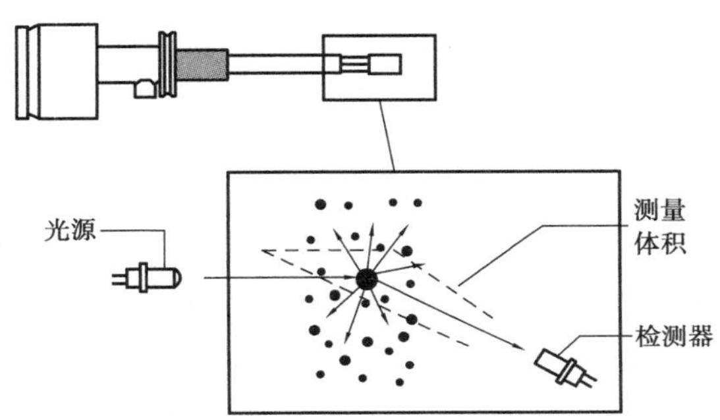

图3.13　Sick前向散射式测尘仪测量原理示意图

检测污染、零点和上标的周期如图3.14所示。检测直接与烟气接触的光学镜面上的污染、零点和上标的持续时间约310 s,记录约40 s的检测值(最后的测量值),然后输出模拟信号。

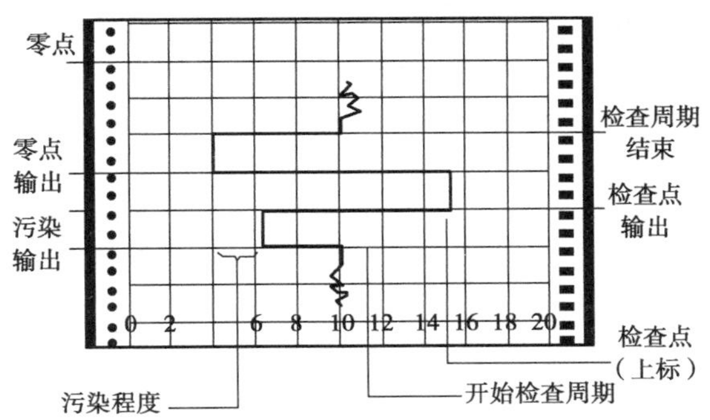

图3.14　FW101型检查周期输出

①污染测量:污染测量如图3.15所示。为了测量与烟气接触的光学镜面的污染程度,机械移动接收器的光学器件到参比位置,直接测量激光二极管发射的光强,比较工厂或计算修正系数的原始设定值,用此方法能够完全补偿污染。

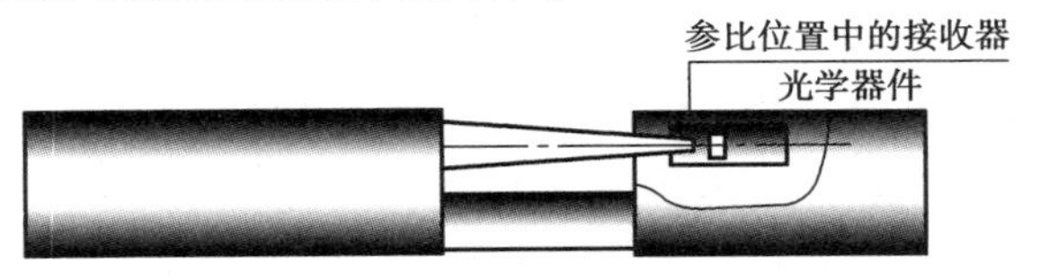

图3.15　污染测量

②上标测量:移动接收器的光学器件到参比位置,进行上标测量。一旦完成参比测量获得100%的光强度,减少激光二极管的发光强度到70%,同时比较接收器的测量值和期望值,如果两个值偏离满标值超过2%,仪器产生一个错误信号。

③零点测量:使激光二极管不起作用,由于在管道中没有光,接收信号也为零,用此方法能够可靠地检测整个系统的漂移(例如:由电器缺陷引起的漂移)或零点偏离。如果零点值偏离规定的范围,仪器产生一个错误信号。

仪器为探头式、没有反射镜、在烟道或管道的一侧安装因而不需要光路准直。利用手工采样质量法,建立与仪器显示数据的相关关系,将浓度转换为标准状态下的干基浓度。前向散射式测尘仪的灵敏度很高,适于测量浓度低的颗粒物,仪器能够测量低至0.1 mg/m^3 浓度的颗粒物,测量颗粒物浓度单位为:mg/实际 m^3,最小测量范围:0 ~ 5 mg/m^3,最大测量范围:0 ~ 200 mg/m^3。有两种长度的探头(插入烟道或管道43.5 cm、73.5 cm),用带有过滤器的鼓风机鼓入空气,保持插入烟道或管道与烟气直接接触的传感器探头镜面的清洁。

仪器容易安装,操作简单;维护工作量较小,主要是定期更换空气过滤器;不需要机械调节,校准时不需要无尘的测量路径;测量准确度不受烟气流速变化的影响,高分辨率,定期自动检查。

图3.16是德国Durag公司D-R 800前向散射式测尘仪测量原理示意图。仪器具有上述仪器相同的功能和特点。仪器测量颗粒物浓度最小范围0 ~ 10 mg/m^3;最大测量范围0 ~ 200 mg/m^3。检测零点和镜面上污物可在0.1 ~48 h设定,其最小时间间隔为0.1 h。

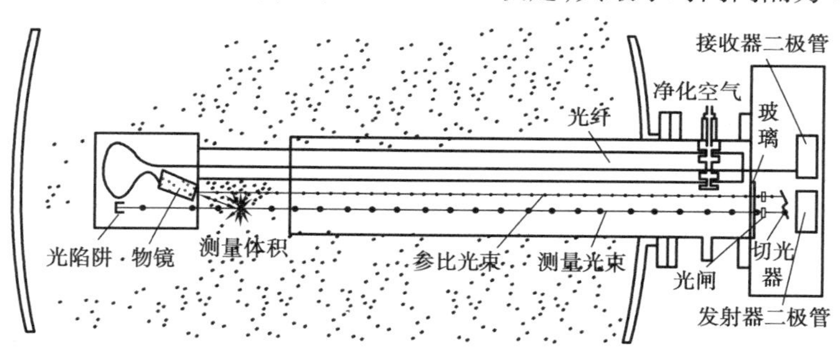

图3.16 Durag公司D-R 800前向散射式测尘仪测量原理示意图

3.4 光闪烁法测尘仪

3.4.1 光闪烁法测量原理

光闪烁技术粉尘浓度测量原理如图3.17所示。粉尘分析仪的传感系统由位于烟道两侧的发射探头和接收探头组成。发射探头中安装有高功率发光二极管,二极管发射出固定波长、固定频率的光脉冲,穿过烟道气体到达接收探头。烟道气体中的粉尘经过发射探头与接收探头之间的光路时会引起光的闪烁(即光强度的增大和减小),光的闪烁幅度(即光强度的变化幅度)与穿过光路的粉尘浓度成正比,因此通过测量光的闪烁幅度即可得到烟道气体中的粉尘浓度测量值。

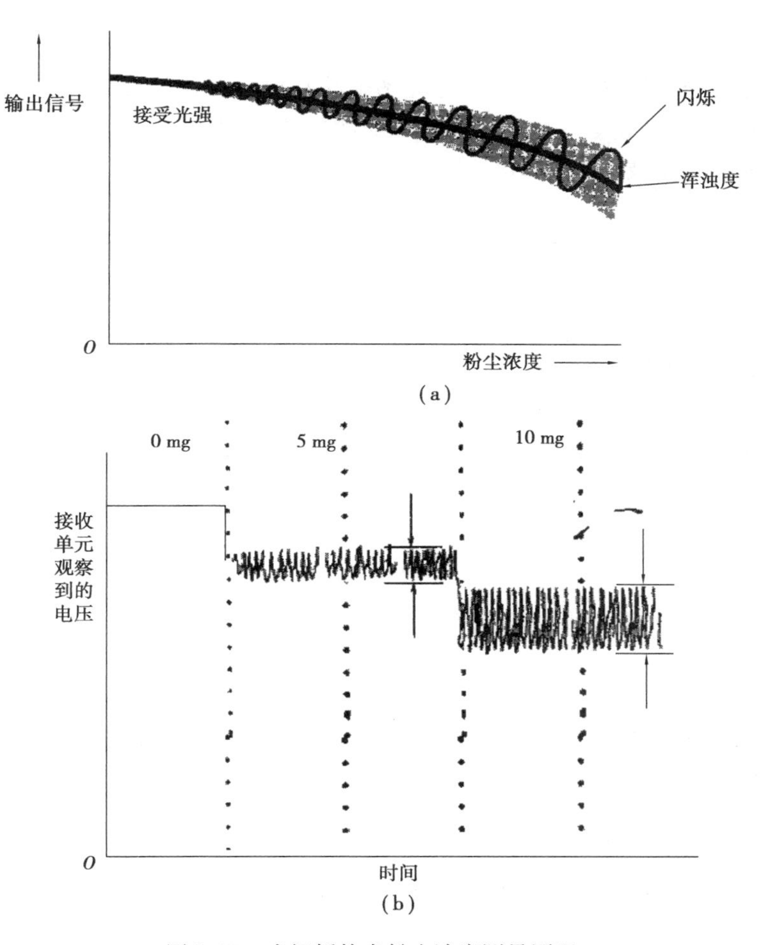

图3.17　光闪烁技术粉尘浓度测量原理

当颗粒物移动通过光束时,接收光的波动与检测器平均信号之比,正比于颗粒物浓度变化,见式(3.4)。

$$\Delta c = \frac{1}{A_E} \times \frac{\Delta I}{l I_{ave}} \tag{3.4}$$

式中　l——光通过烟气路径的长度;

ΔI——光的闪烁幅度;

I_{ave}——接收光强度的均值;

A_E——特征质量消光系数。

3.4.2　光闪烁法的仪器结构和特点

(1)光闪烁法的仪器结构

光闪烁法测尘仪由位于烟道两侧的发射探头和接收探头组成。

发射探头中安装有高功率发光二极管,二极管发射出固定波长、固定频率的光脉冲,穿过烟道粉尘到达接收探头。烟道气流中的粉尘经过发射和接收探头之间的光路时会引起光的闪烁,通过测量光的闪烁幅度可得到烟道中粉尘浓度。

(2)光闪烁法的仪器特点

光闪烁法比光透射法的灵敏度要高。光透射法在颗粒物浓度较低时,由于参比光的强度高,很难通过测量低强度光的变化准确检测颗粒物的浓度;而光闪烁法利用了含尘气流通过光束时对光强造成的高频波动(>1 Hz),具有较高的灵敏度。

光闪烁法的测量结果是跨烟道的线浓度,当监测断面存在颗粒物分层时测定结果的代表性要比光散射法好;同时该方法不受镜面污染,光强衰减和检测器漂移的影响,但是粉尘粒径变化、组分变化、水滴对测量有影响,因此该方法适合粉尘粒径和组分变化不大,湿度低的场所。

但是,目前设计的仪器没有自动零点和量程检查功能,仅仅能够用手工的方法在没有尘的条件下对测量系统进行检查,另外其安装也需要对光路进行准直。

光闪烁法在 CEMS 中应用较少,目前供货厂家主要是国外厂家,包括英国 PCME 和美国费尔升等。

3.5 β 射线衰减法测尘仪

采用 β 射线测定颗粒物的方法与光学方法相比,不受颗粒物的粒径大小及其分布、颜色的影响,可以直接测量探头所在烟道或管道断面采样点处颗粒物的质量浓度。由于该方法属于点测量,仍需要与手工采样质量法同步比对进行,建立测定结果之间的相关关系,才能定量测定监测断面颗粒物的平均浓度。

该方法检出限:0.3 mg/m^3;测量范围:0 ~ 2 000 mg/m^3 或 0 ~ 4 000 mg/m^3。

(1)工作原理

使已知体积的烟气通过收集颗粒物的过滤带,由测量吸收的 β 射线确定颗粒物的质量。测量的经验吸收式为:

$$N = N_0 e^{-km} \tag{3.5}$$

式中 N_0——单位时间产生的电子数(每秒计数);

N——在滤带后面测得的单位时间输出的电子数(每秒计数);

k——单位质量吸收系数,cm^2/mg;

m——β 射线照射物质的面积质量,mg/cm^2。

实际上,不需要测定 N_0 和收集颗粒物的面积质量,可通过以下步骤确定颗粒物质量浓度:

①测量空白过滤带:

$$N_1 = N_0 e^{-km_0} \tag{3.6}$$

式中 N_1——在空白过滤带后面测得的单位时间(每秒计数)输出的电子数;

m_0——空白过滤带的面积质量,mg/cm^2。

②测量载有颗粒物的同一处滤带:

$$N_2 = N_0 e^{-k(m_0+\Delta m)} \tag{3.7}$$

式中 N_2——在载有颗粒物的滤带后面测得的单位时间(每秒计数)输出的电子数;

Δm——收集在滤带上颗粒物的面积质量,mg/cm^2。

解式(3.6)和式(3.7)组成的联立方程得到：

$$N_1 = N_2 e^{k\Delta m} \quad 或 \quad \Delta m = \frac{1}{K} \ln \frac{N_1}{N_2} \tag{3.8}$$

可改写式(3.8)为：

$$c = \frac{S}{QK} \ln \frac{N_1}{N_2} \tag{3.9}$$

式中　c——颗粒物平均质量浓度，mg/m^3；

　　S——捕集颗粒物过滤带的表面积，cm^2；

　　Q——采气量，m^3。

(2)仪器测量过程和使用注意事项

β射线衰减法测尘仪的测量过程是检测滤带在采集颗粒物前、后对β射线的吸收量。仪器按一定的时间周期测量空白滤带作为基准；然后移动滤带到采样位置采样，采样完毕后返回并按与前述相同的时间周期检测。采样前、后β射线吸收量的差正比于颗粒物质量，仪器通过测量相当于含有已知颗粒物质量的滤带进行校正。仪器主要由采样系统、检测系统和流量控制系统组成。

典型的滤带式β射线吸收法测尘仪如图3.18所示；颗粒物的测定过程如图3.19所示，第一步测量空白滤带(零点检查)，第二步滤带向后移动到采样位置收集颗粒物，第三步滤带朝前移动到测量位置测定收集有颗粒物的滤带。

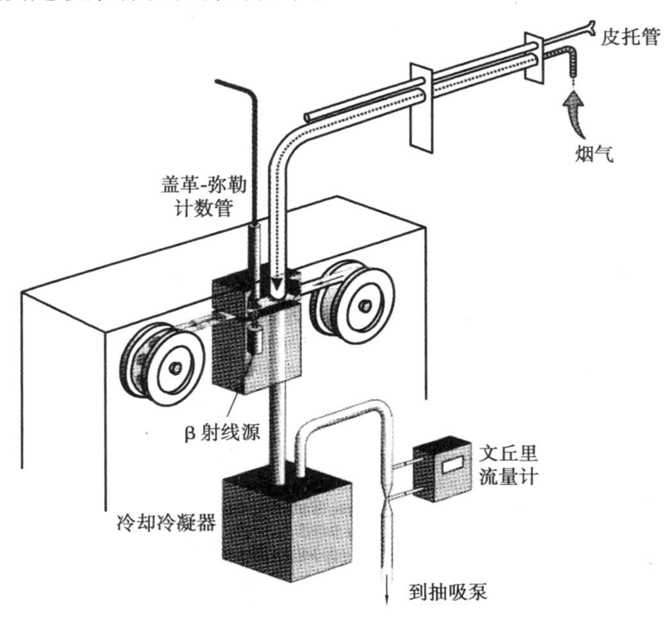

图3.18　一种典型的滤带式β射线吸收法测尘仪

仪器的检测系统有β射线源和检测器两个主要部件。通常选择^{14}C作为β射线源，因为它是一种安全的高能量源，半衰期为5 730年，来源比较丰富。检测器通常用盖革-弥勒(Geiger-Muller)计数管。

仪器的采样系统设计为等速采样，压缩空气定期反吹，可选择不同的稀释比稀释采样气

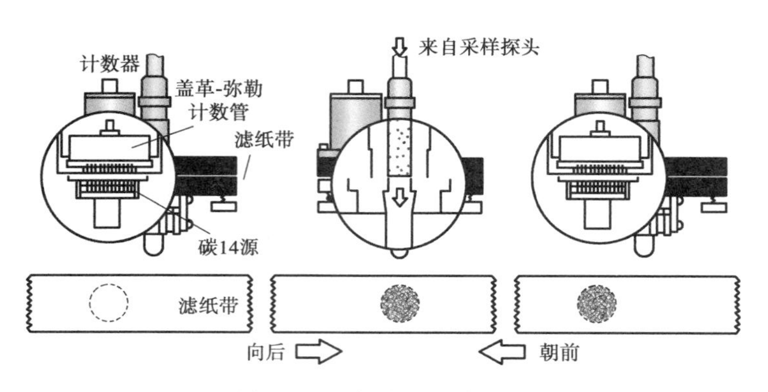

图 3.19　颗粒物的测定过程

体,通过自动阀的打开和关闭时产生的真空使探头的积尘返回到烟道中,采样管温度保持在 180 ℃;检测系统自动控制零点,滤带适配器(预处理滤带)可控制和调节温度;控制系统可实现远程诊断等。

在实际应用中由于颗粒物沉积在探头和采样管路中,可能发生许多问题,将导致探头堵塞以及测量结果比实际样品低。β 射线吸收测量技术从实质上讲不取决于颗粒物的大小,受颗粒物本身特性的影响也小,测定过程中主要是解决颗粒物在探头和采样管路的沉积问题。

当这种技术应用于测定烟气中的颗粒物时,为了获得有代表性的样品和准确的测定结果,应注意以下事项:

①仪器采样管前端的采样嘴,必须正对气流的方向以等于烟气的流速采样即等速采样。

②采用高压气体反吹技术定期反吹皮托管,防止颗粒物沉积在皮托管开口处,确保等速采样。

③采样系统维持较高的温度(典型的温度为 180 ℃)或用干燥、无尘、无油的压缩空气稀释烟气,防止水气和其他气溶胶在过滤带上冷凝,因为这些物质也会吸收 β 射线。

④由于烟气中颗粒物浓度较高,仪器通常设计采样周期 4 ~ 8 min(可选择)的间歇采样方式。

⑤提高颗粒物在过滤带上的收集率、准确计量采集气体的体积和稀释比,减少由此而引起的误差。

3.6　接触电荷转移法测尘仪

当两种具有不同功函(把粒子从材料表面移动出来所需的最小能量)的材料接触时,将发生电子的转移,电子从一种材料转移到另一种材料。当颗粒物撞击某种材料的表面,甚至仅与这种材料的表面以滑动或摩擦的方式接触时,都可能发生电荷的转移。这种效应不属于静电积蓄或放电现象,而是基于材料自身固有的电子性质。被转移的电荷数量除了取决于两种材料功函数的不同之外,还与其他因素有关,这些因素包括颗粒物的电阻系数、介电常数和接触的物理条件(颗粒物的形状、接触持续时间、接触面积等)。

这种仪器十分简单,仅由一根插入烟道的金属表面探头(电子探针)组成。当烟气中的颗粒物与探头接触时,电荷转移到探头上,产生了电流。产生的电流用静电计(测量电压的仪器)测量。

接触电荷转移法已被成功用于袋室除尘器烟尘含量的定性测量。但许多影响电荷转移的因素限制了它用于定量测量。颗粒物带有静电、颗粒物的撞击速度、颗粒物的化学组成、传感器表面条件(颗粒物是否易于堆积在表面,是否会对表面造成腐蚀)、探头的接地、颗粒物的尺寸大小等都会影响手工测试相关校准的结果。如果烟气中含有微小水滴或黏性颗粒物,也会使仪器的性能降级。这项技术的应用还存在一个基本缺陷,即亚微米级颗粒物会追随气体流线环绕探头滑过而不与探头接触。当烟气流中的颗粒物是干燥的、不带电、其组成成分不变时,仪器能够良好运行和正常测量。接触电荷传感器通常安装在袋室除尘器之后检测滤尘袋是否有漏洞或裂缝。

接触电荷转移法测尘仪检测滤袋除尘器泄漏情况的示例如图3.20所示。

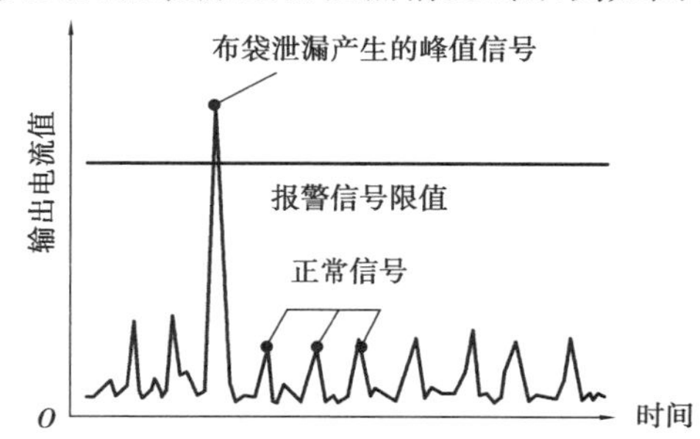

图3.20　接触电荷转移法测尘仪检测滤袋除尘器泄漏情况的示例

图3.21为德国福德世环境监测技术公司采用接触电荷转移法的PFM 02EX型防爆型粉尘仪。

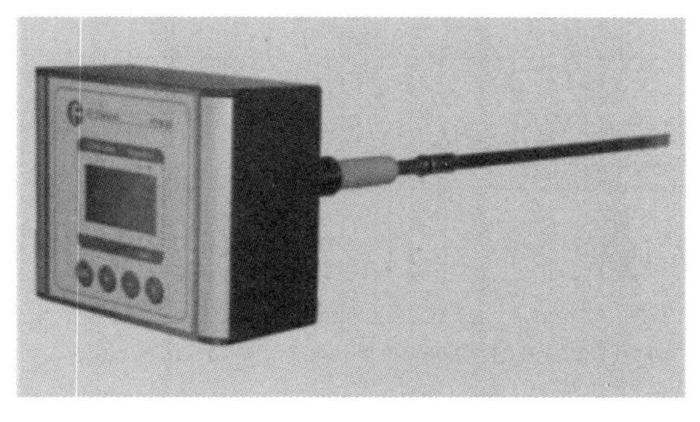

图3.21　德国福德世公司PFM 02EX型防爆型粉尘仪

PFM 02EX的主要技术参数如下:

- 探头探杆材质:不锈钢。
- 探头插入深度:300 mm(可调)。
- 烟气流速:≥3 m/s。
- 被测烟气温度:max. 250 ℃。
- 烟气温度应高于露点:min. +5 ℃。
- 环境温度:-20 ~ +50 ℃。
- 粉尘的量程(定性):0 ~ 100%。
- 粉尘的量程(定量):0 ~ 10(max. 1.000)mg/m^3。

3.7 相关校准方法

3.7.1 光学测尘仪需要进行浓度相关校准的原因

光学测尘仪除了透射法测尘仪之外,还有散射法测尘仪等。透射法测尘仪测得的是透射光强,散射法测尘仪测得的是散射光强,而国家标准要求的监测值是烟尘浓度(mg/m^3)。

光强参数不能直接反映颗粒物的浓度,其测量结果不仅与颗粒物的粒径大小有关,还与粒径分布、粒子颜色、透明度、折射率以及测量光的波长等诸多因素有关(图3.22)。需要进行浓度相关校准,即与手工等动力取样称重测尘法比较后得到浓度相关曲线,作为光学法测尘仪的校准曲线,将其转换成烟尘浓度值 mg/m^3。

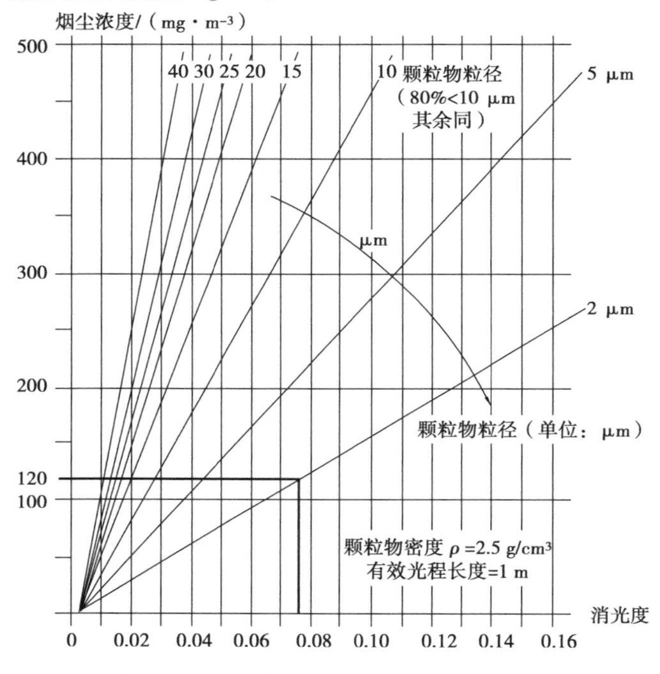

图3.22 烟尘浓度与消光度之间的关系曲线

透射法测尘仪进行线测量,散射法测尘仪进行有限空间测量,测得的是一条线或某一局部空间的烟尘浓度,受烟道走向、燃料种类、锅炉运行工况、烟道气流分布不均匀等条件影响,不能保证测量结果与该烟道断面的烟尘平均浓度一致。因此,也必须进行浓度相关校准。

3.7.2 浓度相关校准方法

通过手工测试建立相关校准曲线的方法是德国首先提出的,并逐渐被ISO、CEN、EPA和我国标准所采用。

根据GB/T 16157—1996《固定污染源排气中颗粒物测定与气态污染物采样方法》规定的手工采样过滤称重法,对烟气中的烟尘含量进行测定,测得的烟尘含量平均值与光学测尘仪测定结果进行相关分析,建立光强-浓度相关曲线。然后根据相关曲线对光学测尘仪进行校准和标定。

图3.23是透射法测得的消光度、散射法测得的散射光强度与重量法测得的烟尘含量（mg/m^3）之间的回归曲线示例。

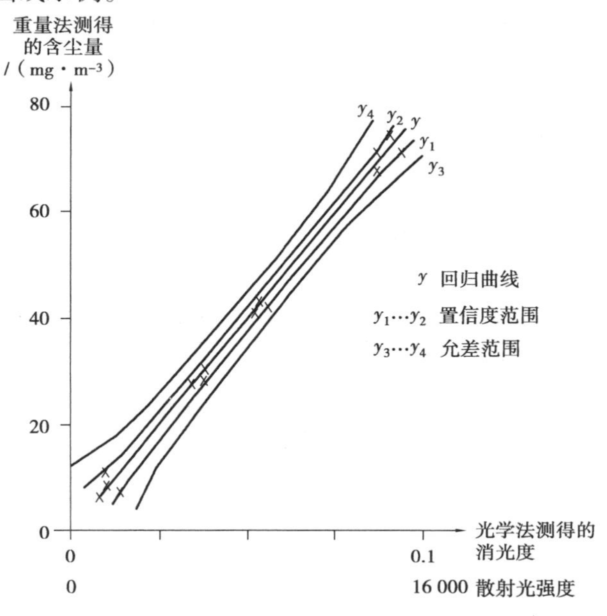

图3.23　回归曲线示例

图3.23中的回归曲线 y，可作为光学测尘仪的浓度相关校准曲线。根据有关标准规定，光学法测得的消光度和散射光强度95%必须落在允差范围之内（y_3 和 y_4 之间），测量值出现在置信度范围之内（y_1 和 y_2 之间）的概率，长期内也应达到95%以上。

浓度相关校准曲线通常用式（3.10）和式（3.11）表示：

$$c = A + B \times E + C \times E^2 \tag{3.10}$$

$$c = A + B \times S_i + C \times S_i^2 \tag{3.11}$$

式中　c——烟尘浓度；

E——消光度；

S_i——散射光强度（Scatterd Light Intensity）；

A、B、C——浓度相关校准得到的校准系数（Calibration Coefficiant）。

将 A、B、C 输入测尘仪中，由仪器软件根据测得的消光度或散射光强度自动计算出烟尘浓度值。

3.7.3　建立相关校准曲线的实验条件

建立相关校准曲线的实验条件为：

①排放源和控制设备应在一系列规定的条件下操作，这些操作条件应能反映烟尘浓度的变化范围。

②烟尘浓度计和手工测试方法应当测量具有代表性的烟尘颗粒物样品。

③烟尘浓度计和手工测试方法应当同时、同步进行一段足够的时间，以便得到颗粒物浓度的精确测量数据。

3.7.4 相关性统计分析程序

烟尘浓度计与手工测试方法的相关性应符合统计学方法的规定。普遍接受的相关校准方法是国际标准化组织（ISO）制定的连续颗粒物质量测量标准 ISO 10155。ISO 标准的有关规定见表 3.4 和表 3.5。

表 3.4 ISO 烟尘浓度计相关校准技术要求

相关系数	>0.95
95% 置信区间	95% 置信水平区间应落在由距校准曲线为颗粒物最高允许排放浓度 ±10% 的两条直线组成区间内
允许区间（容差极限）	允许区间应具有 95% 的置信水平，即 75% 的测定值应落在由距校准曲线为颗粒物最高允许排放浓度 ±25% 的两条直线组成区间内

表 3.5 ISO 烟尘浓度计性能指标要求

量程（测量范围）	颗粒物最高允许排放浓度的 2～3 倍
响应时间	<10% 手工参比方法采样时间
零点漂移	±2% 测量范围/月
量程漂移	±2% 测量范围/月

按照 ISO 规定的统计相关方法，所建立的仪器测量值和手工参比值之间的相关曲线可能是线性的，也可能是非线性的。如果不能符合表 3.4 中的某项要求，首先应当检查取样方法，如果手工取样不存在问题，则需考虑是否选择其他连续测量方法。

进行相关性统计分析的程序如下：

①开启仪器，进行仪器内部零点和量程校准。

②在进行手工参比测试之前，使仪器在正常操作模式下预先运行 168 h（7 d）。

③按照仪器使用说明书检查仪器的零点和量程漂移，确定其 7 d 的漂移量是否符合表 3.5 的要求。

④建立相关曲线，其程序如下：

a. 在工艺操作正常时进行测量，获取高、中、低三级颗粒物质量浓度测量数据，这 3 个级别的数据应能反映排放源的实际情况。

b. 重复测量三级浓度数据，至少提供 9 个测量值（推荐提供 12 个测量值）。

c. 如果在正常工艺操作条件下不能够获得高、中、低三级排放值，可以调整颗粒物排放控制设备（例如袋室除尘器或静电除尘器）来改变烟尘排放情况以获取高、中、低三级排放值。

d. 仪器测量与手工测试同时、同步进行。

e. 进行统计学计算，以确定测量系统是否符合表 3.4 的要求。

在 ISO 方法中，采用最小二乘法获得相关曲线，图 3.24 示出了一种散射光烟尘浓度计的典型相关校准曲线。图中的横坐标为散射光仪器的测量值，纵坐标为手工称重测试获得的质量浓度值。通过图中某些点的衰减曲线是根据最小二乘法计算得到的。根据这一曲线，可以将仪器测量参数转化为颗粒物的质量浓度。

由于根据校准曲线得到的质量浓度本质上是一种预测值，因此需要对这种预测值的品质加以评估。这种评估是用校准曲线的置信区间和允许区间（容差极限）表示的，在相关方法中需要绘制出校准曲线的置信区间和允许区间。置信区间表示质量浓度值的不确定度，即从仪器测量参数确定质量浓度值的可信程度。95%置信区间表示，落在该区间的测量值其误差在排放标准允许值的 ±10%之内。允许区间表示，落在该区间的测量值其误差在排放标准允许值的 ±25%之内。

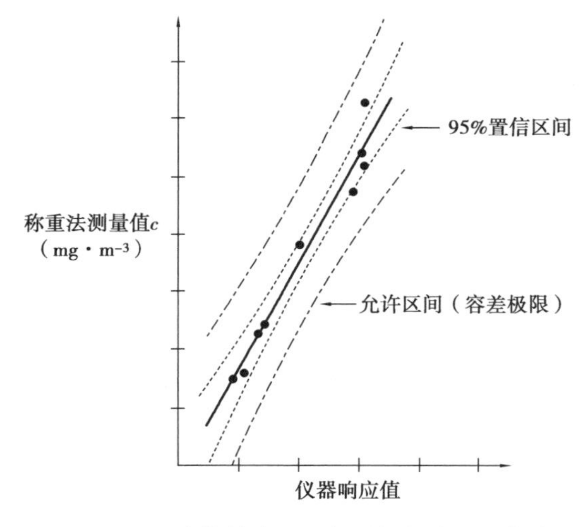

图3.24　一种散射光测量仪器的相关校准曲线

3.7.5　手工测试方法

烟尘浓度计输出的质量浓度数据是通过手工测试方法进行相关校准后得出的，在 GB/T 16157—1996《固定污染源排气中颗粒物测定与气态污染物采样方法》中，对手工等动力取样称重测试方法作出详细规定，这里无须介绍。需要说明的几个问题是：

①手工测试方法是20世纪70年代制订的，这种方法仅适用于颗粒物浓度高于20 mg/m³的场合，当低于20 mg/m³时，这种早期制订的方法是无力胜任的。

当前，对污染源排放的控制指标已降至低浓度级，颗粒物浓度低于20 mg/m³已是世界发达国家排放标准的一般要求。标准 ISO　12141 和 ASTM 方法 D6331—98 已经制定了新的测试方法，这种方法采用大体积取样技术，规定了收集颗粒物质量与过滤器质量的最小比率，使用了过滤器空白校准和特殊称重技术。CEN（欧洲标准化中心委员会）也发布了适用于低浓度测量的新测试方法，EPA（美国环保署）则提议使用测试方法5i进行低浓度手工测试。虽然我国目前的排放标准尚高于20 mg/m³，但随着环保立法的日益严格，向国际标准靠拢为期不会太远。

②手工测试方法得到的是面积平均值（烟道横截面上颗粒物浓度的平均值），而点测量式烟尘浓度计得到的是点平均值（烟道内某一点上颗粒物浓度的平均值），如果后者的测量点不具有代表性，或者烟气层流状态变化时，二者之间的相关性差。

之所以强调这一点，是因为随着排放标准低于20 mg/m³，线测量式透射仪已经不能满足这种低浓度测量的精确度要求，国外已经转而采用点测量式散射仪，这种仪器在低浓度测量范围具有较高的灵敏度，其原因将在下面加以说明。

③手工称重测尘法步骤烦琐,效率不高,且存在诸多缺陷。国外已在探索新的手工测试方法,这一点也将在下面介绍。

3.7.6 工艺操作条件对相关校准结果的影响

由于大多数烟尘浓度计受颗粒物尺寸变化的影响较大,而相关性基于如下假设:颗粒物特性保持在建立校准曲线时的范围之内。如果颗粒物的粒径分布发生变化,则监测仪的响应值不可能与颗粒物浓度持续相关。

改变工艺操作条件会导致颗粒物特性或粒径分布发生显著变化,从而对相关曲线的斜率产生较大影响。燃料、控制设备、工艺反应速率方面的变化也会对相关曲线产生影响。此外,工艺操作条件的变化,还会改变烟气的层流状态。如果烟尘浓度计对层流状态十分敏感(例如点测量式仪器),点测量值就可能与手工测试方法得到的面积测量值失去相关性。

如果相关曲线是在不同操作条件下得到的,这种相关曲线是分离的,如图 3.25 所示。从图中可以看出,在不同操作条件下,可以得到不同斜率的相关曲线。如果所有测试数据仍然符合表 3.5 所列的技术要求,可以建立一条合成的相关曲线,这条曲线在技术要求规定的界限(区间)之内是有效的。这种合成的相关曲线可能不经过零点,一般来说,其数据的分散程度大于只有一种粒径分布时得到的相关曲线。许多研究机构认为,如果这些数据落在 90% 或 95% 置信区间之内,这种合成的相关曲线是可以作为校准曲线使用的。

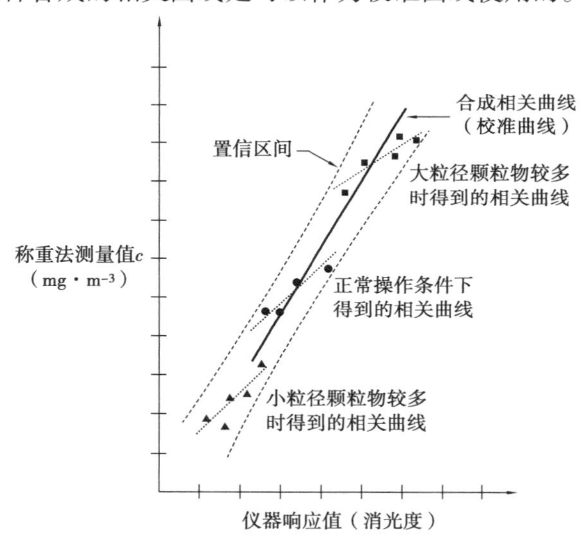

图 3.25 工艺操作条件对相关曲线的影响

相关曲线应定期检查,检查方法是在一组工艺操作条件下重复进行手工称重测试。如果测试结果落在原始相关曲线的允许区间(容差极限)之外,则应重新建立一条相关曲线。

3.8 高湿低浓度颗粒物连续自动监测技术

近期,随着火电厂新排放标准的实施,电力行业对污染源颗粒物排放的限值要求更为严格,一般排放浓度要达到 30 mg/m^3 以下,个别先进省份如浙江、山东等甚至制定了颗粒物排放浓度跟值为 5 mg/m³ 的超低浓度近乎燃气的排放要求。为了达到如此严格的环保排放标准要求，一些新的颗粒物治理技术也逐步投入使用，例如火电厂在脱硫装置后增加一级湿式电除尘，对颗粒物进行深度去除以确保其排放颗粒物浓度达标。颗粒物治理技术水平的提高，不仅使工业过程排放的颗粒物浓度越来越低，而且烟气环境条件更加恶劣，烟气温度进一步降低，烟气湿度进一步增加，水分往往接近饱和形成液滴。这些都是对原有直接测量法光学颗粒物监测仪的严峻考验。显然，在如此恶劣的烟气环境和超低排放浓度条件下，颗粒物直接测量法仪器已经不能满足污染源连续自动监测的需求，已经很难准确可靠地对高湿低浓度的颗粒物排放实施有效监测，而抽取 β 射线吸收法仪器价格又相对昂贵。为解决污染源颗粒物高湿低浓度监测的应用问题，同时尽可能降低成本，国外拥有先进技术的颗粒物监测仪器生产企业如 Durag、PCME 和 Sick 等专门针对中国的污染源颗粒物排放状况开发了以抽取“光学”测量方式为代表的污染源高湿低浓度颗粒物监测设备；目前国内同类产品还基本处于研究开发测试阶段。下面就以国外这三家公司设计开发的典型仪器为例进行[illegible]说明。

第一种方式是将烟气颗粒物以等速跟踪的方式保温伴[illegible]取出来；通过升温加热雾化降低烟气的露点，使烟气中高湿水分保持气体状[illegible]再通过前向光散射等低浓度颗粒物测量方法对烟气所含颗粒物进[illegible]实际颗粒物的排放浓度。这种方式的仪器设备目前以英国 PCME 和德国 [illegible]仪器为代表，能有效解决目前烟气高湿低浓度颗粒物连续自动监测的问题，实现高湿[illegible]粒物的准确测量。

第二种方式是将烟气颗粒物以等速跟踪的方式保温伴热从烟道中抽取出来；将加热的干燥零空气与抽取烟气按一定比例混合，完成对烟气的稀释，从而降低烟气水分含量，降低烟气露点；然后再通过前向光散射等低浓度颗粒物测量方法对烟气所含颗粒物进行测量；最后结合混合气体稀释比例计算出烟气中实际颗粒物的排放浓度。这种方式的仪器设备目前以德国 Durag 公司的仪器为代表。这种稀释烟气的测量方式同样将有效解决目前烟气高湿低浓度颗粒物连续自动监测的问题，实现高湿烟气颗粒物的准确测量。

第4章 烟气参数在线监测

4.1 烟气参数在线监测概述

4.1.1 烟气参数在线监测的重要性

我国环保标准规定固定污染源排放的污染物浓度和排放总量按标准状态下的干烟气折算。因此不同类型 CEMS 所监测的污染物浓度都须折算到标准状态下干烟气中的浓度。标准状态下的干烟气是指在温度 273 K,压力 101 325 Pa 条件下不含水气的烟气。

气态污染物采用冷干法 CEMS 测量时,其监测数据是干烟气即干基测量的实时监测浓度。采用稀释法或热湿法 CEMS 测量时,是湿烟气测量(湿基测量)的实时监测浓度。排放源的颗粒物、气态污染物采用原位测量法 CEMS 的监测数据是湿烟气的监测浓度。按照我国环保标准规定,湿烟气下监测的污染物排放质量浓度,必须换算成干烟气下的污染物排放质量浓度。另外,烟气流量监测是采用原位测量法,其监测的数据是在湿烟气下的流量,也必须转换到标准状态下的干烟气流量。

所有需要转换为标准状态下干烟气的计算,都离不开烟气参数的准确测量,例如:污染物排放总量的计算,离不开烟气流量的监测;湿基测量的污染物浓度数据转换为干基测量数据时,需要有烟气含湿量的实时监测数据参与运算。因此,CEMS 监测的污染物浓度和排放总量数据的准确性与可靠性,不仅取决于污染物排放浓度在线分析系统的准确性与可靠性,也取决于烟气参数在线监测数据的准确性与可靠性。由此可见,烟气参数的在线监测与污染物浓度的在线监测具有同等的重要性。

《固定污染源烟气(SO_2、NO_x、颗粒物)排放连续监测系统技术要求及检测方法》(HJ 76—2017)规定 CEMS 的实时监测主要包括烟气中颗粒物(烟尘)、SO_2、NO_x 的测定,以及烟气参数包括烟气温度、压力、流速或流量、含水分量(湿度)(或输入烟气含水分量)、含氧量(或二氧化碳含量)的测定,并要求输出污染物排放的实时质量浓度数据,以及污染物日排放量、月排放量以及年排放量的数据。

烟气温度、压力、流速、湿度的在线监测,主要目的是通过烟气各参数测量计算出标准状态下的干烟气流量,用以准确计算烟气污染物排放的实时质量浓度及排放总量。烟气含氧量(或二氧化碳含量)的在线监测,用以实测固定源排放的空气过量系数,将检测的污染物排放浓度折算成环保标准规定的空气过量系数下的排放质量浓度。

4.1.2 烟气参数在线监测技术分析

烟气参数检测中难度较大的项目是烟气含湿量的在线监测及大烟道、低流速烟气流量测量的准确度与可靠性。烟气含湿量在线监测难度最大,主要是因为被测烟气水分含量较大、烟温较高、含尘量较大,并具有强腐蚀性,一般的湿度仪不能用于在线烟气水分测量。

现行 CEMS 标准规定烟气水分含量可以采用手工测定,以平均值输入系统,而没有强制规定必须采用水分仪在线测量。但是,从排放源的实际情况出发,烟气的水分含量是随设备工况、负荷状态的变化而实时变化的,如果用固定的平均含水分值输入系统计算,将给烟气污染物实际排放总量的计算带来较大误差。对烟气水分的在线测量方法,标准提出可采用干湿氧计算法及湿度传感器测量法等。目前,国内外已经开发了多种型号的在线烟气水分测定仪,并用于在线监测。建议对烟气含湿量的在线连续监测,今后应列入 CEMS 的标准监测要求。

测定 CEMS 烟气流速的产品类型较多,大多是将烟气温度、压力、流速或流量的测量做成三位一体化仪器。烟气流量监测的本质是烟气流速测量,根据烟气流速和烟道横截面积可求得烟气的实际流量。烟气流速仪的取样点选择是否具有代表性,取样点所在烟道的烟气流场分布是否均匀,设备管道可能的漏风等,对烟气流速的准确测定都会带来影响,特别是大烟道和低流速流量的测量难度更大。

CEMS 烟气流速仪的测量方式基本分为点测量及线测量两类,必须换算到面测量的平均流速,才能较为准确地计量湿烟气的流量。因此,烟气流速仪在现场调试中,需要按标准要求测定所在烟道的速度场系数,对实测的湿烟气流速进行修正,然后再扣除烟气的实时含水分量,计算出干烟气流量。

烟气含氧量的测定比较成熟,常用的在线测量仪器有氧化锆氧分析器、燃料电池氧分析器以及顺磁氧分析器等,各种类型的氧分析器都有其适用范围。固定排放源的烟气或废气中的氧测量由于测量的工况条件、背景气体及测量要求不同,可以选用不同的氧分析器。燃煤电厂锅炉烟气测量常选用氧化锆及燃料电池氧分析器。

4.1.3 烟气参数在线监测的技术要求

(1)烟气温度测量

烟气温度可用铠装热电偶(或铠装热电阻)测量,测量范围 0 ~ 300 ℃,示值偏差要求不大于 ±3 ℃。测量位置应选择在烟气温度损失最小的地方,主要是指烟道上不漏风的地方,考虑到烟气与烟道壁之间存在热交换,因此测量点不能紧靠烟道壁,通常应距烟道壁 20 cm 以远。

(2)烟气静压和大气压力测量

烟气静压和大气压力可用压力变送器测量。烟气静压测量范围为 0 ~4 kPa,测量精度要求不高于 ±3%;大气压力测量范围为 0 ~120 kPa,测量精度要求不高于 ±2%。大气压力也可根据当地气象站给出的上月或上年平均值,并根据测点与气象站不同标高,按每 ±10 m,大气压 ±110 Pa 输入 CEMS 系统。

(3)烟气流速在线测量

烟气流速在线测量通常采用压差法、热传感法、超声波法等。流速测量系统的要求如下:

- 测量精密度:≤5%。
- 相对误差:当流速高于 10 m/s 时,流速相对误差不超过 ±10%;当流速不高于 10 m/s 时,流速相对误差不超过 ±12%。

(4)烟气湿度连续测量系统

烟气湿度在线测量通常采用干湿氧计算法及湿度传感器测量法等,采用干湿氧计算法时,测氧要求参见烟气氧量测量;采用湿度传感器测量法的要求如下:

- 当烟气湿度:≤5.0%时,绝对误差不大于 ±1.5%;>5.0%时,相对误差不大于 ±25%。

(5)烟气氧(或二氧化碳)连续测量系统

烟气氧量检测可采用氧化锆氧分析器、电化学燃料电池氧分析器或顺磁式氧分析器测氧。烟气氧测量要求如下:

- 测量范围:0 ~25% O_2。
- 线性误差:≤ ±5%。
- 零点飘移:≤ ±2.5%F.S.。
- 量程飘移:≤ ±2.5%F.S.。
- 仪器响应时间:≤30 s。
- 系统响应时间:≤200 s。
- 相对准确度:≤ ±15%。

4.2 烟气流量测量

4.2.1 烟气流量测量概述

烟气流量常用的测量方法主要是压差法、热平衡法、超声波法。烟气流量测量又分为点测量和线测量,点测量是指在烟道或管道某一点上或沿着等于或小于断面直径 10% 的路径上测量;线测量是指沿着大于烟道或管道断面直径 10% 的路径上测量。

无论是点测量或线测量都需要将测量点和测量线的烟气流速转换为测量断面的烟气流速,并通过建立流速测量与参比方法测量烟气平均流速的关系,即速度场系数或线性相关,实现将烟气点、线烟气平均流速转换为测量断面的烟气平均流速。

烟气流量监测的实质是测量烟气流速,然后根据实测的烟气平均流速与所测量的烟道横截面积相乘,计算得出湿烟气流量,再根据其他参数计算出标准状态下的干烟气流量。

对烟气流速仪的安装,要求取样点选择在具有代表性的烟道断面,且不影响污染物的测定。对被测烟道的选择应优先选择垂直管段和烟道负压区域,避开烟道弯头和断面急剧变化的部位,尽量选择在气流稳定的断面,要求安装位置的前直管段长度必须大于后直管段的长度,采用皮托管法测量时,烟气流速应不小于 5 m/s。

国内 CEMS 配套的烟气流速仪常见的有:S 型皮托管及平均压差皮托管(均速管)流量计、

热平衡式质量流量计及超声波流量计。其中:皮托管及热式流量计是点测量、超声波流量计是线测量。相对而言,线测量比点测量更具有代表性。

4.2.2　压差法

压差法流速测量主要分为S型皮托管法及平均压差均速管(又称阿牛巴管)法两种。通常采用微差压变送器测量烟气动压,并根据烟气动压的平方根与流速成正比计算得到烟气流速。

(1)S型皮托管

1)测量原理

皮托管是测量烟气流速的传统技术。由于S型皮托管测压孔开口加大,不易被烟尘堵塞,易于用高压气体吹扫,保持测压孔开口的清洁,因此在烟气流速连续测量中得到应用。

S型皮托管由两根管组成,在测量端的两根管子头部开有大小相等方向相反的开口,一根管的开口面向气流方向测量全压,另一根管的开口背向气流方向测量静压。

采用斜管微压计或微差压变送器测量两根管的压力之差,即得到烟气动压:

$$\text{动压} = \text{全压} - \text{静压} \tag{4.1}$$

烟气动压的平方根和流速成正比。

皮托管测速法的烟气流速 v_s 计算如下:

$$v_s = K_p \times \sqrt{\frac{2P_d}{\rho}} = 128.9K_p \sqrt{\frac{P_d(273 + t_s)}{M_s(P_a + P_s)}} \tag{4.2}$$

式中　v_s——烟气流速,m/s;

K_p——皮托管修正系数;

P_d——烟气动压,Pa;

ρ——烟气密度,kg/m³;

t_s——烟气温度,℃;

M_s——烟气分子量,kg/kmol;

P_a——大气压力,Pa;

P_s——烟气静压,Pa。

2)烟气温度/压力测量

测量烟气流速必须在测量动压的同时测量烟气的温度、压力等参数。

用热电偶或热电阻测量烟气温度。常用的热电偶温度计有:镍铬-康铜,用于800 ℃以下烟气;镍铬-镍铝,用于1 300 ℃以下烟气;铂-铂铑,用于1 600 ℃以下烟气。热电阻温度计常用铂电阻温度计,通常用于测量500 ℃以下烟气。热电偶或热电阻测量烟气温度的误差应不大于±3 ℃。

测量大气压力可以使用大气压力计直接测出,也可以根据当地气象站给出的数值,加或减因测点与气象站标高不同所需的修正值,即标高每增加10 m,大气压力约减小110 Pa。

S型皮托管的结构参见图4.1。它是由两根相同的金属管并联组成,测量端有方向相反的两个开口,面向气流的开口测全压,背向气流的开口测得的压力小于静压,S型皮托管的测压孔较大,不易被烟尘堵塞,其修正系数为 $K_p = 0.84 \pm 0.01$。

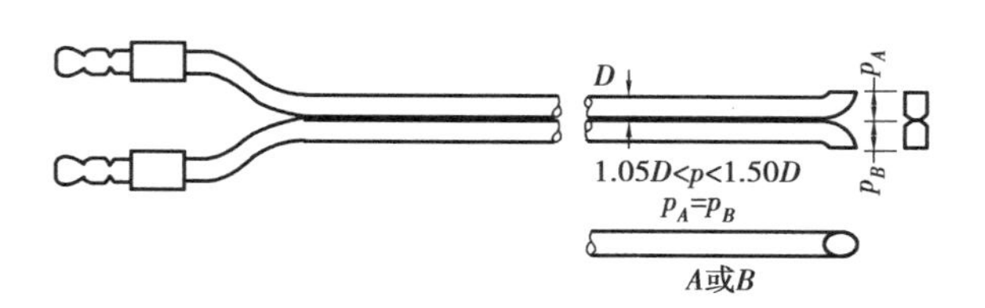

图 4.1　S 型皮托管结构

3）皮托管流速仪的结构特点与使用要求

皮托管流速仪由皮托管测量探头及压差传感器组成。S 型皮托管的结构与安装示意图参见图 4.2。通常将皮托管与热电阻温度计组成一体化探头，并采用微差压变送器监测压力。检测信号送测量控制器并将烟气分子量 M_s 的估计值代入烟气流速 v_s 的计算公式，就可以方便地计算出烟气流速 v_s。

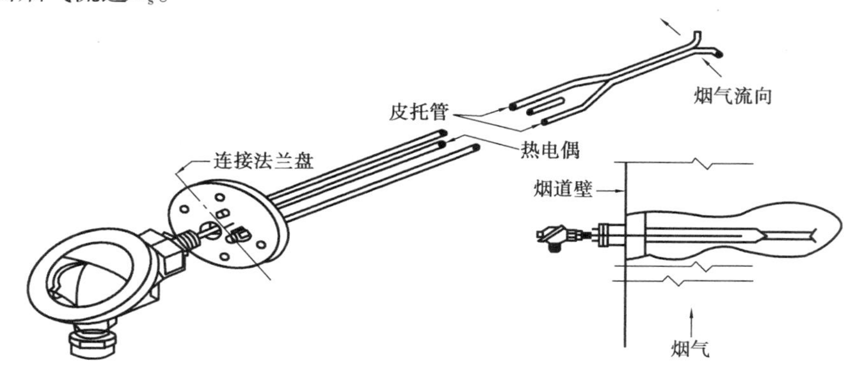

图 4.2　S 型皮托管的结构与安装示意图

S 型皮托管只能测量烟道内某一点的流速，而烟道内的烟气流场大多呈层流分布，因此皮托管的测量点必须选择在具有代表性、烟气流场必须稳定的测量点，并要求测压孔开口与烟气流动方向垂直，否则会产生测量误差。由于皮托管流速仪测量方法简单、可靠，探头安装及维护方便，价格也较便宜，已经广泛应用于烟气 CEMS。皮托管流速仪与其他方法相比，其测量精度不高，测量孔易受烟尘堵塞。

皮托管流速仪通常都对探头采取反吹防尘、防堵及防腐蚀等措施。其反吹采用压缩空气气源，反吹压力 0.4 ~ 0.7 MPa，反吹周期出厂时预设定为 8 h 一次，反吹持续时间 5 ~ 10 s，反吹周期可以根据烟气含尘量调整。

保持皮托管正对气流测孔的表面清洁，是保证准确测量流速的重要条件。反吹时要注意反吹压力及时间，既要达到有效反吹效果，又要防止反吹气体冷却皮托管探头，造成烟气冷凝产生腐蚀。特别是皮托管用于湿法除尘、脱硫出口的烟气流速测量，由于烟温低、烟气湿度大，需要对皮托管采取耐腐蚀措施，如采用耐腐蚀材料 316 不锈钢管，或喷涂耐温的聚四氟乙烯防腐层。

由于安装地点的温度变化、震动、电磁干扰、静电等影响会造成流速仪的零点漂移，影响流速的准确测量，因此要定期自动校准仪器零点。

4）仪器与应用

皮托管实际测定的最小压差为 5 Pa，能够测量烟气的最低流速约为(2 ~ 3) m/s，因此，推荐皮托管流速仪适用于在烟气流速大于 5 m/s 以上场合，否则影响烟气流速测量的准确性。

国产 CEMS 大多配套国产皮托管流速仪,国产皮托管流速仪产品类型较多,大多采用紧凑型组合式设计,能同时测量烟气流速、压力、温度。仪器具有自动反吹、自动校准和速度场系数设定等功能,较好解决了烟气流速测量中面对高温、高粉尘、高腐蚀和流场紊乱等造成的磨损、堵塞、腐蚀等技术难题。

图4.3　南京埃森公司生产的皮托管流速仪

以南京埃森公司系列皮托管流速仪(图4.3)为例,VPT511BF-A 型皮托管流速仪的主要技术参数如下:

- 烟气流速测量范围:0~40 m/s。
- 测量误差:当流速 $10 \leqslant v \leqslant 40$ 时,相对误差不超过 ±10%;当流速 $5 \leqslant v \leqslant 10$ 时,相对误差不超过 ±12%。
- 分辨率:0.1 m/s。
- 响应时间:≤20 s。
- 烟气温度测量范围:0~300 ℃(可定制)。
- 烟气压力测量范围:-2 500~ +2 500 Pa(可定制)。
- 探杆:标准长度 1.6 m(可定制)。
- 输出信号:3 组 4~20 mA。
- 手动/自动校准零点功能。
- 手动/自动反吹功能,自动反吹时间可设定,反吹时信号保持功能。
- 流速场系数可设定。
- 工作环境温度范围:-20~55 ℃。
- 安装方式:DN65 法兰连接。

(2)平均压差均速管

1)原理与结构

平均压差均速管(阿牛巴管,简称均速管)是皮托管的改进形式。阿牛巴管流速仪的测量原理参见图4.4。管上开有4个或4个以上的孔,该测孔位置与圆形烟道截面同心圆中心线与直径线的焦点一致,或与矩形烟道截面上设置的手工方法测定(一个测孔)流速的测点一致,面对气流方向的测孔(高压测孔),测出烟道直径范围内或测量线上烟气的平均碰撞压力(全压);位于高压测孔后面的测孔,测得的烟气压力小于静压。

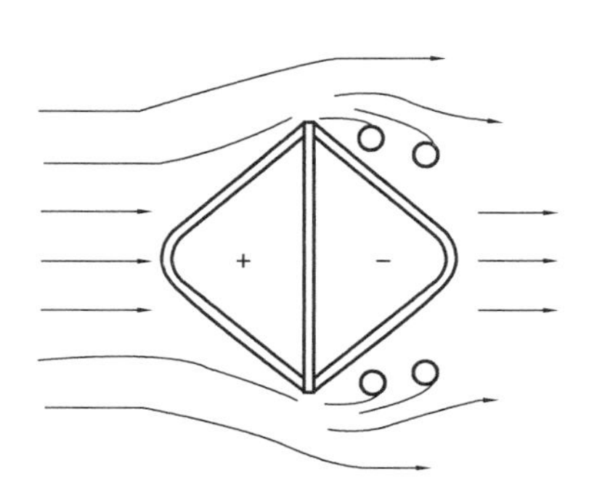

图 4.4　阿牛巴管流速测量仪测量原理

阿牛巴管仅能测定烟道一条直径线上烟气的平均流速,如果安装相互垂直的两个阿牛巴管,则能更准确测量烟气流速。

2)安装与使用

阿牛巴管测量烟气流速的系统配置参见图 4.5。

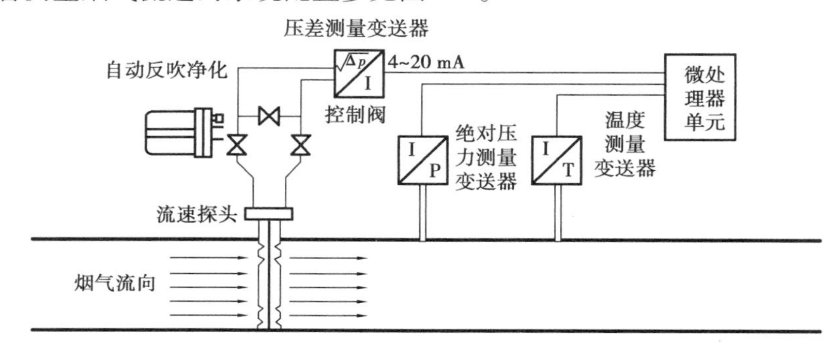

图 4.5　阿牛巴均速管测量烟气流速系统

阿牛巴管的测量孔与 S 型皮托管一样存在易受烟尘堵塞及腐蚀问题,需要采取反吹清洁及防腐蚀措施。由于管上的开孔增多,需要保证反吹气体的压力,否则压力降低将会影响吹扫的效果,影响准确度。

在阿牛巴管中,由于面对气流的测孔的烟气压力不同,存在气体流动问题,会影响测量的准确度。另外,阿牛巴管测量管长度不宜过长,一般控制在 2 m 之内,防止长期使用后测量管可能发生形变,不利于维护和更换。

(3)S 型皮托管与均速管的优缺点比较

①两种测量方法均简单可靠;探头易于拔出和插入,维修方便成本较低,价格比较便宜。

②皮托管只能测量某一点的流速,均速管可测几个点的平均流速,相对比较准确。

③流量系数不易求准,低微差压计稳定性较差,精度较低,因而皮托管与均速管的测量精度不高,皮托管为 ±10%,均速管为 ±2.5 ~ ±4%。

④两种方法均易受颗粒物堵塞,需频繁反吹清洁,维护量较大。

(4)多点平均式差压测量系统

一般推荐采用多点平均式差压测量系统,其各种测量的结构方式参见图 4.6。

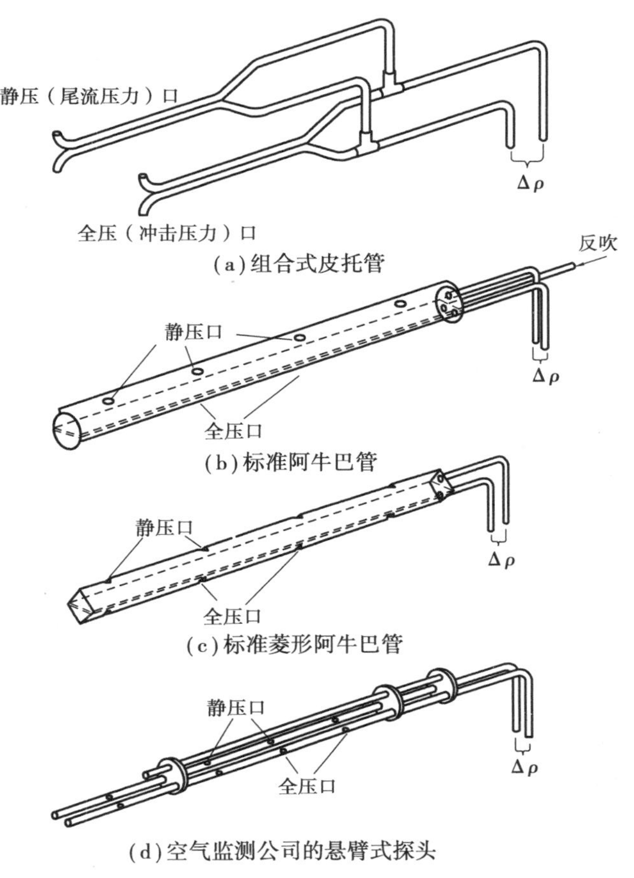

图4.6　多点平均式差压测量系统

4.2.3　热平衡法

(1)热平衡式质量流量计

图4.7是美国KURZ公司热平衡式质量流量计的外形图和测量原理示意图。

KURZ热平衡式质量流量计利用传热原理测量烟气流量。它有两个铂电阻温度传感器，一个是烟气流速传感器R_p，一个是烟气温度传感器R_t，分别连接在惠斯通电桥中。R_p作为测量臂被加热至温度t_1，R_t作为参比臂测得烟气温度t_2，室温下$t_1 - t_2 = \Delta t = 55$ ℃。当工作时，烟气流过R_p，带走的热量与流速和R_p阻值变化成比例。为保持桥路平衡，通过反馈电路改变R_p的加热功率，则加热功率P、温差ΔT、烟气质量流量q_m之间有下述关系：

$$P = (B + Cq_m^k)\Delta t \tag{4.3}$$

$$Cq_m^k = \frac{P}{\Delta t} - B \tag{4.4}$$

$$q_m = \sqrt[k]{\frac{(P/\Delta t) - B}{C}} \tag{4.5}$$

式中　P——加热功率；

Δt——R_p与R_t之间的温差，通过调整P使其保持恒定；

B——与实际流动有关的常数；

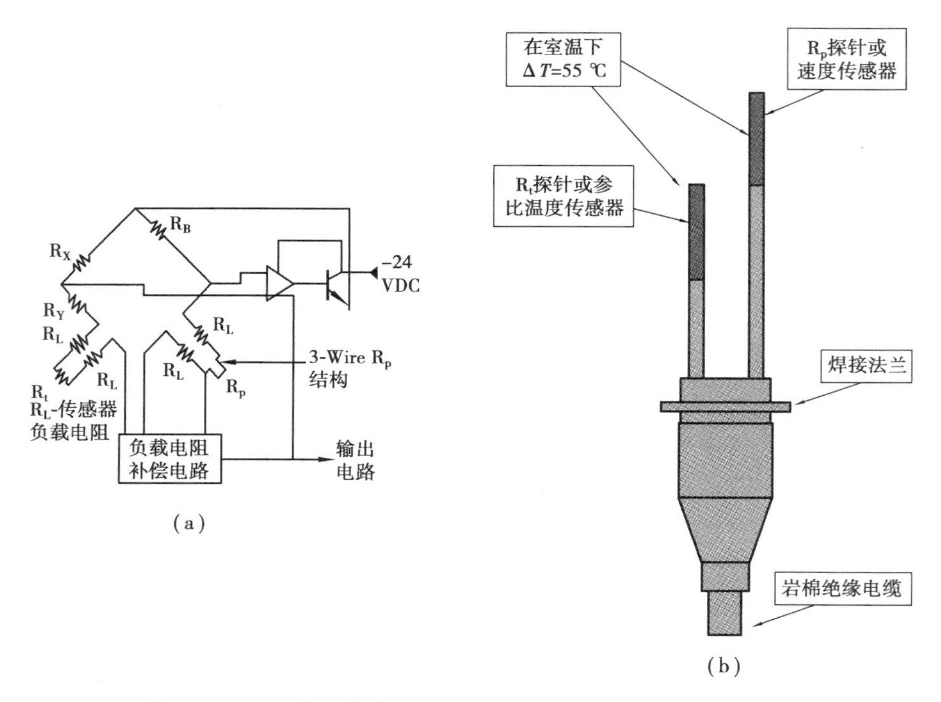

图 4.7　KURZ 热平衡式质量流量计的外形图和测量原理示意图

C——与所测气体物性如热导率、比热容、黏度有关的常数；

k——常数(1/3 ~ 1/2)；

q_m——质量流量。

q_m 的计算公式如下：

$$q_m = \rho q_v \tag{4.6}$$

式中　ρ——密度；

q_v——体积流量。

以 KURZ 454FT 插入式单点热式质量流量计为例，其主要性能指标如下：

- 测量原理：热平衡法。
- 烟气流速：0 ~ 90 m/s。
- 烟气温度：-40 ~ +200 ℃；-40 ℃ ~ +500 ℃。
- 烟气压力：<2.0 MPa。
- 流速测量精度：烟气温度为 -40 ~ +125 ℃时为 ±1%；烟气温度为 0 ~ 200 ℃时为 ±2%；烟气温度为 0 ~ 500 ℃时为 ±3%。
- 重复性误差：±0.25% F. S.。
- 响应时间：3 s。
- 供电：24 VDC 或 230 VAC。
- 功耗：15 W。
- 输出信号：4 ~ 20 mA，继电器接点。
- 吹扫空气：不需要。

(2)热式均速管流量计

热式均速管流量计实际上就是多点热平衡式质量流量计。图 4.8 所示是热式均速管流量计在圆形管道和矩形管道上的安装形式，各有单端插入式和双端插入式两种插入方式。每一根插入杆上可配置不同数目的铂电阻温度传感元件，温度传感元件的位置坐标按速度面积法确定。所谓速度面积法是测量管道某横截面上多个局部流速，通过在该横截面上的速度面积的积分来推算流量的方法。

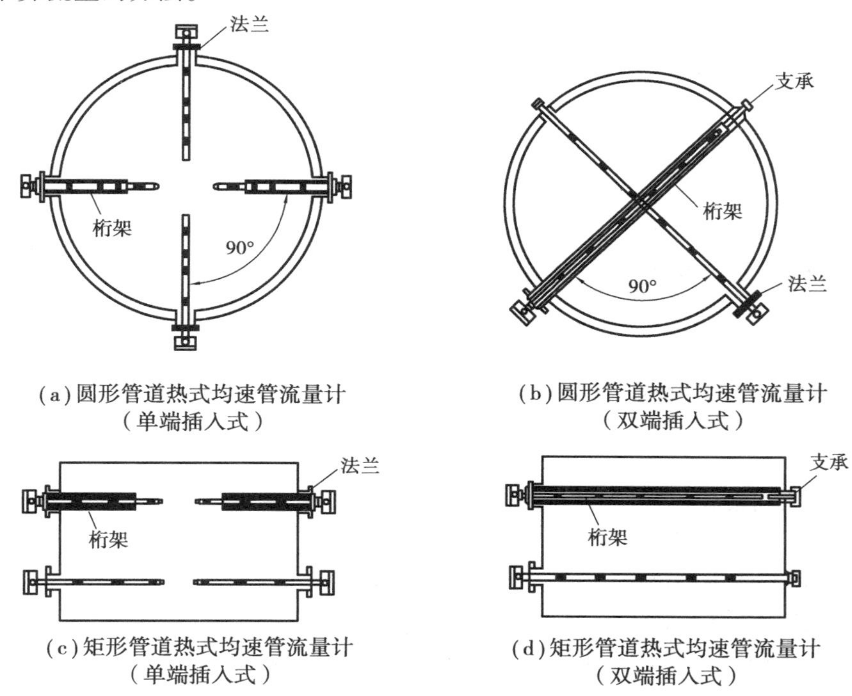

(a) 圆形管道热式均速管流量计（单端插入式）

(b) 圆形管道热式均速管流量计（双端插入式）

(c) 矩形管道热式均速管流量计（单端插入式）

(d) 矩形管道热式均速管流量计（双端插入式）

图 4.8　热式均速管流量计在圆形管道和矩形管道上的安装形式

从图 4.8 中可以看出，热式均速管流量计可以按照管道内流速分布图形配置温度传感元件的数目与位置，按速度面积法精确地测量复杂的速度分布畸变的流量，特别适合于大型烟道烟气流量的测量，加之其结构简单、安装和维修方便、压力损失小、校验费用低廉（只需校验测量头）、测量精度高（可达 ±1% R），因而在国外 CEMS 的烟气流量监测中得到了较为广泛的应用，是一种很有发展前途的烟气流量计。

4.2.4　超声波法

(1) 时差法超声波流量计的测量原理

通过检测流体流动时对超声波脉冲的作用，以测量流体体积流量的仪表称为超声波流量计。按测量原理分，它有传播时间法和多普勒频移法两种类型，其中传播时间法又分为时间差法、相位差法、频率差法 3 种。目前，绝大多数采用时间差法，相位差法已不使用，频率差法用得也很少。烟气流量测量中使用的超声波流量计均采用时间差法。

时差法超声波流量计的测量原理是：超声波在流体中的传播速度，顺流方向和逆流方向是不一样的，其传播的时间差与流速成正比。测得发射器和接收器在两个方向的传播时间差即可求得流速。图 4.9 是时差法超声波流量计测量原理示意图。

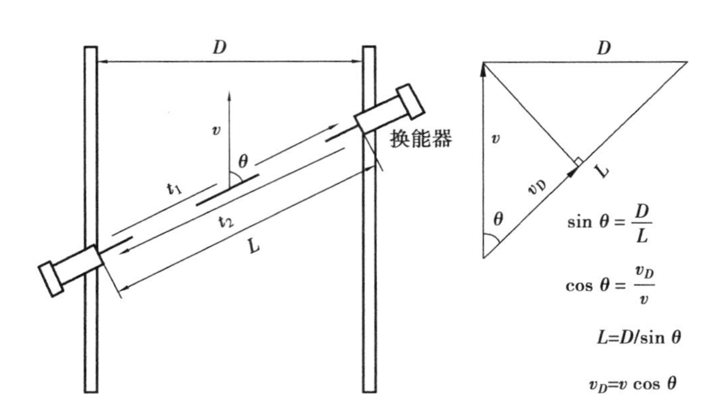

图 4.9　时差法超声波流量计测量原理示意图

如图 4.9 所示,超声波在顺流方向的传播时间 t_1 为:

$$t_1 = \frac{L}{c+v_P} = \frac{D/\sin\theta}{c+v\cos\theta} \tag{4.7}$$

超声波在逆流方向的传播时间 t_2 为:

$$t_2 = \frac{L}{c-v_P} = \frac{D/\sin\theta}{c-v\cos\theta} \tag{4.8}$$

式中　D——管道内径;

L——超声波声程,$L=D/\sin\theta$;

c——静止流体中的声速;

v——管道内流体流速;

v_P——流体流速 v 在声道方向上的速度分量,$v_P=v\cos\theta$;

θ——超声波传播方向和流体流动方向的夹角。

由式(4.7)、式(4.8)可得:

$$c = \frac{D/\sin\theta}{t_1} - v\cos\theta \tag{4.9}$$

$$c = \frac{D/\sin\theta}{t_2} + v\cos\theta \tag{4.10}$$

由式(4.9)、式(4.10)可得:

$$\frac{D/\sin\theta}{t_1} - v\cos\theta = \frac{D/\sin\theta}{t_2} + v\cos\theta \tag{4.11}$$

$$v = \frac{D(t_2-t_1)}{2t_1t_2\sin\theta\cos\theta} = \frac{D(t_2-t_1)}{t_1t_2\sin 2\theta} \tag{4.12}$$

由于 $\theta=45°$,$2\theta=90°$,所以 $\sin 2\theta=1$,则式(4.12)可化为:

$$v = \frac{D(t_2-t_1)}{t_1t_2} \tag{4.13}$$

式(4.13)就是时差法超声波流量计测量流体流速的公式。

声音在被测介质中的传播速度和被测介质的温度、压力有关。温度越高,压力越大,声音传播得越快,反之则越慢。其中声速受温度的影响较大,且声速的温度系数不是常数。目前的超声波流量计产品都具有实时温度、压力自动补偿功能,当被测流体的温度、压力变化时,对流量计的指示影响很小,故可以看作对测量示值没有影响。

(2)超声换能器

超声波流量计的传感器称为超声换能器。它主要由传感元件、声楔等组成。换能器有两种,一种是发射换能器,另一种是接收换能器。发射换能器利用压电材料的逆压电效应,将电路产生的发射信号加到压电晶片上,使其产生振动,发出超声波,所以是电能和声能的转换器件。接收换能器利用的是压电效应,将接收到的声波,经压电晶片转换为电能,所以是声能和电能的转换器件。发射换能器和接收换能器是可逆的,即同一换能器,既可以作发射用,也可以作接收用,由控制系统的开关脉冲来实现。

超声波换能器的安装方式有夹装式安装和湿式安装两种。夹装式安装是指用夹装件把换能器固定在测量管道的外壁上,测量时声波透过管壁传到被测气体。湿式安装是指换能器直接和介质接触,所以也称直射式安装。这种安装方式的换能器通常和一段短管制成一体,短管的两端有法兰,安装时通过法兰和测量管道连接。湿式安装也指在测量管道上开孔,将换能器直接穿插在孔内。对不好开孔的混凝土管道(如垂直烟筒),可将换能器固定在管道内壁上,其信号通过电缆引至管道外。

测量烟气流量时应采用湿式安装,而不能采用夹装式安装。因为固体管道和被测气体的密度相差太大,声波在管道壁中的传播速度远大于气体中的传播速度,声波经过管壁折射后,已无法满足测量要求。所以,测量气体流量时不能采用夹装式超声波流量计。

(3)探头式超声波流量计

在烟气流量的测量中,除经典的超声波流量计,需要在烟道上按45°开两个孔外;另外一种是内置探头式超声波流量计,只需在烟道上按45°开一个孔。其结构和安装见图4.10及图4.11。

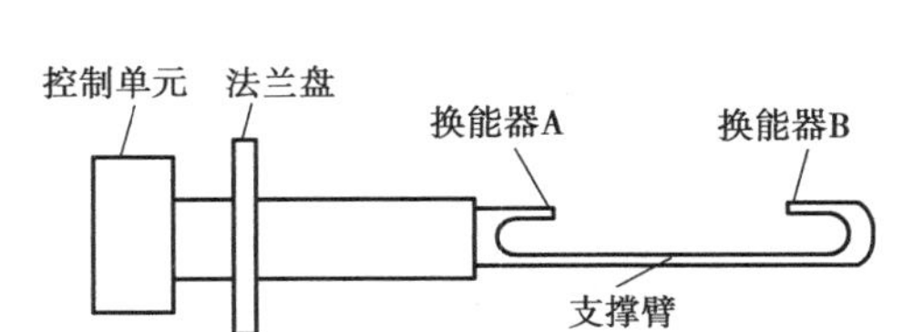

图4.10　探头式超声波流量计结构图

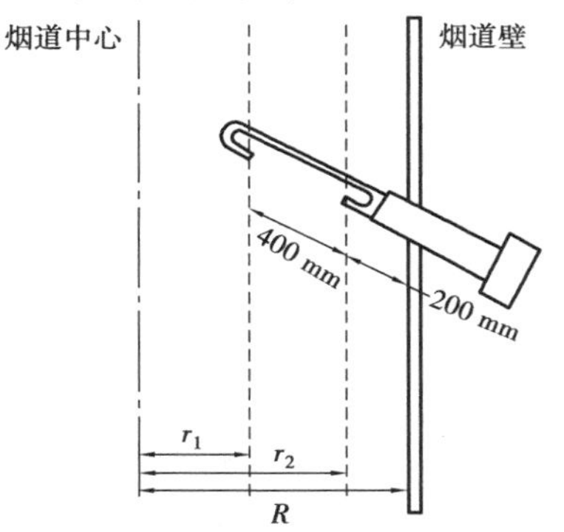

图4.11　探头式超声波流量计安装示意图

R—烟道半径;r_1—烟道中心至第一个换能器的距离;r_2—烟道中心至第二个换能器的距离

探头式超声波流量计的两个超声换能器固定在一个支撑臂上,此支撑臂不阻挡检测气流,安装方式与外装式相同,与烟道气流成45°。与外装式相比,具有价格低,安装简单,清洁方便,不需要反吹装置等优点,在烟气流量测量中有较好的应用前景。探头式超声波流量计仅能测得烟道内某一点的流速,须根据烟气流速分布通过计算求得烟道内的平均流速。

以Sick Maihak公司FLOWSIC107内置探头式超声波流量计为例,其主要性能指标如下:

- 测量范围:0~40 m/s。
- 测量精度:< ±0.2 m/s。
- 烟气温度:0~220 ℃。
- 烟气压力:-900~+2 000 mbar。

- 声程长度:0.3 m。
- 探头安装角度:45°。
- 供电:180 ~ 240 VAC。
- 输出信号:4 ~ 20 mA,继电器接点,RS232 或 RS422。
- 吹扫空气:不需要。

4.2.5 流量测量技术比较与应用

流量测量技术的比较见表4.1。

表4.1 流速(流量)测量技术的比较

序号	项目	流速(流量)测量系统		
1	类型	皮托管	超声波	热平衡
2	原理	压差	时间差	温度差
3	测量方式	点测量	线测量	点测量
4	安装	烟道一侧,容易安装	烟道两侧,两个发射/接收器应在一条线上,安装角度难掌握	烟道一侧,容易安装
5	漂移校准	自动校零点	自动校电学零点和量程点	自动校电学零点和量程点
6	烟气	接触	非接触	接触
7	探头清洁	高压气体反吹,效果好	清洁空气在超声波发射探头形成空气幕,效果好	
8	防腐蚀	钛合金 S 型皮托管探头防腐蚀效果好	清洁空气在超声发射探头形成空气幕,效果好	自动清洁探头难度大,效果欠佳
9	干扰及消除	探头开口沉积颗粒物,改变皮托管的校准系数,及时反吹和定时人工清理	超声波传感器探头沉积颗粒物干扰测定,保持形成气幕的空气的清洁和气幕压力大于烟气压力,特别是当仪器安装在烟气正压区时,定时人工清理	探头沉积颗粒物、烟气中水气饱和及存在水滴时,延长仪器的响应时间、水滴在探头蒸发造成测定流速不准
10	测定最低流速	2 ~ 3 m/s	0.03 m/s	0.05 m/s
11	重量	轻	重	轻
12	流速转换	点平均流速需转换为面平均流速	线平均流速可代表平均流速;安装在矩形烟道时,线平均流速需转换为面平均流速	点平均流速需转换为面平均流速
13	流速转换参比方法	S 型皮托管法	S 型皮托管法	S 型皮托管法

目前,国内 CEMS 大多配套采用价格低、测量精度不高的皮托管式或均速管烟气流速仪,对于要求较高的场所,应配套测量精度较高的热式气体质量流速仪或超声波流速仪。

烟气流速仪现场应用的关键是要选择好取样点,要注意所在烟道的流场,要选择相对比较稳定的直管段。要加强对烟气流速仪探头传感器的保护和防尘、耐磨损,皮托管的测量孔、热式流速仪和超声波传感器都有可能受到烟尘的堵塞和腐蚀,流速仪必须采取有效保护措施。

为保证烟气流速仪的准确性,都必须要按照标准规定进行速度场系数测定,并对流速仪进行速度场系数修正。皮托管和热式流速仪都是点式测量,从发展趋势看采用均速管或多点测量是方向,其测量精度比单点高。

4.2.6　烟气流速的计算与校准

(1)烟气流速

皮托管法、热传感法、超声波法(安装在矩形烟道或管道)按下式计算烟道或管道断面平均烟气流速 v_S:

$$v_S = K_v \times v_P \tag{4.14}$$

式中　K_v——速度场系数;

v_P——测定断面某一固定点或测定线上的湿烟气平均流速,m/s;

v_S——测定断面的湿烟气平均流速,m/s。

(2)速度场系数

采用标准规定的参比方法测定烟道断面的烟气平均流速,要求和烟气流速仪在同时间、同区间测定烟道断面某一固定点或测定线上的烟气平均流速,按下式确定速度场系数 K_v:

$$K_v = \frac{F_S}{F_P} \times \frac{v_C}{v_P} \tag{4.15}$$

式中　F_S——参比方法测定的烟道断面面积,m^2;

F_P——固定点或测定线上所在测定烟道断面的面积,m^2;

v_C——参比方法测定烟道断面平均流速,m/s;

v_P——固定点或测定线所在测定烟道断面平均流速,m/s。

(3)速度场系数的精密度

每天至少获得5个速度场系数,计算速度场系数日平均值,连续7 d,共获得7个速度场系数的日平均值,按下式计算速度场系数的精密度 CV:

$$CV\% = \frac{S}{\overline{K_v}} \times 100\% \tag{4.16}$$

式中　CV——相对标准偏差,%;

S——速度场系数的标准偏差;

$\overline{K_v}$——检测期间日平均值的平均值。

(4)烟气流量计算

工况下的湿烟气流量 Q_s 按下式计算:

$$Q_s = 3\,600 \times F \times V_s \tag{4.17}$$

式中　Q_s——工况下的湿烟气流量,m^3/h;

F——测定断面面积,m^2。

标准状态下干烟气流量 Q_{sn} 按下式计算:

$$Q_{sn} = Q_s \times [273/(273 + T_s)] \times [(P_a + P_s)/101\ 325] \times (1 - X_{sw}) \tag{4.18}$$

式中 Q_{sn}——标准状态下干烟气流量,m^3/h;

P_a——大气压力,Pa;

P_s——烟气静压,Pa;

T_s——烟气温度,℃;

X_{sw}——烟气中水分含量体积分数,%。

(5)速度场系数精密度测量举例

某 CEMS 产品在某电厂现场实际测定的速度场系数数据见表 4.2。

表 4.2 速度场系数精密度测量数据

测量天数		第 1 天	第 2 天	第 3 天	第 4 天	第 5 天	第 6 天	第 7 天
测量值①	手工值	11.43	11.84	11.23	9.67	11.27	10.2	11.41
	仪器值	13.34	13.97	11.72	9.97	11.15	10.44	11.89
	场系数	0.86	0.85	0.96	0.97	1.01	0.97	0.96
测量值②	手工值	11.2	11.0	11.4	9.83	10.9	9.36	10.7
	仪器值	12.94	11.82	11.75	9.99	11.2	9.59	11.35
	场系数	0.86	0.93	0.97	0.98	0.98	0.98	0.95
测量值③	手工值	11.33	10.5	10.6	9.49	10.9	8.93	10.7
	仪器值	13.31	10.95	11.6	9.41	11.37	9.45	11.39
	场系数	0.85	0.96	0.92	1.01	0.96	0.95	0.95
测量值④	手工值	11.00	9.88	11.03	10.0	9.69	9.02	10.2
	仪器值	12.25	10.54	11.59	9.88	10.46	9.42	10.83
	场系数	0.90	0.94	0.95	1.02	0.93	0.96	0.94
测量值⑤	手工值	10.8	11.0	11.03	9.90	9.59	9.13	10.2
	仪器值	12.2	11.7	11.59	10.1	10.59	9.28	11.4
	场系数	0.88	0.94	0.95	0.97	0.92	0.98	0.90
场系数日均值		0.869	0.923	0.950	0.991	0.958	0.967	0.938
场系数日均值的均值 0.942			场系数标准偏差 0.039			场系数相对标准偏差 4.12%		

其中:手工值是指标准规定的参比方法测量的烟道断面平均流速值,仪器值是指 CEMS 配套的皮托管测速仪的实际测量烟气流速值,场系数是指每次测量求得的速度场系数 K_v。

本次测量结果得出其 *CV*——相对标准偏差为 4.12%,符合标准规定的速度场系数精密度不高于 5% 要求。

4.3　烟气湿度测量

4.3.1　湿度及其表示方法

(1)湿度定义

按照国家计量技术规范《湿度与水分计量名词术语及定义》(JJF 1012—2007),把固体或液体物质中水的含量定义为水分,对应于英文的Moisture。把气体中水蒸气的含量定义为湿度,对应于英文的Humidity。

(2)工程测量中常用的湿度表示方法

①绝对湿度:在一定温度和压力条件下,每单位体积混合气体中所含的水蒸气质量,单位以 g/m^3 或 mg/m^3 表示。

②体积百分比:水蒸气在混合气体中所占的体积百分比。单位以%V表示。

③质量百分比:水分在液体或气体中所占的质量百分比。单位以%W表示。在微量情况下,单位以ppmw表示。以前称为重量百分比。

④水蒸气分压:是指在湿气体的压力一定时,湿气体中的水蒸气分压力,单位以毫米汞柱(mmHg)或帕[斯卡](Pa)表示。

⑤露点温度:是指在一个大气压下气体中的水蒸气含量达到饱和时的温度,简称露点,单位以℃或℉表示。露点温度和饱和水蒸气含量是一一对应的。

⑥相对湿度:是指在一定的温度和压力下,湿空气中水蒸气的摩尔分数与同一温度和压力下饱和水蒸气的摩尔分数之比。单位以%RH表示。

4.3.2　烟气湿度的在线测量

烟气湿度的在线测量又称为在线烟气含水分或含湿量测量。燃煤锅炉烟气中的水蒸气主要来自燃料中的游离水和燃烧时产生的水,燃煤锅炉烟气中的水蒸气浓度范围通常在5%~6%,与燃料种类及其工艺设备有关,如湿法脱硫后烟气的温度下降到约55 ℃左右(无GGH),烟气露点约55 ℃,水蒸气含量约在14%~16%。

国家环保标准规定的烟气排放值,必须是干烟气中的污染物浓度值或排放速率。为了修正到标准规定的排放值,必须实时测量烟气中的含湿量。由于烟气含湿量随着燃料种类、燃烧设备工况条件以及设备负荷的不同而不同,因此连续监测烟气的含湿量对于实时修正到干烟气状态下的污染物排放浓度及排放速率显得十分重要。

烟气含水分量在线测量的难度主要是被测烟气介质的温度较高(80~150 ℃),烟气含尘量较大(50~200 mg/m^3),腐蚀性强(烟气中 SO_2 与水形成亚硫酸),含水分量大[烟气含水分量约为(5~15)%V],一般的湿度传感器不耐腐蚀,不能用于烟气含水量检测。

国外CEMS对烟气含水分测量大多采用氧化锆测干湿氧计算法,采用湿敏传感器较少。近几年来,国内外在湿敏传感器耐腐蚀技术上有所突破,用湿敏传感器测量烟气水分的方法得到推广。国内CEMS已经开始配套采用湿敏传感器的烟气水分仪。

湿度在线测量方法主要有:干湿氧测定法、湿度传感器法、激光光谱法、红外光度法等。国内外常用的方法主要是干湿氧测定法及湿度传感器法。激光光谱法、红外光度法等在国外也有应用,国内应用很少。

另外,标准还规定可以对 CEMS 输入烟气含水分量,即可采用手工分析烟气湿度的方法,将测量的平均数据输入 CEMS。国家有关标准规定:手工取样测量烟气湿度的参比检测方法有重量法、冷凝法、干湿球法。

从 CEMS 的技术发展要求来看,通过手工分析、计算输入烟气水分量的方法,不能满足实时监测以及排放总量准确度的要求,为确保烟气污染物排放浓度及排放总量的准确性,必须在烟气 CEMS 中实时连续监测烟气含水量。

4.3.3 干湿氧测定法

干湿氧计算烟气含水量的方法是将烟气在除湿前、后通过氧传感器检测,得到除湿前、后的氧含量,再按式(4.19)计算出烟气中的含水量:

$$X_{sw} = 1 - \Phi'_{O_2}/\Phi_{O_2} \tag{4.19}$$

式中 X_{sw}——烟气中含水分量,%V;

Φ'_{O_2}——湿烟气中氧的体积分数,%;

Φ_{O_2}——干烟气中氧的体积分数,%。

干湿氧计算法测量的关键是氧分析器的一致性要好。测氧仪器大多采用氧化锆氧检测器,测量可靠,价格也不高。也有采用电化学传感器测量干湿氧的。

国外采用干湿氧法在线监测烟气水分的产品较多,国外 CEMS 产品大多在分析柜内,采用同一个氧化锆氧分析仪,轮流从除湿器前后取样,每 3 分钟自动更换测量干、湿氧,并自动计算出烟气水分量,其检测效果较好。从原理分析,采用氧化锆测氧的准确度高、耐腐蚀,应该是一种有发展前景的烟气水分检测方法。

国内也有不少厂家采用干湿氧法测水分,但大多反映检测结果不够准确。经分析主要原因是国内部分厂家存在使用方法不当问题。例如:采用直插式氧化锆测湿氧,采用电化学传感器测干氧,两种原理的仪器存在系统误差;两次检测不在同一个取样点,存在时间差,测得的干氧和湿氧不是同一个样品气,造成烟气湿度测量不准。

采用用干湿氧法测量水分的正确方法是采用同一个氧传感器,测量同一取样点烟气的干湿氧。

4.3.4 湿度传感器法

(1)原理与结构

阻容式湿度传感器由高分子薄膜电容湿度敏感元件和铂电阻温度传感器组成。水蒸气穿过高分子薄膜电容湿敏元件的上部电极,到达高分子活性聚合物薄膜,烟气中的水蒸气被薄膜吸收的量取决于周围烟气中的水分高低,因为传感器尺寸小、聚合物薄膜很薄,所以传感器可以对周围环境的湿度变化作出快速反应。聚合物中吸收的水蒸气改变了传感器的电介质特性而使传感器的电容值改变;由于烟气中水分含量变化与电容变化成一定的函数关系,从而可以通过测量电路来解决高温烟气测量水分的问题。铂电阻温度传感器测量烟气温度变化,用于进行温度补偿。

阻容法湿度计采样探管材质为不锈钢,头部带有过滤器去除烟气中的颗粒物,采样探管直接插入烟道内,采样探管带有伴热或保温功能防止烟气冷凝。阻容法测定烟气湿度参见图4.12。

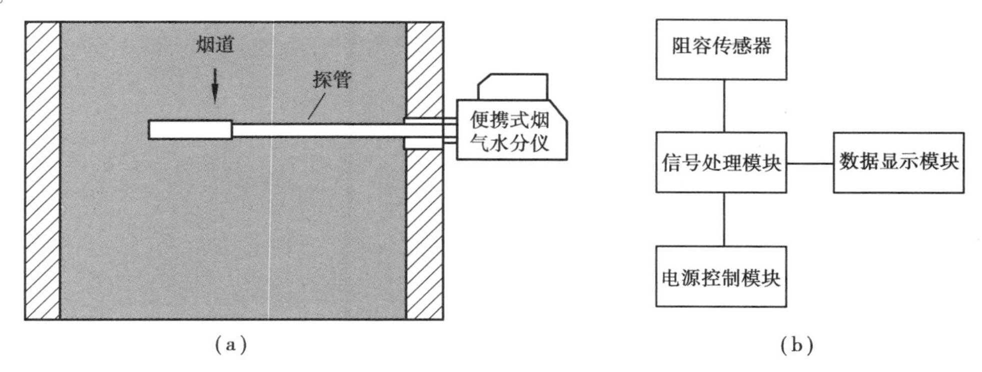

图4.12　阻容法测定烟气湿度

阻容传感器的湿度测量范围为0～40%V,湿度测量精确度应不低于2%,温度测量精确度不低于1.5%,测量值示值可选相对湿度、温度、露点温度和烟气水分。

(2)应用与发展

湿度传感器探头必须解决烟气高温、灰尘、酸性物质对高分子薄膜电容的磨损和腐蚀问题,对湿度传感探头采取防磨损和防腐蚀的保护措施可保证其长期稳定工作。国内外采用湿度传感器的烟气水分仪,经过近几年的技术改进,采取防磨损、防腐蚀措施,已经在烟气在线监测中得到广泛应用,但其准确度不够高。

国内有的专业厂家对烟气湿度仪进行了标准溯源研究,建立了标准源及检测仪器。例如南京埃森环境技术公司生产的烟气水分仪经过标准溯源检测试验,并建立了现场校对用标准湿度发生器,该产品已与多种CEMS产品配套使用。南京埃森公司基于多年烟气水分测量的技术积累,依托江苏省烟气监测及应用工程技术研究中心,研发出高温湿度发生校准装置、便携式高温湿度发生校准装置,解决烟气水分仪的校准难题;同时,针对不同的用户现场使用工况,进一步推出了适用于低温高湿型(湿法脱硫未加GGH)、常规工况型、氨法脱硫和高温型(180～350 ℃)烟气水分仪系列(HMS545系列)。

鉴于国内烟气水分仪已经比较成熟,建议在修订CEMS国家环保标准时,将烟气水分检测定为必测指标。南京埃森公司HMS545系列的烟气水分仪参见图4.13。

图4.13　HMS545C烟气水分仪产品

HMS545C主要技术参数如下:

- 烟气水分测量范围:0～40%V。
- 准确度:±2%。

- 响应时间(T_{90}):≤30 s。
- 传感器:湿度传感器:阻容式;温度传感器:PT100 铂电阻。
- 探管长度:1.4 m(标准产品),可按客户要求定制长度。
- 输出信号:1 组 4 ~20 mA。
- 工作温度范围:0 ~180 ℃。
- 自动伴热保护技术,有效防止结露。

4.4 烟气氧含量测量

4.4.1 烟气氧含量测量概述

在线监测排放烟气中的氧含量,可以实现锅炉燃烧过程的节能控制,控制空气过剩系数在合理范围内。燃煤锅炉省煤器出口的烟气中氧含量的典型浓度为 2% ~5% 。

在烟气排放监测中,分别在脱硫前、后烟道监测烟气的氧含量,监测脱硫前的氧含量是为了检查锅炉燃烧后的各种设备、管道的漏风,防止过量空气对烟气的稀释,实际上由于设备的泄漏,脱硫前烟气含氧量已经达到 6% ~8%;脱硫后监测氧含量是对脱硫过程设备泄漏率的监测,防止由于设备泄漏对烟气污染物浓度的稀释,确保获得污染物排放的真实含量。

通过实时监测排放烟气的氧含量(或二氧化碳含量),计算实测的空气过剩系数,并用于将污染物排放浓度折算成规定空气过量系数下的排放质量浓度。

烟气氧含量在线监测仪器主要有:

①氧化锆氧分析器。

②燃料电池式氧分析器。

③顺磁式氧分析器。

燃煤锅炉烟气监测大多采用插入式氧化锆氧分析器直接测量,在锅炉燃烧的高温段(800 ℃以上),监测氧含量需要采用高温型氧化锆氧分析仪,或采用抽吸式氧化锆氧分析仪,通过取样探头将高温烟气抽出后进行测量。在抽取采样式 CEMS 中,对烟气氧含量检测通常采用直插式氧化锆氧分析器测量湿氧,或在多组分分析器中增加磁氧或电化学测氧模块测量干氧。

4.4.2 氧化锆氧分析器

根据氧化锆探头结构形式和安装方式的不同,可把氧化锆氧分析器分为直插式和抽吸式两类,就使用数量而言,目前大量使用的是直插式氧化锆氧分析器。

1)直插式氧化锆氧分析器

直插式氧化锆氧分析器,将探头直接插入烟道中进行分析,直插式探头有以下几种类型。

①中、低温直插式氧化锆探头,这种探头适用于烟气温度 0 ~650 ℃(最佳烟气温度 350 ~550 ℃)的场合,探头中自带加热炉。主要用于火电厂锅炉、6 ~20 t/h 工业炉等,是目前国内用量最大的一种探头。

②高温直插式氧化锆探头,这种探头本身不带加热炉,靠高温烟气加热,适用于 700 ~900 ℃的烟气测量,主要用于电厂、石化厂等高温烟气分析场合。

2) 抽取式氧化锆氧分析器

抽取式分析器的氧化锆探头安装在烟道壁或炉壁之外,将烟气抽出后再进行分析。它主要用于以下两种场合。

①用于烟气温度 700 ~ 1 400 ℃的场合。例如,钢铁厂的有些加热炉烟气温度高达 900 ~ 1 400 ℃,这种场合就不能采用直插式探头进行测量,而将高温烟气从炉内引出,散热后温度降低,再流过恒温的氧化锆探头就可以获得满意的结果。

如前所述,高温直插式氧化锆探头可用于 700 ~ 900 ℃的烟气测量,但当燃烧系统不稳定时,这种探头易受烟气温度波动和高温烟气的影响,使其应用受到一定限制。这种场合也可采用抽吸式氧化锆氧分析器进行测量,从而避免高温烟气对探头的影响。

②用于燃气炉。直插式氧化锆氧分析器可用于燃煤炉、燃油炉,但不适用于燃气炉。这是由于采用天然气等气体燃料的炉子,烟道气中往往含有少量的可燃性气体,当可燃性气体含量较高时,与高温氧化锆探头接触,可能发生起火、爆炸等危险。

4.4.3　燃料电池式氧分析器

燃料电池是原电池的一种,原电池氧分析仪的电化学反应可以自发进行,不需要外部供电,样品气中的氧和阳极的氧化反应生成阳极的氧化物,类似于氧的燃烧反应,所以这类原电池也被称为“燃料电池”。

燃料电池式氧分析器可以测量微量氧,也可以测量常量氧。燃料电池根据采用的电解质是液体电解液,还是固体电解质(糊状电解液),分为液体燃料电池和固体燃料电池。在液体燃料电池中,根据电解液的性质又分为碱性液体燃料电池和酸性液体燃料电池。

由于烟气中含有 CO_2、SO_2 酸性成分,不能用碱性液体燃料电池进行测量,只能用酸性液体燃料电池测量。

酸性液体燃料电池由金阴极 + 铅阳极(或石墨阳极等) + 醋酸电解液组成,酸性燃料电池氧传感器的工作原理结构参见图 4.14。

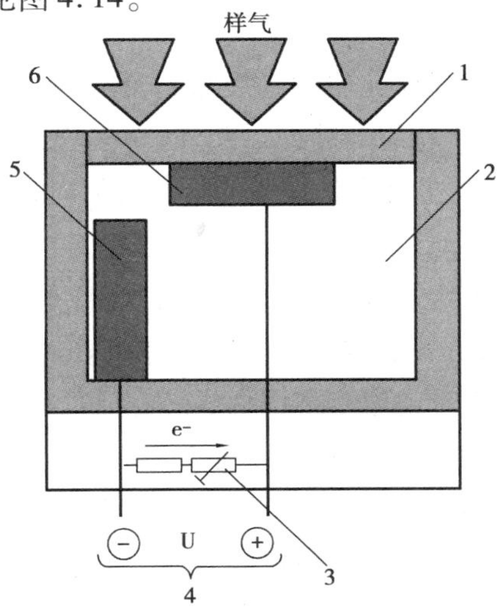

图 4.14　酸性燃料电池氧传感器的工作原理结构

1—FEP 制成的氧扩散膜;2—电解液(乙酸);3—用于温度补偿的热敏电阻和负载电阻;4—外电路信号输出;5—石墨阳极;6—金阴极

酸性液体燃料电池电解液为醋酸(乙酸,CH_3COOH)溶液,可表示为:

$$\text{阴极 Au} \mid CH_3COOH \mid \text{C 阳极}$$

被测气体中的氧分子通过FEP(聚全氟乙丙烯)氧扩散膜进入燃料电池,在电极上发生如下反应:

金阴极: $O_2 + 2H_2O + 4e^- \longrightarrow 4OH^-$

石墨阳极: $C + 4OH^- \longrightarrow CO_2 + 2H_2O + 4e^-$

电池的综合反应: $O_2 + C = CO_2$

反应生成的电流与氧含量成正比。该电池适用于被测气体中有酸性成分的场合,例如烟道气的分析,不适用含碱性成分(如 NH_3 等)的气体测量。只能测常量氧,不能用于微量氧测量。

4.4.4 顺磁式氧分析器

所谓顺磁式氧分析器是根据氧气的体积磁化率比一般气体高得多,在磁场中具有极高顺磁特性的原理制成的一类测量气体中氧含量的仪器。有三类顺磁性氧分析器,即磁力机械式、磁压力式、热磁对流式氧分析器。我国CEMS中使用的顺磁式氧分析器主要是磁力机械式仪器,其他两类仪器极少使用。

磁力机械式氧分析器具有如下优点:

①磁力机械式氧分析器是对氧的顺磁性直接测量的仪器,在测量中不受被测气样导热性变化、密度变化等影响。

②在0~100% O_2 范围内线性刻度,测量精度较高,测量误差可低至±0.1% O_2。

③灵敏度高,除了用于常量氧的测量以外,还可用于微量氧(O_2‰级)的测量。

从以上几个方面可以看出,磁力机械式氧分析器优于热磁对流式氧分析器。

磁力机械氧分析器使用注意事项:

①磁力机械式氧分析器基于对磁化率的直接测量,像氧化氮等一些强顺磁性气体会对测量带来严重干扰,所以应将这些干扰组分除掉。此外,一些较强逆磁性气体也会引起不容忽视的测量误差,如氙(Xe)等,若气样中有含量较多的这类气体时,也应予以清除或对测量结果采取修正措施。

②氧气的体积磁化率是压力、温度的函数,气样压力、温度的变化以及环境温度的变化,都会对测量结果带来影响。因此,必须稳定气样的压力,使其符合调校仪表时的压力值。环境温度及整个检测部件均应工作在设计的温度范围内,一般来说,各种型号的磁力机械式氧分析器均带有温度控制系统,以保证检测部件在恒温条件下工作。

③无论是短时间的剧烈振动,还是轻微的持续振动,都会削弱磁性材料的磁场强度,因此,该类仪器多将检测部件的敏感部分安装在防振装置中。当然,仪器安装位置也应避开振源并采取适当的防振措施。另外,任何电气线路不允许穿过这些敏感部分,以防电磁干扰和振动干扰。

4.5 烟气参数监测数据的应用

4.5.1 烟气氧含量检测的应用

①用于过量空气系数计算：

$$\alpha = (21/100)/(21/100 - \Phi_{O_2}) \tag{4.20}$$

式中 α——实测的过量空气系数；

Φ_{O_2}——实测的干烟气的体积分数，%。

②用于污染物排放的质量浓度计算：

$$\rho = \rho' \times \alpha/\alpha_s \tag{4.21}$$

式中 ρ——折算成过量空气系数为 α 时的污染物排放质量浓度，mg/m^3；

ρ'——标准状态下干烟气中污染物排放质量浓度，mg/m^3；

α——在测点实测的过量空气系数；

α_s——有关排放标准中规定的过量空气系数。

4.5.2 烟气含湿量数据用于污染物排放的计算

①烟气污染物排放率计算：烟气参数监测目的是要计算出在标准状态下的干烟气流量，从而计算出烟气污染物的排放率及累积排放总量。

烟气中污染物的排放率按式(4.22)计算：

$$G = \rho' \times Q_{sn} \times 10^{-6} \tag{4.22}$$

式中 G——烟气中污染物的排放率，kg/h；

Q_{sn}——标准状态下干烟气流量，m^3/h；

ρ'——标准状态下干烟气中污染物排放质量浓度，mg/m^3。

②烟气污染物累积日排放量计算：

$$G_d = \sum_{i=1}^{24} G_{hi} \times 10^{-3} \tag{4.23}$$

式中 G_d——烟气污染物日排放量，t/d；

G_{hi}——该天中第 i h 的污染物排放量，kg/h。

③烟气污染物累积月排放量计算：

$$G_m = \sum_{i=1}^{31} G_{di} \tag{4.24}$$

式中 G_m——烟气污染物月排放量，t/m；

G_{di}——该月中第 i d 的污染物日排放量，t/d。

④烟气污染物累积年排放总量计算：

$$G_y = \sum_{i=1}^{365} G_{di} \tag{4.25}$$

式中 G_y——烟气污染物年排放量，t/a；

G_{di}——该年中第 i d 的污染物日排放量，t/d。

第5章

燃煤烟气脱硫脱硝 CEMS

治理大气污染、减少污染物的排放是一项系统工程，以火力发电厂为例，包括燃烧控制、烟气除尘、脱除硫化物、脱除氮氧化物、烟气排放监测等环节。图 5.1 是一套以煤为燃料的火力发电机组生产流程简图，图中显示出了与锅炉燃烧控制，烟气脱硝、除尘、脱硫过程监控，烟气排放监测有关的在线分析项目及取样点位置。从该图可以看出，在线分析仪器在火电厂治污减排、节能降耗中的重要作用。

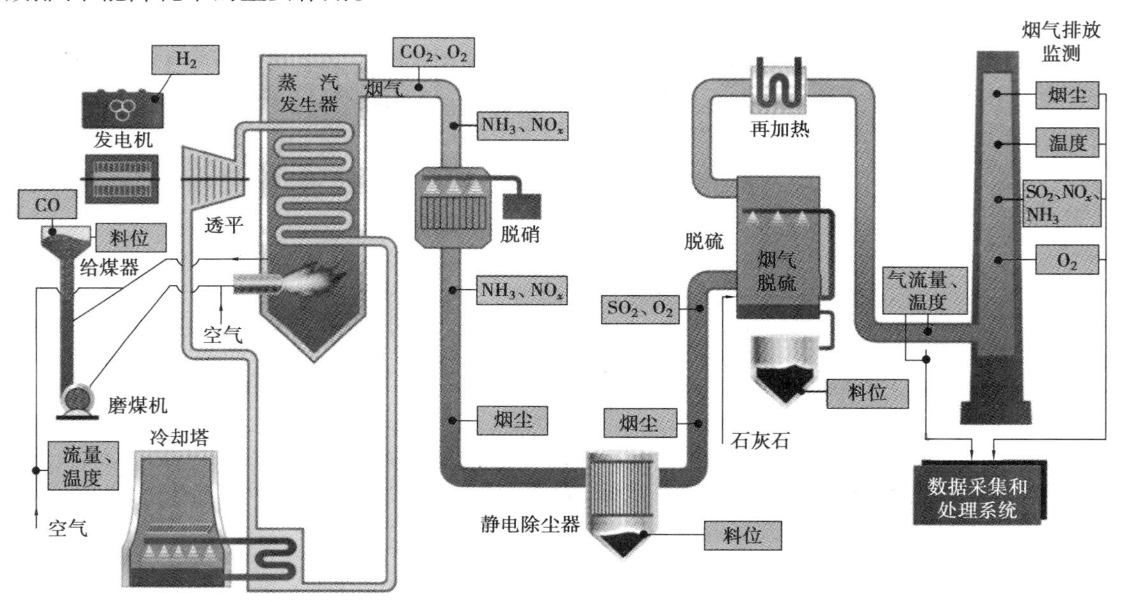

图 5.1　燃煤火力发电机组生产流程简图及在线分析监测项目

5.1　烟气脱硫脱硝 CEMS 发展概况

(1) 烟气脱硫 CEMS

在烟气脱硫方面，“十一五”期间国家就开始加大了重点污染源烟气脱硫工程项目的建设力度，同时也加强了燃煤锅炉烟气脱硫 CEMS 系统的配套与投运。尽管我国“十一五”期间二氧化硫总量减排目标就已经达到，但在许多脱硫设备的运行和监测方面，还存在一些问题。目前我国火电厂燃煤锅炉的烟气脱硫及排放监测开展得比较好，但其他行业工业炉窑等污染源的脱硫治理和监测还存在许多不足。

烟气脱硫设备应在脱硫前及脱硫后分别进行二氧化硫浓度监测。脱硫前的原烟气，由于燃烧的煤种或原料的含硫量不同以及燃烧工况不同，其二氧化硫浓度及排放量也不同，据此相应调整脱硫设备的运行工况及投放的脱硫原辅料，在确保排放净烟气二氧化硫浓度及排放量达标的前提下，尽量降低脱硫设备的运行费用，确保脱硫设备的安全、经济、有效运行。

我国规定烟气污染物的排放浓度是在标准状态下的干烟气数值（即干基测量），因此，近十年来国内烟气脱硫监测技术大部分采用冷干法 CEMS，稀释法及原位法 CEMS 由于属于湿基测量，在国内燃煤电厂中的应用已逐步减少。冷干法 CEMS 已经成为燃煤电厂烟气脱硫监测的主流技术。目前，脱硫前原烟气的 CEMS 监测技术已经成熟；脱硫后的净烟气监测，由于湿法脱硫后净烟气的温度较低，湿度高，SO_2 含量低，部分 SO_2 在线分析仪器存在检测灵敏度偏低和稳定性较差的问题。

2011 年国家新发布了《火电厂大气污染物排放标准》（GB 13223—2011），其中对脱硫脱硝后的烟气排放标准提高了要求，对新建电厂烟气 SO_2 的排放限值已修改为 100 mg/m^3，现有电厂的排放限值也降低到 200 mg/m^3。原有的部分 CEMS 对低浓度 SO_2 的测量范围偏大（0 ~ 1 000 mg/m^3），存在灵敏度低、漂移较大和稳定性较差等问题，已经不适应目前的检测要求。按照新的排放标准，脱硫后烟气 CEMS 的 SO_2 仪器测量范围对新建电厂最好在 0 ~ 300 mg/m^3，现有电厂最好在 0 ~ 500 mg/m^3。因此，脱硫后烟气 CEMS，必须解决低浓度 SO_2 测量及其稳定性方面的要求，需要采用检测灵敏更度高的分析仪器。

（2）烟气脱硝 CEMS

在烟气脱硝方面，“十一五”期间火电厂燃煤锅炉脱硝项目就已经进入大规模工业示范阶段，期间全国累计有数十个火电厂的脱硝项目在建，数十个脱硝项目及其 CEMS 系统已经投运。在“十二五”环境保护发展规划中，国家已将重点污染源烟气脱硝治理作为重点目标，特别是火电厂燃煤锅炉脱硝治理及脱硝 CEMS 监测将进入高峰期，“十二五”期间，全国氮氧化物排放总量累计下降 18.6%。“十三五”期间，氮氧化物排放总量累计下降值需控制在 15% 以上。

烟气脱硝 CEMS 主要用于监控脱硝设备的效率，通常一套脱硝设备在脱硝前和脱硝后各有一套 CEMS，用于监测烟气中的氮氧化物含量。脱硝前氮氧化物浓度大多在 2 000 mg/m^3 左右。脱硝后则在几十到几百 mg/m^3，新国标 GB 13223—2011 的排放限值要求达到 100 mg/m^3。通过对脱硝效率的监测，既要保证烟气脱硝后符合烟气排放要求，又要保证脱硝设备运行的技术经济性。

脱硝后 CEMS 除监测脱硝出口的氮氧化物外，还须检测脱硝出口烟气中的微量氨含量，又称为检测氨的逃逸量，按照国家规定氨逃逸量要控制在 3 μmol/mol 左右。

脱硝过程中氨的消耗量与 NO_x 总量的化学计量比为 0.8 ~ 1.2，控制氨的注入量十分重要；氨的注入量既要保证有足够的 NH_3 与 NO_x 反应，以降低 NO_x 的排放量，满足环境质量要求，又要避免向烟气中注入过量的 NH_3。注入过量的氨不仅会增加腐蚀，缩短 SCR 催化剂寿命，还会污染烟尘，增加在空气预热器中的氨盐沉积，以及增加 NH_3 向大气的排放。

由于 NH_3、H_2O 和 SO_3/SO_2 的反应将主要形成硫酸氢胺(ABS),其熔点为 147 ℃,易在设备表面形成液态悬浮颗粒。ABS 在温度降低时,会吸收烟气中的水分,形成腐蚀性溶液。在温度较低的催化剂表面,烟气中 ABS 会堵塞催化剂,造成催化剂失活,增加反应器的压损。在烟气经过空气预热器时,会在温度较低的热交换表面形成 ABS,并产生沉积,增大压阻,降低空气预热器的效率。根据有关报告,对 SCR 出口的氨逃逸量进行监测并控制在 $(2\sim3)\times10^{-6}$,可延长空气预热器的检修周期,可见氨逃逸量的精确测量、控制,对延长催化剂更换及空气预热器检修周期有重要意义。

对脱硝 CEMS,主要难点在于取样点烟气温度较高、烟尘量很大,烟气湿度也较大,脱硝后的烟气还可能存在氨盐的结晶。对脱硝烟气的取样、除尘、除湿及传输要求要比脱硫烟气的难度要大。从技术上分析,脱硝前 NO_x 的浓度较高,测量没有难度;脱硝后 NO_x 的排放限值新标准要求达到 100 mg/m^3,仪器的测量范围应该在 0 ~ 300 mg/m^3,测量灵敏度要求也相应提高。对脱硝后烟气氨逃逸量监测难度较大,相关规范要求微量氨逃逸量控制在 3 ppm 左右,而微量氨极易溶于水,在样气处理及传输中可能存在失真问题。国外大多采用激光法原位测量微量氨,有的也采用化学发光法或傅里叶红外光谱法监测微量氨。国内已经有许多脱硝烟气 CEMS 投入运行,但是在测量微量氨方面还存在不少问题。

5.2 燃煤烟气脱硫技术简介

烟气脱硫技术是当今燃煤电厂及其他固定污染源控制二氧化硫排放的主要措施。烟气脱硫工艺又可分为湿法、半干法和干法。湿法烟气脱硫工艺绝大多数采用碱性浆液或溶液作为吸收剂,其中石灰石-石膏脱硫工艺是世界上使用最广泛的脱硫技术,也是国内烟气脱硫使用最成熟的技术。

5.2.1 湿法石灰石-石膏烟气脱硫工艺

石灰石-石膏湿法脱硫工艺是目前世界上技术最成熟、实用业绩最多,运行状况最稳定的湿法烟气脱硫技术,它适用煤种范围广,脱硫效率 95% 以上,最高可达 99%。其吸收剂利用率高,设备运转率高、工作可靠性高,副产品可以回用。国内外的大型机组普遍采用石灰石-石膏湿法脱硫工艺,工艺示意参见图 5.2。

该法原理主要是以石灰石作为脱硫吸收剂,制成浆液后经泵送至吸收塔内,吸收浆液与烟气接触混合,烟气中的二氧化硫与浆液中的碳酸钙以及鼓入的氧化空气进行化学反应后被吸收脱除,生成二水硫酸钙($CaSO_4\cdot2H_2O$)即石膏最终生成物,脱硫后的烟气,依次经过除雾器除去雾滴,经烟气再热器加热升温后,通过烟囱排入大气。

从电除尘器出来的大约 130 ℃左右的高温烟气通过增压风机(BUF),进入烟气-烟气换热器(GGH),烟气被冷却到 80 ℃左右进入脱硫吸收塔,与石灰石浆液进行气液相的喷淋混合,浆液中的部分水分被蒸发掉,烟气得到进一步冷却(45 ~ 52 ℃)烟气经吸收塔内循环石灰石浆液的洗涤,可将烟气的 95% 以上的硫脱除。还能将烟气中 100% 的氯化氢除去,在吸收塔的顶部(或侧部)烟气穿过两级除雾器除去大部分水滴(除雾后液滴含量小于 75 mg/Nm^3)。

离开吸收塔以后,在进入烟囱之前,烟气再次穿过 GGH,烟气升温到 80 ℃以上。大部分

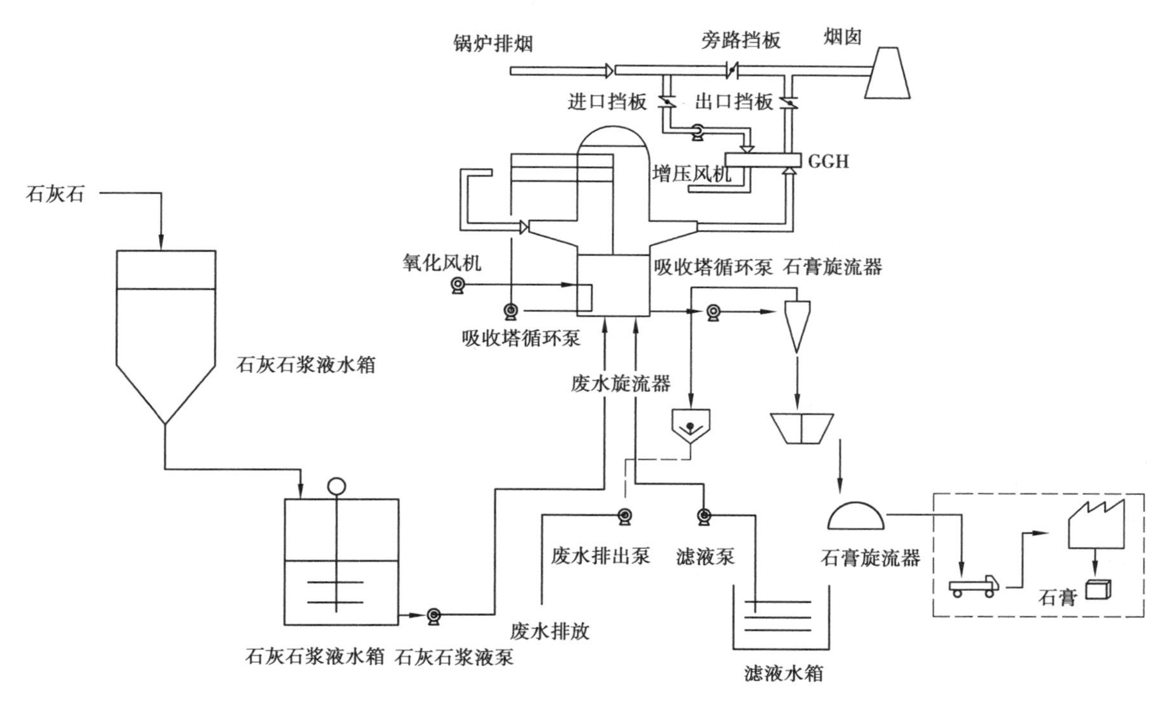

图 5.2　石灰石-石膏湿法脱硫工艺示意图

FGD 都配备有旁路挡板(正常情况下处于关闭状态),紧急情况下(如原烟气温度达到 160 ℃或浆液循环泵全停等)或机组启动时,旁路挡板打开,以使烟气绕过 FGD,直接排入烟囱。

吸收塔沉淀池中的石灰石-石膏浆液通过浆液泵打入安装在塔顶部的多层喷嘴集管中,在石灰石-石膏浆液经大量 SIC 喷嘴的喷淋下落过程中与上升的烟气接触。烟气中的二氧化硫融入水溶液中,并被其中的碱性物质中和,从而使烟气中的硫脱除。石灰石中的碳酸钙与二氧化硫和氧(由氧化风机鼓入吸收塔内的空气)发生反应,并最终生成石膏,这些石膏在沉淀池中从溶液中析出。石膏浆液由石膏排出泵从吸收塔沉淀池中抽出,经石膏旋流器、真空皮带脱水机的浓缩、脱水和洗涤后,储存在石膏仓中再运出。

5.2.2　烟气-烟气换热器(GGH)的作用分析

烟气-烟气换热器(GGH)的作用是利用 130 ℃左右的高温原烟气通过 GGH,与脱硫塔出口温度较低的净烟气进行热交换,使脱硫出口的净烟气升温到 80 ℃以上。

从脱硫吸收塔出口的净烟气温度一般为 45 ~ 52 ℃,并呈湿饱和状态。如直接排放会带来两种不利结果:一是烟气抬升扩散能力低,在烟囱附近形成水雾污染环境,即所谓烟流下洗;二是由于烟气在露点之下,会有酸滴从烟气中凝结出来,即所谓的酸雨,既污染环境又对设备造成低温腐蚀。

因此,在烟气脱硫系统中通常在脱硫塔后设置烟气-烟气换热器,使烟气温度由 45 ~ 52 ℃提高到 80 ℃左右,提高净烟气的升高度和扩散能力,降低 SO_2、烟尘和 NO_x 等污染物的落地浓度,减轻烟气的冷凝现象,缓解对后续烟道和烟囱的腐蚀,并消除净烟气烟囱冒白烟现象。

采用 GGH 还可降低原烟气对脱硫塔的热冲击,原烟气温度在 130 ~ 150 ℃,经换热器后使进入脱硫塔的烟气温度降到 90 ℃左右,对脱硫塔的内衬防腐层起到保护作用,并能降低脱硫塔内的水蒸发量。由于 FGD 的烟气酸露点较高,经换热器后的净烟气温度仅在 80 ℃左右,净烟气中仍会有冷凝发生。

GGH 换热器带来的问题,一是由于换热器可能存在漏风,造成原烟气侧向净烟气侧的泄漏,造成脱硫效率降低,按 1% 的泄漏率计会使脱硫后净烟气的 SO_2 浓度增加 30 ~ 50 mg/m^3。二是增加了脱硫系统的运行故障,换热器是在干湿烟气的交替环境中运行的,原烟气温度由 130 ~ 150 ℃降到 90 ℃左右,因此在换热器的热侧会产生浓酸液,形成对换热器加热元件的腐蚀,并结垢堵塞加热元件通道,增加了换热器的压降、漏风率、减少寿命。另外 GGH 的投资约占 FGD 的 15%, GGH 及其烟道增加的压损约 1 200 Pa,使 FGD 运行费用增加,GGH 运行费用约占 FGD 的 8%,接近 FGD 的 1/3。另外,还会加速对净烟气侧的腐蚀。

湿法脱硫如取消 GGH,则可使 FGD 系统的初投资降低,并可减低运行费用及运行故障,提高运行可靠性,同时可减少由于换热器的泄漏对脱硫效率的降低,因此,有专家认为 GGH 在 FGD 系统中作用不大。但是如取消 GGH 会带来许多问题,由于净烟气的温度只有 45 ~ 52 ℃,烟温低、湿度大,并在烟囱前为正压(约 200 Pa),烟气的腐蚀性和渗透性会大为增强。另外,低温烟气在烟囱内的凝结水量会加大,例如:60 MW 机组,烟气在烟囱内的凝结水量为 40 ~ 50 t/h,需要增加排水措施。专家认为,湿法脱硫后的湿烟囱,无论是否有 GGH,湿烟囱的防腐都必须采取特殊防腐措施。在湿法脱硫工艺中,如取消 GGH,应重视所带来的问题及采取必要的对策措施。

5.3 烟气脱硫 CEMS 的设计与应用

5.3.1 烟气脱硫 CEMS 的设计

(1)概述

烟气脱硫 CEMS 的设计,首先要分析不同脱硫工艺的工况条件和烟气样品的组成,进行针对性的系统设计和仪器选型。主要考虑因素包括脱硫前、后烟气的含湿量、颗粒物含量及烟气污染物的浓度。通常湿法脱硫效率高,含湿量高、烟气温度低,烟气污染物的浓度偏低;干法及半干法脱硫效率较低,烟气温度比湿法脱硫要高,含湿量相对要低些,但颗粒物及气态污染物的浓度要高些。需要根据脱硫方式的不同,采用适合的除尘、除湿的手段及选择合适的分析仪器。

湿法脱硫烟气的主要工况参数如下:从电除尘器出来的原烟气温度约 130 ℃左右,经电除尘后的含尘量一般小于 100 mg/m^3,布袋除尘器后的含尘量一般要小于 50 mg/m^3,原烟气的含湿量在 5% ~6%,原烟气的二氧化硫含量在 3 000 ~ 5 000 mg/m^3(视燃煤含硫量及负荷量确定)。脱硫后的净烟气通过 GGH 加热的烟气温度在 80 ℃左右,不加热的烟气温度在 45 ~ 52 ℃,脱硫后净烟气二氧化硫含量约在 50 mg/m^3,净烟气的含湿量约高达 12% 以上。

表 5.1 是只经过除尘而未脱硫的锅炉烟气(脱硫前)和用石灰石/石膏法处理后(脱硫后)烟气的组分含量和其他参数。

表 5.1　湿法脱硫前后烟气工况

位置＼参数	O_2 /%	CO_2 /%	H_2O /%	SO_2 /(mg·m^{-3})	NO /(mg·m^{-3})	粉尘 /(mg·m^{-3})	温度 /℃	绝对压力 /kPa	流速 /(m·s^{-1})
脱硫前	4～8	10～15	5～10	3 000～5 000	500～700	50～100	130～200	95～100	5～40
脱硫后	5～10	10～15	10～20	50～200	500～700	50～100	50～80	102～105	5～40

根据被测参数的要求，湿法烟气脱硫 CEMS 可采用冷干法抽取式系统，其中 SO_2/NO_x 的分析仪器可采用模块化多组分红外气体分析仪，取样处理系统采用常规的电加热过滤取样探头、电伴热传输管线、采用二级除湿、三级除尘过滤（含探头粗过滤），膜式抽气泵及流量压力调节系统等，可满足脱硫 FGD 入口原烟气及 FGD 出口净烟气的分析要求。

其中出口净烟气 SO_2 的浓度较低，其常用值≤100 mg/Nm^3，需采用灵敏度较高的红外线气体分析仪（测量范围 0～200/400 mg/Nm^3），满足其分析精度及稳定性要求；烟尘浓度的常用值在 50 mg/m^3 左右，采用后向散射法烟尘浓度监测仪可以满足测量要求；烟气参数的监测可采用常规的温度、压力、流速一体化的流速仪检测；烟气湿度监测可采用阻容法在线湿度仪监测；烟气含氧量通常采用氧化锆氧分析仪，或在多组分红外分析仪中增加电化学氧电池监测模块。

（2）设计要点

烟气脱硫 CEMS 系统的设计主要包括：烟气取样及样品处理系统的设计，分析技术及仪器的选型设计，其他部分的系统成套，重点是取样及样品处理系统的设计，必须符合烟气脱硫工艺的工况条件及分析仪器对样品的要求。

1）取样及样品传输设计要点

选择适宜的脱硫前/后取样点是烟气脱硫 CEMS 设计重要环节，应充分了解所选取的取样点及其烟气工艺参数、测量组分的要求；取样点应具有代表性，符合环保标准的规定。

取样探头通常采用电加热过滤保温探头，取样探头的温度设定取决于脱硫烟气的温度及其酸露点，通常脱硫前烟气温度在 110～130 ℃；脱硫后烟气温度经 GGH 再加热的温度在 80 ℃左右。因此取样探头的加热温度设计在 150 ℃左右，完全可以保证在取样过程中烟气温度在酸露点之上，不会发生冷凝结露现象。过滤器采用碳化硅或不锈钢烧结过滤器，一般过滤精度达到 2～5 μm。

为防止取样探头被烟尘堵塞，采用预加热的压缩空气定期对探头脉冲反吹，反吹时分别对过滤器进行内吹及外吹。应防止用冷压缩空气反吹，造成探头过滤器局部温度降低，导致烟气产生冷凝水与烟尘结合堵塞过滤器。对样气传输管线加热，也应防止由于局部加热部件损坏导致的“冷区”造成冷凝水产生。由于烟气 SO_2 溶解于冷凝水，生成稀硫酸将会严重腐蚀管线及部件，同时由于烟气 SO_2 溶解于水，还会造成被测 SO_2 浓度降低，产生分析误差。

2）样品处理系统设计要点

脱硫前/后的烟气含尘量及含湿量是样品处理系统设计的重点。脱硫前原烟气的取样点一般选在除尘设备及风机之后，如果除尘设备是三电场的静电除尘器，其除尘出口的烟尘浓度一般在 200 mg/Nm^3 左右，如果采用了布袋除尘器，则烟尘浓度只有 20～50 mg/Nm^3，原烟气的 SO_2 浓度受燃煤煤种（高硫煤、低硫煤或混合煤）及负荷的影响，一般在 3 000～4 000 mg/Nm^3。脱硫后的烟尘浓度在湿法脱硫中一般略有下降，而湿法脱硫由于脱硫效率高达 95% 以上，最高可达98%,因此脱硫后的SO_2浓度≤100 mg/Nm³,甚至可低达50 mg/Nm³。

由于湿法脱硫的烟气经过洗涤塔后,处于饱和水气状态,虽然经过两次除雾,并通过GGH将烟气温度升到80 ℃左右,但是在净烟气中仍存在液滴,含水分量也很高。因此针对脱硫后的样气处理,应通过气溶胶过滤器去除烟气中的液滴并进一步除尘,通过两级除湿器将烟气露点降低到2~3 ℃,再通过膜式过滤器进行精过滤,包括再次除去微小雾滴。这样可以确保烟气干燥不含水分,保证分析仪器的要求。

3)二氧化硫分析器的选型设计

二氧化硫在线分析技术有红外光谱技术,包括非分散红外、气体过滤相关、傅里叶变换红外光谱;紫外光谱技术,包括紫外吸收、紫外荧光;电化学分析技术等。常用的二氧化硫在线分析仪器大多采用非分散红外气体分析仪。

脱硫CEMS要求对SO_2的测量,具有较高的准确度及稳定性。分析仪器应满足低浓度SO_2的测量要求,对脱硫后SO_2的测量范围,其测量量程应选择在300 mg/Nm³左右(适用新建电厂),最大不超过500 mg/Nm³(适用现有电厂的改造),线性误差应不大于±2%;零点漂移及量程漂移应不大于±2%/7 d。

低浓度SO_2的测量,应采用高灵敏度的红外吸收法仪器,关键是消除烟气含水分对SO_2的干扰,如果将烟气含水量降低到-20 ℃露点左右,完全可以消除水分的干扰。有的红外分析仪可以同时测量烟气中的SO_2和H_2O,在SO_2测量结果中扣除水分的影响。

对低浓度SO_2的测量,也可采用紫外差分吸收法光谱仪器,该仪器配套热湿法采样处理系统,由于水分几乎不吸收紫外光,可以消除水分的影响。

4)脱硫后烟气含尘量及含水分量的监测分析

对脱硫后烟气含尘量及含水分量的监测也有较大难度,对低含尘量的监测,采用后向散射法测量灵敏度较高,可能存在的问题是烟气中含有较多液滴,直接影响对烟尘的检测。

对脱硫后高含量水分的测定,由于液滴及烟尘对传感器的腐蚀及堵塞,会影响其测量结果,目前采用的阻容法湿度计测量烟气水分,采取了加热及反吹等保护措施,使传感器的寿命得到延长,但是阻容法的测量误差较大。干湿氧计算法对含湿量的测量在国外应用比较普遍,特别是在抽取法中,用同一台氧化锆氧分析器测量除湿前后的干湿氧计算水分含量,其测量比较准确。

5.3.2 烟气脱硫后CEMS的技术难点

由于烟气脱硫工艺的持续改进,脱硫效率的提高,烟气排放二氧化硫浓度降低以及其他参数的变化,使得脱硫后烟气分析的技术难度增加。例如湿法烟气脱硫后存在的烟气温度低、含湿量高、净烟气SO_2含量低增加了检测难度,特别是湿法脱硫如果取消了GGH,则会使净烟气的监测难度更大。其主要技术难点分析如下。

(1)高湿度下烟尘监测难点分析

湿法烟气脱硫吸收塔后,虽然经过两级雾化器除去烟气中的大部分液滴,但烟气中的液滴含量仍在75 mg/Nm³左右。此外,湿法脱硫对原烟气中的烟尘也具有洗涤除尘作用,净烟气中的烟尘量较低并混有液滴。采用电除尘器的原烟气烟尘浓度大约在200 mg/Nm³左右,采用布袋除尘器的原烟气烟尘浓度很低,可达到20 mg/Nm³,净烟气在这种情况下,无论采用光学透射法或散射法烟尘测量仪器,烟气中液滴造成的测量误差影响难以克服,这种情况下的烟尘浓度监测结果与参比法对照的误差较大。

对高含湿量、低浓度,含有液滴的烟尘浓度检测,特别是低于 50 mg/Nm^3 的情况下,是脱硫后烟尘检测的技术难点。目前只能是选择适宜的取样点,选择在管路中含液滴少的取样点,尽量减少对烟尘浓度检测的影响。

如果净烟气的含湿量比较稳定,要消除液滴的影响,可以通过对烟尘浓度的现场比对测量,按照实际比对检测的烟尘浓度值进行标定,以修正烟尘浓度测量误差。

另外,可以通过改变测量方法检测,如采用抽取法的 β 射线测尘仪。β 射线测尘仪能够直接测量烟尘浓度,是根据 β 射线穿过抽取的颗粒物后强度衰减的原理进行测定,不受烟气含水量的影响;在大气环境监测中,已经采用 β 射线测尘仪测定大气中颗粒物的含量,但目前尚无用于测量烟气颗粒物的在线 β 射线测尘仪。

(2)高湿度下低浓度二氧化硫监测难点分析

红外吸收光谱法存在水分对 SO_2 测量的干扰,特别是在低量程下,灵敏度降低及水分干扰的影响误差增大,给红外法测量低浓度 SO_2 带来困难。当净烟气 SO_2 含量达到 50 mg/Nm^3 以下时,如果采用 0 ~ 1 000 mg/Nm^3 量程测量 SO_2 含量,仪器零点漂移按 ±2% F. S. 计算,零点漂移的绝对量将达到 20 mg/Nm^3,其零点漂移误差是不能容忍的。

为解决脱硫后烟气低浓度 SO_2 的测量,可以采用高灵敏度的红外光谱仪器。如测量量程选在 0 ~ 200/300 mg/Nm^3,其线性误差及零点漂移为 ±2% F. S.,可以满足低浓度 SO_2 的测量要求。

目前,已经研制出能测量低浓度二氧化硫的紫外差分吸收光谱仪,其测量范围可达 0 ~ 200 mg/Nm^3,并且不受水分的干扰,但需将烟气样品加热并除去液滴。

(3)无 GGH 低温、高湿、低浓度烟气二氧化硫监测难点分析

烟气脱硫无 GGH 情况下的工况条件是净烟气的温度低到 45 ℃左右,烟气含湿量几乎处于饱和状态,烟气中含有液滴,对烟气的取样处理以及低浓度 SO_2 的测量提出新的要求。

对脱硫后净烟气的高含湿量的处理,可以采取多级除湿技术,包括采用气溶胶过滤器除去液滴,采用两级除湿环节使烟气的露点降低到 3 ~ 5 ℃,如果仍不能满足除湿要求,还可追加 Nafion 管干燥器,其最低露点可达 -20 ℃。

采取原位法监测低浓度二氧化硫的方法,如原位法测量的紫外差分吸收光谱仪从理论上可以克服含水分的影响,但在实际应用中,也存在水分和烟尘在原位安装的测量光窗上结垢,以及由于颗粒物和液滴影响测量光的强度,会造成灵敏度的下降,带来测量误差。

5.3.3　烟气脱硫 CEMS 技术方案分析

(1)冷干抽取法 CEMS 分析

烟气脱硫 CEMS 应用最为成熟方案是冷干法,其中,对 SO_2 及 NO_x 的监测,大多选用非分散红外光谱吸收法,也可以采用非分散紫外光谱技术及紫外荧光光谱技术。

第 2 章介绍的冷干法烟气 CEMS 的系统设计方法及流程,完全适用于烟气脱硫分析。脱硫前/后的烟气 CEMS 的集成设计包括:采样、传输、样气处理以及对污染物的监测系统。

冷干法脱硫烟气 CEMS 典型分析流程参见图 5.3。该系统采用三级除尘及二级除湿技术,探头反吹在取样探头处,标准气从探头处进入。分析仪器采用红外多组分分析(SO_2 及 NO)及氧分析器。

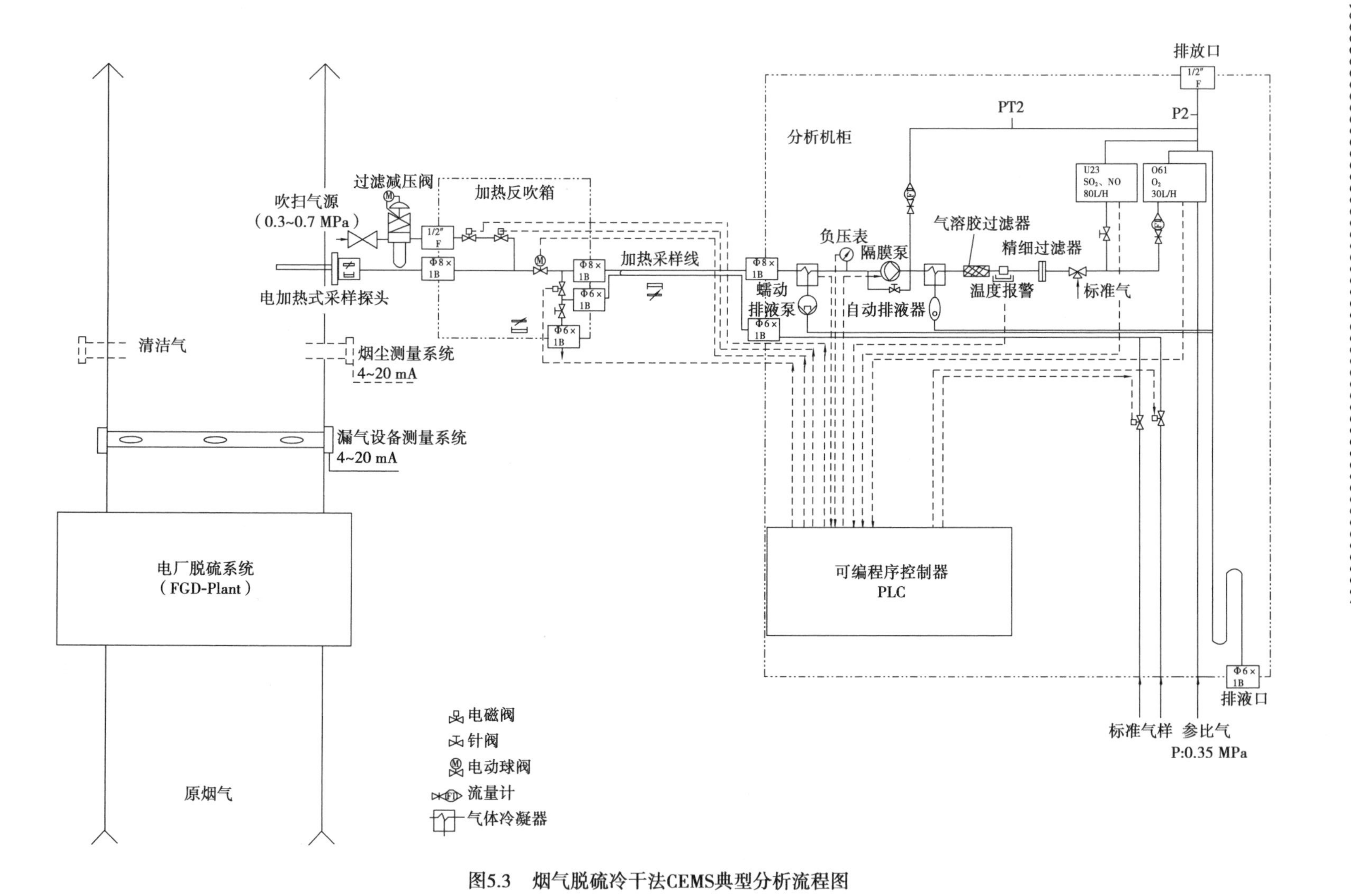

图5.3　烟气脱硫冷干法CEMS典型分析流程图

冷/干抽取法 CEMS 应用在脱硫前烟气中 SO_2 及 NO_x 的监测已经比较成熟，样气取样处理系统的设计，以及采用多组分分析仪器检测技术集成的分析系统完全满足使用要求。

对脱硫后的烟气监测存在高湿度、低浓度 SO_2 监测的技术难点，通过选择合适的高灵敏度、低漂移的红外分析仪器，或采用能检测低浓度 SO_2 紫外差分吸收光谱分析仪，也完全能解决低浓度 SO_2 的监测。

脱硫后的烟气监测，由于湿法脱硫工艺中，脱硫设备可能不采用 GGH，对无 GGH 的烟气温度很低，烟气温度约 45 ℃，并处于高湿状态，烟气中存在微细水滴，同时经过湿法脱硫处理后烟尘浓度也要下降，因此，低浓度的烟尘监测也有较大难度。目前大多采用后向散射法仪器监测烟尘浓度，必须通过参比方法进行现场比对，进行校正。

(2)稀释抽取法 CEMS 应用分析

近几年在国内烟气脱硫气态污染物的监测中，已经较少采用稀释抽取法 CEMS，特别是湿法脱硫后的烟气 SO_2 浓度很低，烟气湿度很大，烟气中含有液滴易于对稀释探头宝石小孔产生堵塞，影响稀释比。

由于稀释法适用于湿基测量，在某些应用场合中，烟气中含有易溶于水的被测气体时，采用大比例的稀释技术将被测样品气大比例稀释，烟气的抽取量很小，同时烟气中含尘量及水分也得到大比例稀释；样品气为正压输送，无冷凝水产生，无须采用加热传输管线，系统的腐蚀减少，过滤器的使用寿命长，不易堵塞；提高了系统的可靠性。

稀释法系统需要解决零空气的处理，同时需要采用灵敏度高的分析仪器。通常与稀释法配套的仪器采用紫外荧光法技术测量二氧化硫。

(3)原位法 CEMS 应用分析

采用紫外双波长差分吸收的插入式原位监测气体的 CEMS，可以克服水分、烟尘及其他气体对检测 SO_2 的干扰，并可以实现低浓度 SO_2 的测量。某国产紫外双波长差分吸收的插入式直接监测气体的 CEMS 测量范围可达 0 ~ 250 mg/Nm^3。

原位法 CEMS 比抽取法 CEMS 的结构简化，存在的不足主要是当烟气中的含水量大与烟尘结合易形成污垢，对分析气室或与烟道结合部的光窗表面可产生污染，造成测量灵敏度下降；另外，由于烟道振动的影响，也容易造成测量的漂移。

(4)新排放标准实施后的烟气脱硫 CEMS 前景分析

《火电厂大气污染物排放标准》(GB 13223—2011)对燃煤锅炉烟气排放的二氧化硫含量有了更为严格的规定，按照烟气脱硫的效率要求，湿法脱硫效率可达到 95% 以上，也就是净烟气的二氧化硫可以达到排放标准 100 mg/Nm^3 以下，甚至可达到 50 mg/Nm^3 以下。这样对净烟气二氧化硫的测量范围要求达到 0 ~ 200/400 mg/Nm^3。现有的测量范围在 0 ~ 1 000 mg/Nm^3 的普通红外等分析仪器已不适用，需要采用高灵敏度的微量检测红外分析仪或紫外差分光谱仪等检测净烟气的二氧化硫。由于脱硫后的净烟气含湿量高，对取样处理系统的要求，特别是除湿的要求也要提高。预测在新标准实施后，现有的部分脱硫后净烟气的 CEMS 将面临重新检验及更新换代。

5.3.4 烟气脱硫抽取式 CEMS 系统设计案例

(1)某电厂 CEMS 脱硫前后的烟气工况条件

1)工程概况

重庆某新建电厂装机规模为 2×330 MW 燃煤机组,配备 2×1 025 t/h 锅炉,锅炉设计烟气量(单台):1 356 881 Nm^3/h(湿),为减少 SO_2 排放量,采用一炉一塔石灰石-石膏湿法全烟气脱硫系统。

每台锅炉炉后配置一套脱硫除尘及输灰系统,系统均为露天布置。所提供的 CEMS 设备分别应用于 1、2 号炉脱硫塔 FGD 入口和出口烟气连续监测。

2)增压风机出口烟气设计参数

温度:118 ℃。

压力:3.29 kPa(G)。

湿度:8.5% V。

SO_2:3 339 mg/Nm^3(干,6% O_2)。

O_2:6.09%(V,干)。

烟尘:200 mg/Nm^3(干,实际 O_2)。

流量:1 356 881 Nm^3/h(湿)。

3)GGH 出口净烟气设计参数

温度:80 ℃。

压力:1.49 kPa(G)。

湿度:11.38% V。

SO_2:166.5 mg/Nm^3(干,6% O_2)(注:新标准 GB 13223—2011 中,重庆地区新建燃煤锅炉二氧化硫限值为 200 mg/Nm^3)。

O_2:6.11%(V,干)。

NO_x:650 mg/Nm^3(干,6% O_2)。

烟尘:39.8 mg/Nm^3(干,实际 O_2)。

流量:1 406 711 Nm^3/h(湿)。

4)烟道几何尺寸

监测点处烟道尺寸:进出口 高 9.5 m、宽 4 m。

(2)某电厂烟气脱硫 CEMS 的技术方案

该系统包括烟气采样系统、样品处理系统、气体分析系统、反吹校准控制系统和烟尘仪,有单独的 PLC 数据处理系统,并连接到脱硫 DCS。

该项目要求每台炉子脱硫塔 FGT 出入口各设 1 套 CEMS 系统,2 台炉子共需配 4 套 CEMS 系统。监测的项目包括:SO_2、NO_x、O_2、压力、流量、温度、湿度、烟尘浓度(工况)。

每台炉子安装数量:入口 SO_2 与 O_2 的双组分分析仪(1 套),出口 SO_2、NO_x 与 O_2 的三组分分析仪(1 套),湿度计(出口 1 套),烟尘仪(出入口各 1 套),压力、流量和温度(出入口各 1 套)。数据采集 DAS 处理系统 1 套。

烟气脱硫 CEMS 仪器配置及性能要求见表 5.2。

表 5.2　烟气脱硫 CEMS 仪器配置及性能要求

序号	名称	测量采样方法		量程	备注
1	烟尘仪	光散射法		0～100 mg/Nm^3	工况数值
2	SO_2 分析仪	伴热采样法	红外法	出口 0～400 mg/m^3 入口 0～4 000 mg/m^3	干态数值
3	NO_x 分析仪		红外法	0～1 000/2 000 mg/m^3	干态数值
4	干氧量 O_2		电化学法	0～25%	体积百分比

仪表的输出单位：SO_2 和烟尘浓度监测数据必须以 mg/m^3 计；O_2 含量以% 计（体积百分比）。

提供的 CEMS 系统除自我诊断功能外还应具有自动校正压力、调零、量程超限报警、低流速报警、主维护报警、样气湿度报警以及紧急状态下自动保护分析仪系统的功能等。

所有户外安装的仪表，防护等级不低于 IP65。分析仪有电源、系统故障报警接点输出，并在脱硫 DCS 上报警；分析仪的校正、冷凝液排放等操作为全自动；分析仪有温度、压力补偿功能以保证稳定的测量精度；采样管采用耐腐蚀、不易破裂的材质；分析仪柜安装在分析小房内，能适应当地的气候条件。

5.4　燃煤烟气脱硝技术简介

烟气脱硝又称烟气脱氮，是目前 NO_x 控制措施中最重要的方法。烟气脱氮技术主要包括：选择性催化还原法（SCR）、选择性非催化还原法（SNCR）等。其中选择性催化还原法（SCR），是燃煤电厂及其他固定污染源脱硝应用的主要技术，也是目前国内外烟气脱硝主要推广应用的技术。

5.4.1　选择性催化还原（SCR）烟气脱硝工艺

（1）SCR 脱硝工艺流程及反应原理

SCR 脱硝反应原理参见图 5.4。

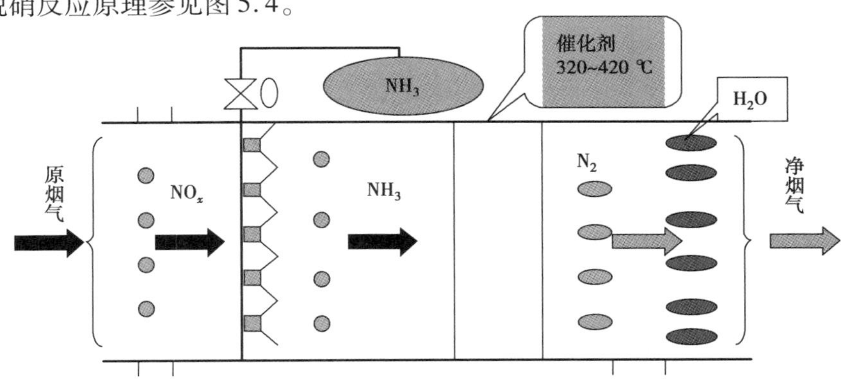

图 5.4　SCR 脱硝反应原理示意图

在催化剂上游的原烟气中喷入氨气（NH_3），利用催化剂将烟气中的 NO_x 转化为氮气和水。通常使用液态无水氨或氨的水溶液，先使氨蒸发与稀释空气或烟气混合，通过格栅喷入SCR 反应器上游的烟气中，其脱硝主要反应方程式如下：

$$4NO + 4NH_3 + O_2 \rightarrow 4N_2 + 6H_2O$$

$$2NO_2 + 4NH_3 + O_2 \rightarrow 3N_2 + 6H_2O$$

SCR 的工艺流程主要是由氨气及空气供应系统、氨气及空气喷雾系统、催化反应器等组成。液氨由槽车运送到液氨贮槽，输出的液氨经蒸发器后变成氨气，将之加热到常温后送氨气缓冲槽备用。缓冲槽的氨气经减压后送到氨气/空气混合器中，与来自送风机的空气混合，通过喷雾格栅喷嘴喷入烟气中，并与之充分混合，继而进入催化反应器。当烟气流经催化反应器的催化层时，氨气和 NO_x 在催化剂的作用下将 NO 及 NO_2 还原成 N_2 和 H_2O。NO_x 的脱除效率主要取决于反应温度、NH_3 和 NO_x 的化学计量比、烟气中的氧气浓度、催化剂的性质和数量等。

（2）SCR 脱硝设备的布置方式

SCR 系统的布置方式有 3 种：高温高尘布置方式、高温低尘布置方式和低温低尘布置方式。

①高温高尘布置方式（HD-SCR）是目前应用最广泛的一种，SCR 反应器的安装位置选择在燃煤锅炉的省煤器和空气预热器之间，进入反应器的烟气温度为 300 ~ 400 ℃，SCR 反应器的催化剂成分为 $TiO_2/V_2O_5/WO_3$，催化剂处于高温高尘烟气中，高温有利于催化反应，高尘使催化剂的工作条件恶劣，磨刷严重，寿命将会受到影响。

②高温低尘布置方式（LD-SCR）是指 SCR 反应器的安装位置选择在省煤器后的高温电除尘器和空气预热器之间，该布置方式可以防止烟气中的飞灰对催化剂的污染和对反应器的磨损与堵塞，其缺点是电除尘器在 300 ~ 400 ℃的高温下运行条件差。

③低温低尘布置方式（或称尾部布置）（TE-SCR）是将 SCR 反应器的安装位置布置在除尘器和烟气脱硫系统之后，催化剂不受飞灰和 SO_2 的影响，但由于烟气温度低，需要通过加热器将烟温提高到催化剂的活性温度，会增加能源消耗和运行费用。

典型的 SCR 高温高尘布置方式参见图 5.5。

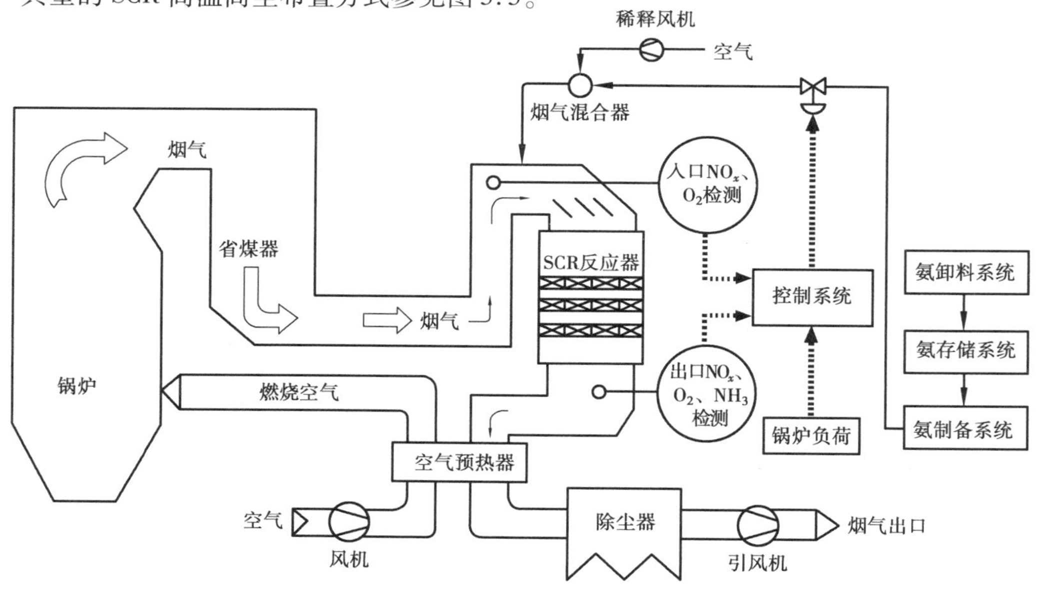

图 5.5　SCR 高温高尘布置方式图

(3) SCR 可能存在的问题分析

①氨泄漏，又称氨逃逸，是指未反应的氨排出系统，造成二次污染，采用合理的设计通常可以将氨的泄漏量控制在 5 ppm 以内。

②当燃用高硫煤时，烟气中部分 SO_2 将被氧化成 SO_3，这部分 SO_3 以及烟气中原有的 SO_3 将与 NH_3 进一步反应生成氨盐，从而造成催化剂中毒或堵塞。

③飞灰中的重金属（主要是 As）或碱性氧化物（主要有 MgO、CaO、Na_2O、K_2O 等）的存在会使催化剂中毒或活性显著降低。

④过量的 NH_3 可能和 O_2 反应生成 N_2O，尽管 N_2O 对人体没有危害，但 N_2O 是造成温室反应的气体之一。

以上这些问题可以通过选择合适的催化剂、控制合理的反应温度、调节理想的化学计量比等方法使危害降到最低。

5.4.2　选择性非催化还原（SNCR）烟气脱硝工艺

(1) 工艺原理

SNCR 工艺是向高温烟气中喷射氨或尿素等还原剂，将 NO_x 还原成 N_2，其主要化学反应与 SCR 法相同，一般可获得 30% ~50% 的脱硝率。SNCR 系统中氨或尿素与 NO 的还原反应如下：

$$2NO + 2NH_3 + 1/2\ O_2 \rightarrow 2N_2 + 3H_2O$$

$$2NO + CO(NH_2)_2 + 1/2\ O_2 \rightarrow 2N_2 + CO_2 + 2H_2O$$

(2) 工艺流程

以尿素为还原剂的 SNCR 系统工艺流程示意图参见图 5.6。

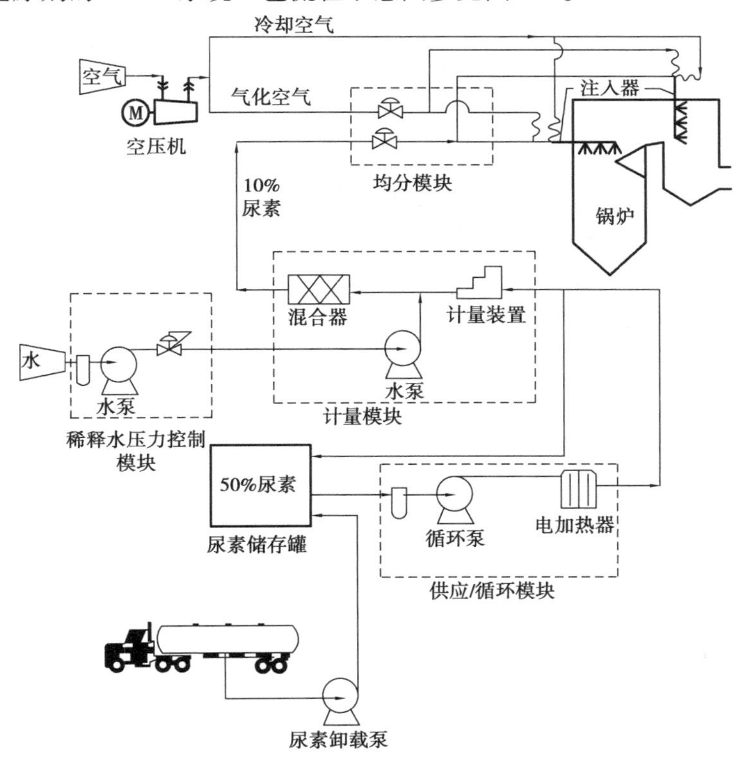

图 5.6　尿素 SNCR 系统工艺

火电厂 SNCR 烟气脱硝系统一般采用尿素为还原剂,系统主要由尿素溶液储存与制备、尿素溶液输送、尿素溶液计量分配以及尿素溶液喷射等设备组成。以液氨和氨水为还原剂的脱硝系统一般适用于中小型锅炉。

SNCR 系统烟气脱硝包括 4 个基本过程:接受和贮存还原剂;还原剂的计量输出、与水混合稀释;在锅炉合适位置注入稀释后的还原剂;还原剂与烟气进行脱硝反应。氨的最佳反应温度是 870 ~1 100 ℃;尿素的最佳反应温度是 900 ~1 150 ℃。

氨的逃逸原因:一是由于喷入点的烟气温度偏低影响氨与 NO_x 的还原反应;另一个原因是喷入的还原剂过量或还原剂分布不均匀所引起的。如喷入的氨不充分反应,则逃逸的氨不仅会使烟气中的飞灰易于沉积在锅炉尾部的受热面上,同时遇到 SO_3 会生成 $(NH_4)_2SO_4$,容易造成空气预热器的堵塞,并有腐蚀的危险。

5.4.3 SNCR-SCR 混合烟气脱硝工艺

SNCR-SCR 混合烟气脱硝是把 SNCR 工艺将还原剂喷入炉膛,同 SCR 工艺利用逃逸氨进行催化反应结合起来,把 SNCR 工艺的低费用特点,同 SCR 工艺的高效率、低的氨逃逸率特点结合起来。在 SNCR-SCR 系统里,SNCR 所产生的氨可以作为下游 SCR 的还原剂,由 SCR 进一步脱除 NO_x,同时减少了 SCR 催化剂的使用量,降低了成本。

SNCR 体系可向 SCR 催化剂提供充足的氨,但是控制好氨的分布以适应 NO_x 分布的改变却是非常困难的。为了克服这一难点,混合工艺需要在 SCR 反应器中安装一个辅助氨喷射系统,通过试验和调节辅助氨喷射可以改善氨气在反应器中的分布。SNCR 与 SCR 混合工艺可以达到 40% ~80% 的脱硝效率。

SNCR 与 SCR 混合烟气脱硝工艺流程见图 5.7。

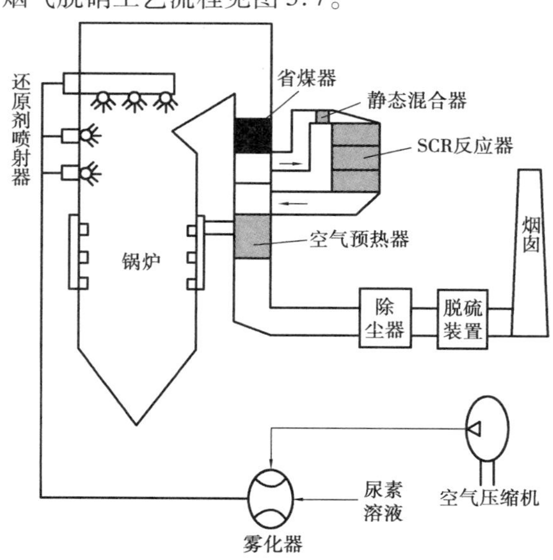

图 5.7 SNCR-SCR 工艺流程示意图

5.5　烟气脱硝 CEMS 的设计与应用

5.5.1　烟气脱硝 CEMS 中的分析技术

烟气脱硝 CEMS 分析氮氧化物的技术主要有：

①红外光谱技术，包括非分散红外分析技术（NDIR）、气体过滤相关红外分析技术（GFC-NDIR）、傅里叶变换红外光谱分析技术（FTIR）。

②紫外光谱技术、紫外差分光学吸收光谱（DOAS）。

③化学发光技术及电化学技术等。

在抽取采样法系统中常用的 NO_x 检测技术是非分散红外分析技术（NDIR）、气体过滤相关红外分析技术（GFC-NDIR）和紫外光谱技术。

烟气中 NO_x 主要是 NO 及 NO_2，NO 的含量一般占到 90% 以上。应用红外光谱及紫外光谱分析仪器的测量对象是 NO。对于 NO_2 的监测，大多是通过氮氧化物转换炉将 NO_2 转换为 NO 后进行测量，从而测得 NO_x 的总量，采用 NO_x 的总量减去不通过转化炉单独检测的 NO 含量就可以得到测量 NO_2 的浓度。

在稀释采样法系统中经常采用化学发光法仪器测量 NO_x。化学发光法技术测量灵敏度高，其检出限低至 0.1 μmol/mol。

在原位法直接测量 NO_x 的系统中，主要采用紫外差分吸收光谱技术（UV-DOAS）。

在脱硝出口的净烟气测量中，除测量氮氧化物外，还需要测量微量的氨逃逸量。微量氨含量很低（约 3 ppm）且易溶于水，其测量难度较大，大多采用激光气体光谱法原位测定；也可以采用催化还原-化学发光法及热湿法傅里叶变换红外光谱法（FTIR）采样测定。

5.5.2　烟气脱硝 CEMS 的设计

（1）烟气脱硝 CEMS 的取样设计及分析方案

由于 SCR 反应器位于锅炉省煤器出口的高温、高尘段，处理的锅炉烟气量达 100%，因此脱硝 CEMS 的工况条件较为恶劣。

1）脱硝入口原烟气分析

取样点烟气温度达 350 ℃左右，烟尘含量最高达 30 g/Nm^3 左右，氮氧化物的含量与燃煤锅炉燃烧的煤种有关，一般大于 400 mg/Nm^3。在 SCR 入口侧检测 NO_x，从分析技术来看没有问题，难点主要在于必须采用高温取样探头，探头的加热温度应达到 300 ℃以上，由于烟气的酸露点约在 180 ℃，因此传输管线应保温在 180 ℃以上（最好在 200 ℃），这不同于脱硫的烟气取样。另外在除尘技术必须采取多级除尘技术，以满足分析仪器的要求。

脱硝入口原烟气要求监测氮氧化物和氧，分析方案如下：

①采用冷干法 CEMS，选用非分散红外分析器测量氮氧化物，电化学传感器测氧，这是比较成熟的方案。

②采用原位法 CEMS，选用紫外光谱仪测量氮氧化物，氧化锆探头测氧。

③也可以采用稀释抽取法 CEMS,选用化学发光法 NO_x 分析仪,可同时测量气体中的 NO、NO_2、NH_3 等

2)脱硝出口净烟气分析

脱硝出口净烟气要求是监测低浓度氮氧化物和微量氨逃逸量。取样点的工况条件也很恶劣,依然存在高温、高尘,同时存在高湿及高腐蚀,由于 SCR 催化剂在高温下工作(最高达 450 ℃),烟气与氨水在催化反应后生成 N_2 和 H_2O,因此净烟气中含水量较高,腐蚀性较强,加上氮氧化物浓度要求低于 100 mg/Nm^3,微量氨逃逸量要求控制在 3 μmol/mol 左右,而微量氨又极易溶于水,这些对抽取法采样处理提出了苛刻的要求。

如果脱硝后的净烟气只要求测量氮氧化物,分析方案基本与脱硝入口相同,但须注意,对脱硝出口的烟气采样应增加除氨及铵盐环节,这是由于脱硝出口的烟气中含有 SO_2、SO_3、NO、NO_2 等酸性成分,会与逃逸氨发生反应,生成复杂的铵盐化合物,对采样系统造成堵塞。

对脱硝出口逃逸氨的监测,技术难度较大,可供选择的技术方案有以下 3 种:

①采用原位型半导体激光光谱法测定微量氨,这是国内外广泛认可和普遍采用的方法。

②采用间接催化剂还原-化学发光法,同时测量 NO、NO_2、NH_3 在日本应用较多,在国内很少采用,使用的仪器日本 Horiba 公司和美国 Teledyne 公司均有产品。

③采用热湿型高温傅里叶红外光谱法,可以同时分析 NO、NO_2、NH_3 等多种组分。目前将 FTIR 用于脱硝监测的公司不多,主要有 GasMet 和 MKS 公司。

(2)SCR 测量氮氧化物的分析

燃煤电厂烟气中的氮氧化物主要是 NO 和 NO_2,一般情况下 NO 和 NO_2 的比例约为 9:1,即 NO 含量为 85% ~95%。燃煤电厂脱硝 CEMS 对氮氧化物的监测,通常只测量 NO,在计算氮氧化物排放总量时,如需考虑 NO_2 的影响量,则对测量的 NO 值进行修正。

但是在 SCR 出口的氮氧化物总量中,NO 和 NO_2 的比例不固定,有时可能达到 1:1,甚至 NO_2 的值更高。在 SCR 运行中,当喷入氨气后,NO 的值变化较大,和喷氨量成反比。但 NO_2 变化量不大,甚至在氨逃逸量较大的情况下,其浓度还有所增加。SCR 出口检测氮氧化物总量时,应考虑这种可能出现的 NO_2 浓度较高的情况,必要时应增设氮氧化物转换炉,将 NO_2 转换成 NO 测量;或者分别测量 NO 和 NO_2,并计算氮氧化物的总排放量,才能真实反映 SCR 的脱硝效率。

(3)脱硝 CEMS 常规监测参数及范围

脱硝装置入口主要检测 NO_x、O_2及烟气温度、压力等,其中含氧量的检测主要作用是监控脱硝装置的漏风率;烟气温度用于监控加入的氨流量,通常在 SCR 装置中,烟温超过 300 ℃才可以喷氨,否则不具备还原反应的条件,如果烟气温度低,氨不被还原,反而会和 SO_3 生成铵盐,降低催化剂的效果和使用寿命。还要检测入口、出口处的烟气压力差,可以得知催化剂层的压损和堵塞情况,为吹灰提供信息,同时还可以得知空气预热器的积灰和结晶情况。

(4)工况参数和测量范围

表 5.3 给出了典型的 SCR 脱硝反应器入口和出口各种污染物组分的含量和温压流参数。

表5.3　SCR 脱硝前后烟气工况

参数 / 位置	O_2 /%	CO_2 /%	H_2O /%	SO_2 /(mg·m^{-3})	NO /(mg·m^{-3})	粉尘 /(g·m^{-3})	温度 /℃	压力 kPa	流速 /(m·s^{-1})
脱硝前	3~5	10~15	5~10	3 000~5 000	500~700	20~30	300~450	102~105	10~15
脱硝后	4~8	10~15	6~12	3 000~5 000	100~200	20~30	300~450	-320~-100	10~15

脱硝 CEMS 分析组分的测量范围：

脱硝入口测量范围：NO：0~1 000~2 000 mg/m^3；O_2：0~25%。

脱硝出口测量范围：NO：0~300 mg/m^3；O_2：0~25%；NH_3：0~10×10^{-6}或0~20×10^{-6}（μmol/mol）。

根据《火电厂烟气脱硝工程技术规范　选择性催化还原法》（HJ 562—2010）的要求，采用 SCR 工艺的脱硝装置，脱硝出口的逃逸氨浓度要控制在2.5 mg/m^{3}以下，约3 ppmV。

5.5.3　烟气脱硝冷干法 CEMS 设计技术

对脱硝入口及出口的氮氧化物检测，采用红外光谱、紫外光谱或化学发光法分析仪都能满足要求。主要难点在于要解决高温、高尘、高湿、高腐蚀的取样处理问题。

（1）取样探头及高温传输管线设计技术

1）脱硝取样探头的设计

脱硝 CEMS 的取样需要采用专用的高温取样探头，通常脱硝前的取样可采用常规取样探头，但探头的加热温度必须在280~300 ℃，而不能用脱硫的取样探头（加热温度0~180 ℃）。

目前国内已有厂家生产适合脱硝用的高温取样探头，如南京埃森公司生产专用于脱硝的采样器。其可调温度为0~320 ℃，内部采样腔体以及采样探管材质为316 L，配备过滤精度为2 μm 的 SS316L 前置过滤器，探头内部为陶瓷滤芯。

脱硝后的取样探头除高温要求外，应增加除氨部件，主要是脱硝后的烟气与脱硝前不同，脱硝后会存在 NH_3 分子，当温度低于180~200 ℃时，NH_3 的存在会产生铵盐，使过滤器及采样管线在短时间内堵塞。因此在取样探头出口配有除氨罐和蠕动泵排液。

脱硝取样探头的内部结构见图5.8。脱硝采样管和取样探头的滤芯等部件采用耐高温的材料制造，温度控制在280~300 ℃；取样探头的样气出口紧连一个铵盐清洗瓶，内部装有特制的填充物，以扩大样气接触面积，铵盐沉积物会被冷凝液清洗掉。蠕动泵将溶解铵盐的冷凝液体排出。由于清洗瓶周围的环境温度较高，被测气体组分 SO_2，NO_x 丢失很少，可以忽略不计。清洗瓶的样气出口接加热传输管线。

烟气取样探头通过连接法兰、密封圈可靠地连接在烟道的取样点上。探头的前端可连接一根采样探管，样气通过采样探管汇集到样气采样器的加热过滤器腔体内，腔体内的2 μm 不锈钢过滤器（也可用陶瓷过滤器）对样气进行烟尘过滤，防止灰尘进入分析仪器。

反吹控制装置定期对采样探管和烟气取样探头的过滤器进行反吹，防止烟尘堵塞样气采样器探管及过滤器。系统可以通过 PLC 设置反吹间隔时间和吹扫时间。提供的反吹气体必须是干燥、无油、无水的仪表空气或氮气，在低温环境下应将反吹气预热，以防止反吹时降低加热腔内的温度，造成烟气结露使采样器发生故障。反吹气体的流向与样气的流向相反。

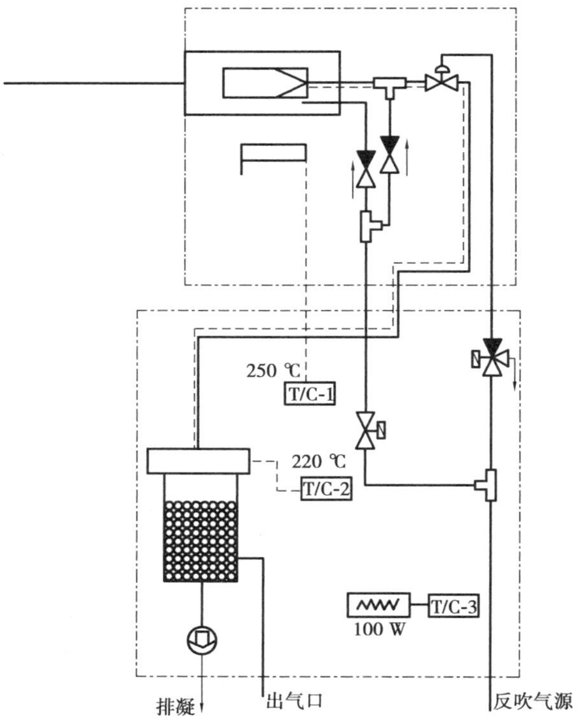

图 5.8　脱硝取样探头内部结构示意图

2)脱硝样气传输管线

脱硝样气传输管线必须保温在 180 ℃以上，脱硝前取样点烟气温度高达 300 ℃，烟气的酸露点在 180 ℃左右；脱硝后的烟气温度也高达 300 ℃以上，SCR 反应器催化剂工作温度在 320～420 ℃，喷入的氨与烟气中的 NO_x 转化为氮气和水分子，烟气的含水量相应会有所增加。烟气传输管线的温度低于 180 ℃，将会使烟气中的水分从气态变为液态，造成烟气中的 SO_3 及 NH_3 被水吸收生成稀硫酸及铵盐，腐蚀并堵塞管线。

必须注意不能采用脱硫 CEMS 的样气传输管线，对脱硝必须使用脱硝专用的加热保温管线。如南京埃森公司生产专用于脱硝的传输管线，其伴热管线采用大功率的加热装置，并用高效的保温材料将其恒温，管线中样气的加热温度可控制在 180～200 ℃，而伴热管线的外表面温度不超过 40 ℃。管线可弯曲半径为 0.3 m 左右，柔韧性好，外层为阻燃聚丙烯材料保护套，有很好的户外适应性。

(2)冷干法 CEMS 分析氮氧化物的流程设计要点

脱硝的冷干法 CEMS 分析流程与脱硫 CEMS 分析流程大同小异，主要区别如下：

①脱硝分析的取样探头及传输管线必须采用高温型，同时应注意对探头的反吹，要求反吹压缩空气应预加热，严防在反吹时将探头的局部降温。通常有两种方案，一种是反吹压缩空气源在取样探头现场处，需增加前级反吹的空气预热处理箱（包括反吹控制阀）将反吹压缩空气预热；另一种方案是压缩空气源在分析柜或分析小屋处，通过加热传输管线送到探头处，此时反吹空气已经预热。另外，SCR 出口探头带有专用的除氨盐装置，利用铵盐结晶可以溶解在烟气自身的水分中，并将其排除，不会造成探头及后面伴热管线处的结晶堵塞。

②脱硝的样气处理除尘设计，应采取多级除尘方案。一般的取样探头都设一级粗过滤器，采用陶瓷或不锈钢粉末冶金过滤器，过滤精度为 2～3 μm。由于脱硝取样点的含尘量高达 20～25 g/Nm^3，因此高温探头最好设有两级过滤，在直接伸入烟道的探头处设一级前置过滤器，滤除烟气中的大部分粉尘颗粒，当反吹时，直接吹进工艺管道，不会堵塞探头；在取样探头的外部设有外置的加热保温的陶瓷过滤器进行二级过滤，保证其过滤精度≤2 μm。烟气的后续除尘还要经过气溶胶过滤器及精细过滤器进一步除去烟气的细小的颗粒物及液滴。最后在进入分析器前经过膜式过滤器使烟尘粒度≤0.3 μm。

③脱硝的除湿方案设计，应至少采用两级除湿方案。由于脱硝烟气的含水量较高，必须采取两级除湿。样气的加热保温管线最好直接接到分析柜的第一级除湿器入口，经过快速制冷除湿，使样气从高温快速降温除水，然后再接到取样泵入口，经取样泵增压后通过二级除湿将烟气温度降到 3～5 ℃。

④应注意与烟气接触的管线、接头、阀件及其他部件的材质应耐腐蚀，所有接触烟气的材质应采用 316L 不锈钢，或玻璃、陶瓷、PTFE、PVDF、PFA 等材质。

5.5.4　氨逃逸量检测技术分析及典型产品简介

在 SCR 反应器出口，存在烟气高温（300～400 ℃）、高湿（水汽接近饱和）、高粉尘（20～25 g/Nm^3），以及 ABS（硫酸氢胺）易结露等问题，使氨的微量分析难度增大。表 5.4 是某燃煤发电厂 SCR 反应器出口的工况条件表。

表 5.4　某燃煤发电厂 SCR 反应器出口的工况条件表

烟气参数	温度/℃	表压/kPa	粉尘/(mg·m^{-3})	流速/(m·s^{-1})	水分/%	背景气体成分含量/%	
						SO_2	NO
最大值及单位	440	-100	50 000	15	12	1 500	250
典型值及单位	380	-280	20 000	12	8	1 327	65
最小值及单位	300	-320	10 000	10	6	800	30
测量参数	NH_3		测量量程		0～10 ppm		

对 SCR 反应器出口氨逃逸量的检测，大多采用激光原位测量方法，也有采用催化还原-化学发光分析法及傅里叶变换红外光谱法检测。

（1）激光原位法和采样法检测氨逃逸量

激光分析仪检测微量氨是基于在近红外波段 NH_3 的特征吸收光谱，NH_3 及 H_2O 在近红外波段的吸收谱图如图 5.9 所示。

采用激光气体分析仪检测 SCR 反应器出口的微量氨有原位安装和采样分析两种方式，两种方式各有优缺点，依据现场工况情况而定。

原位安装方式的显著优点是无须取样及复杂的样气处理系统，且无测量时间的滞后，国外检测 SCR 出口的氨逃逸量，大多采用原位测量方式。这种测量方式存在的主要问题是：

①激光分析仪安装在 SCR 出口附近高达数十米的钢质平台上，由于仪器的发射、接收探头直接安装在烟道壁上，易受钢制烟道振动及钢制烟道受温度变化发生形变等因素的影响，可能产生测量不稳定或不应有的指示漂移。

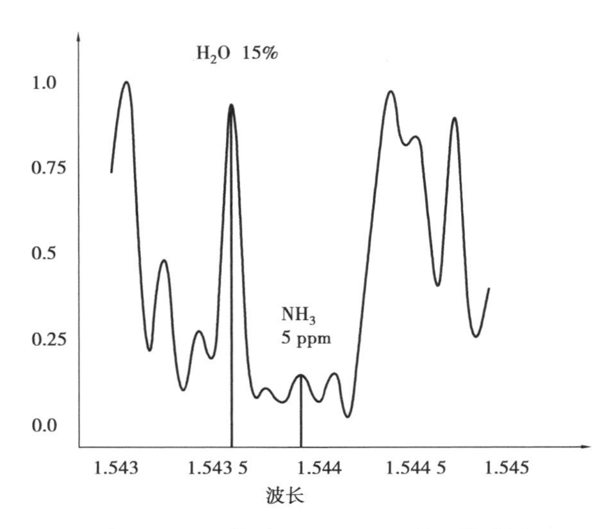

图 5.9　近红外波段 NH_3、H_2O 的吸收谱图

②不适合粉尘含量较高场合，我国燃煤锅炉烟气含尘量往往偏高，SCR 又处于锅炉省煤器出口的高尘段，粉尘含量过高导致光学窗口玻片很快污染，致使测量光束的透射率降低，影响测量的准确性。

③SCR 的喷氨是在锅炉省煤器出口和催化剂层之间，在催化剂层之后逃逸氨的分布并不是十分均匀的，氨逃逸量的检测应使激光光束贯穿整个烟道其测量结果才具有代表性，目前 SCR 反应器出口烟道最大尺寸长 8 m、宽 6 m，多数厂家的激光器功率不足 1 mW，仅能测量烟道 2 m 长的一小段距离，所得到的 NH_3 浓度值没有代表性。

采样分析方式的优点是适用范围广，粉尘含量较高场合仍然可以使用，维护和校准方便。其缺点是：

①样品处理难度大，特别是取样探头的除尘和全系统（探头、管线、测量气室）的加热保温问题，脱硝烟气中存在的 ABS（硫酸氢铵）易结露，酸露点高达 147 ℃，根据经验，系统加热保温温度应高达 200 ℃以上。

②可能存在微量氨吸附及测量滞后问题，导致测量数据失真。

（2）原位检测氨逃逸量的激光分析仪产品

目前国内燃煤电厂 SCR 原位测量微量氨使用的半导体激光气体分析仪产品主要有：德国西门子公司的 LDS6、西克麦哈克公司的 GM700、美国 LGR 公司的 ICOS、挪威纳斯克公司的 Laser Gas Ⅱ 系列及加拿大 Unisearch 公司的 LasIR R 系列等。

西门子 LDS6 激光气体分析仪如图 5.10 所示，该仪器激光光源安装控制器内，通过光纤技术可以实现一个控制器带 3 个测量探头。

Sick-Maihak GM700 激光气体分析系统具有单侧安装和跨烟道双侧安装两种。单侧安装探头（参见图 5.11）集成了发射和接收器单元，单侧安装相对双侧安装受烟道震动影响小，该仪器可在测量光路中添加 NH_3 参比气室作为参照物来“锁定”测量频率（波长），以防吸收峰的漂移。

加拿大 Unisearch 的 LasIR R 系列激光气体分析仪如图 5.12 所示。该系列激光气体分析仪中，测微量氨产品的激光器功率高达 14 ~ 20 mW，能够较容易地穿透高粉尘烟道，其光束设计也具有特色，有较强的抗颗粒物、液滴影响和抗震动漂移能力，在微量氨的监测已得到较好应用,其技术特点和应用实例见本章 5.5.6“激光原位测量氨逃逸量的应用案例”一节。此外,该公司还具有采样式激光分析仪,也采用光纤技术,检测气室为光线多返式结构,光程最长达 55 m。

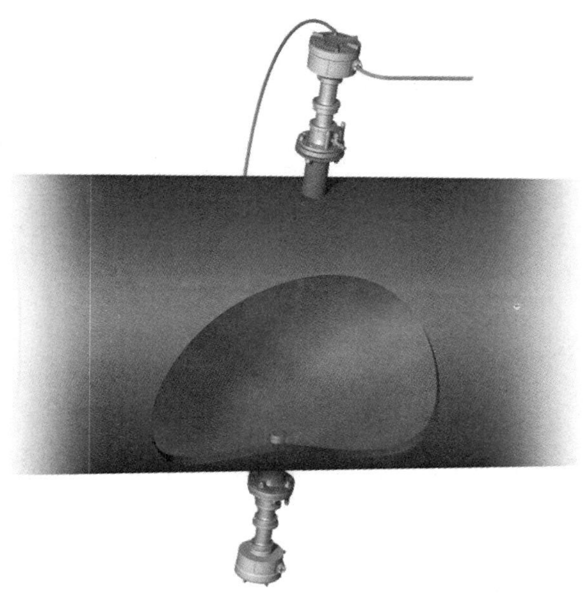

图 5.10　西门子 LDS6 激光气体分析仪测量示意图

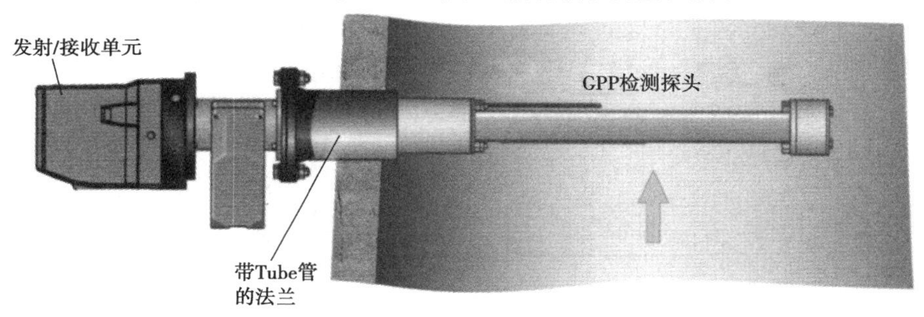

图 5.11　Sick-Maihak GM700 激光气体分析系统(单侧)

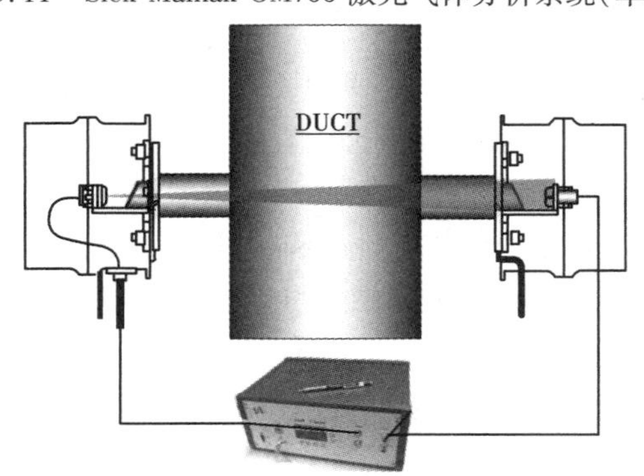

图 5.12　加拿大 Unisearch 的 LasIR R 系列激光气体分析仪

(3)采样检测氨逃逸量的激光分析仪产品

图5.13是杭州聚光公司研制的采样式脱硝烟气微量氨激光分析仪的外形图，该仪器采用多级过滤方式滤除了烟气中的大量粉尘，并且全程伴热到200 ℃以上，确保烟气中的水分不会冷凝，微量 NH_3 不会溶入液态水中或与 SO_3 发生反应而损失掉。

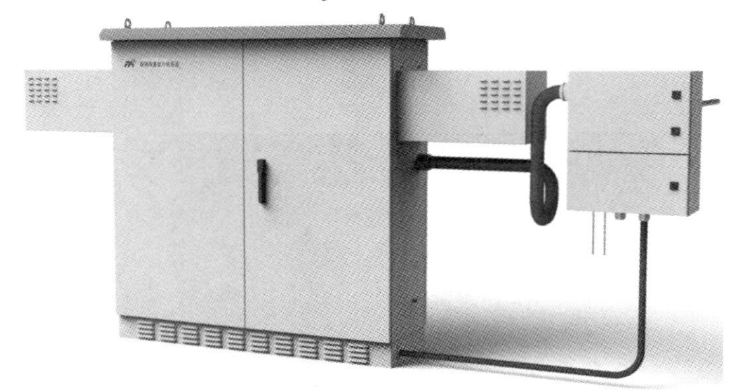

图5.13　聚光公司采样式脱硝烟气微量氨激光分析仪

(4)催化剂还原-化学发光间接法检测氨逃逸量

采用间接催化剂还原-化学发光法测量微量 NH_3 的原理，是在样品取样探头上设置催化剂通道及非催化剂通道，催化剂通道的反应器将样品中的 NH_3 定量还原，再通过化学发光法 NO_x 分析仪测定两个通道的 NO_x 浓度差值，即可计算出微量 NH_3 浓度值。其中非催化剂通道测量 NO_x，还原催化剂通道测量(NO_x—NH_3)。催化还原的化学反应与脱硝原理相同。

$$4NO + 4NH_3 + O_2 = 4N_2 + 6H_2O$$

图5.14是日本堀场适用于燃煤锅炉低烟尘脱硝的ENDA-C2000间接催化剂还原-化学发光法 NH_3 分析仪测量原理图。

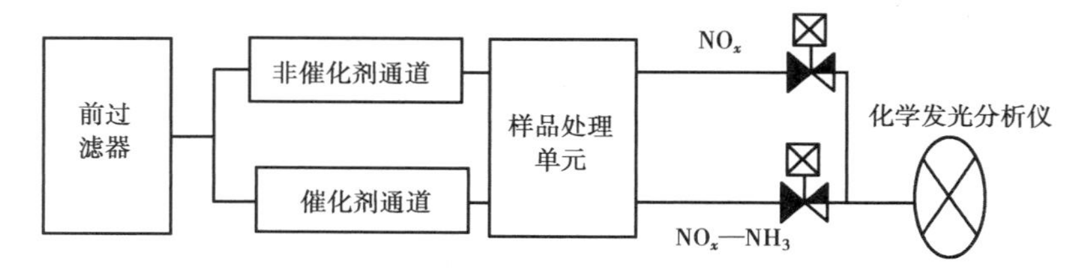

图5.14　催化剂还原-化学发光间接法 NH_3 分析仪的测量原理图

图5.15是该仪器采用的样气温度低于350 ℃的取样探头结构图。由采样管、探头前过滤器、催化剂、反吹型过滤网及反吹系统等构成。

日本堀场ENDA-C2000利用非催化剂通道和催化剂通道的 NO_x 浓度差通过交替流动调制方式，只使用一个化学发光分析仪检测，再通过计算获取 NH_3 浓度。该系统可同时测量 NO_x、NH_3 含量，NH_3 的测量范围为0~10 ppmNH_3。

还原催化剂使用与脱硝装置所使用的同种类的催化剂(组成蜂窝状结构)，确保了使用寿命和性能。取样探头的前处理装置将样气温度设定在350 ℃，并采用过滤加反吹系统，有效提高取样探头的耐久性。

(5)热湿法傅里叶变换红外光谱仪检测逃逸氨

热湿法傅里叶变换红外光谱仪(FTIR)可以同时检测多种组分，包括 SO_2、NO、NO_2、NH_3、

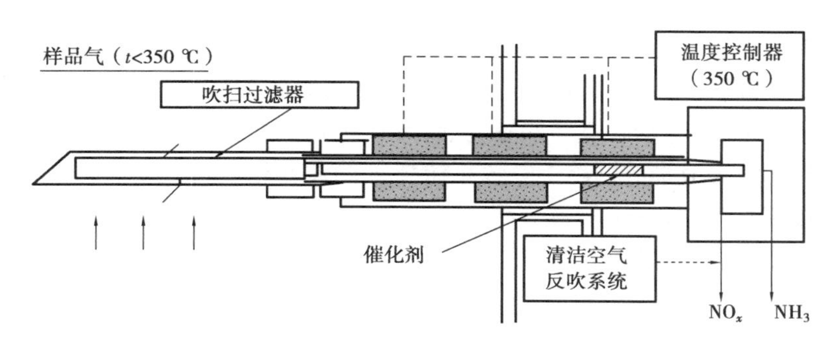

图 5.15　ENDA-C2000 带反吹的加热取样探头

HCl 等，也可检测脱硝反应器的 NO、NO_2、NH_3，由于价格较贵，目前在脱硝工艺中的应用不多。

FTIR 由取样、样品处理、傅立叶变换红外光谱仪等部分组成。

取样处理部分由高温取样探头、加热样气输送管线及气体处理单元等组成。气体处理单元包括：高温泵、高温切换阀、二次过滤器和流量计，所有部件均安装在恒温 180 ℃的机箱内。其中高温采样泵从烟道中抽取烟气，烟气经二次过滤器再过滤，除去超细烟尘，流量计对烟气流量进行监视。

5.5.5　烟气脱硝 CEMS 应用案例

以某火电厂烟气脱硝装置 SCR 脱硝工艺为例加以介绍。

(1) 工况条件

最大含尘量：100 g/Nm^3。

烟气温度：≤450 ℃。

取样点烟气压力：±0.05 MPa。

环境温度：-20 ~ +55 ℃。

大气压力：50 ~ 106 kPa。

相对湿度：≤90%。

现场无强烈振动。

(2) 分析参数及测量范围

脱硝入口 NO：0 ~ 1 000/2 000 mg/m^3；O_2：0 ~ 25%。

脱硝出口 NO：0 ~ 300/500 mg/m^3；O_2：0 ~ 25%；NH_3：0 ~ 10 ppm。

(3) 仪器配置

脱硝前及脱硝后的 NO 及 O_2 分析采用冷干法：非分散红外气体分析仪加电化学氧分析仪，微量氨分析采用原位式激光气体分析仪。本系统的分析机柜，原位激光气体分析仪的控制器，以及其他检测设备都安装在现场的分析小屋内。

(4) 对取样及处理单元的要求

1) 取样探头及样品传输管线

①采用专用的高温型电伴热取样探头，探头带有 2 μm 孔径过滤器，并加热保温至300 ℃，探头恒温控制在 300 ~ 320 ℃。

②样品输送管线采用高温型加热传输管缆，加热保温温度不低于 180 ℃，防止气体产生冷凝。

2）样气处理单元

样气处理单元包括：压缩机式除湿器（两级除湿）、耐腐抽气泵、气溶胶过滤器、带湿度报警的精细过滤器及压力、流量调节部件等，流路设计包括分析流路、快速放散回路、校准回路、探头反吹回路及废气废液排放回路等。该系统样气的过滤精度可达0.2～0.3 μm，第二级除湿的样气出口温度控制在2～3 ℃，符合分析仪器对样气干燥、洁净、流量稳定的要求，以确保红外分析器分析的准确性和长期可靠性。

（5）NO、O_2 分析仪及主要性能指标

型号：ULTRAMAT23（或其他型号红外气体分析仪）。

采样方式：抽取采样式。

校准方法：手动/自动（可以用空气校准）。

模拟输出：3 组 4～20 mA，750 Ω。

接点输出：6 点，24 VDC，1 A（测量/故障/报警/校准/反吹）。

配管连接：1/4 in ODtube。

安装方式：19 in 机架。

供电：220 VAC ±10%，50～60 Hz，最大功耗 35 V · A。

1）NO 通道

分析方法：红外吸收。

测量范围：脱硝前：0～1 000/2 000 mg/m^3 NO。

脱硝后：0～300/500 mg/m^3 NO。

采样流量：72～120 L/h。

零点、量程漂移：≤2% F. S. /周。

线性偏差：≤1% F. S. 。

重复性：≤1% F. S. 。

响应时间：≤10 s。

2）O_2 通道

分析方法：电化学。

测量范围：0～25% O_2。

线性偏差：≤1%。

重复性：≤0.2%。

氧电池寿命：约 3 年。

（6）NH_3 分析仪及主要性能指标

型号：LDS6（或其他型号激光气体分析仪）。

采样方式：原位测量。

测量范围：（0～10）×10^{-6} NH_3。

校准方法：内置校准回路，不需要外部校准。

响应时间：<1 s。

线性偏差：≤1% F. S. 。

精度：≤1% F. S. 或 2% 测量值。

激光光源寿命：10 年。

光程:1 ~ 12 m。

反吹气体:仪表风。

5.5.6　激光原位测量氨逃逸量的应用案例

(1)烟气脱硝工况

某电厂烟气脱硝工况参数见表 5.5。

表 5.5　烟气脱硝工况参数表

锅炉种类、数量	30 万 kW 燃煤锅炉 2 台
脱硝工艺	SNCR + SCR
烟道数量	4 个(1 个锅炉 2 个烟道)
烟道直径	长 8 m,宽 6 m,长方形钢烟道
烟气温度	约 400 ℃
粉尘浓度	30 000 ~ 50 000 mg/Nm^3
烟气中 NH_3 浓度	1 ~ 10 ppm,正常时 2 ~ 3 ppm

(2)应用激光原位测量氨逃逸量技术方案

该电厂是典型的 2 × 30 万 kW 燃煤锅炉,脱硝工艺采用 SNCR + SCR 串联工艺,1 个锅炉 2 个烟道,每个烟道 1 套 SCR,共 4 个 SCR 脱硝系统。采用 2 套双通道 RB210,1 套主机连接 2 个烟道光学端,RB210 主机放置在两个烟道中间的控制室,通过光缆和同轴电缆连接 2 个烟道。

对该电厂的氨逃逸量检测,采用加拿大 Unisearch 的 LasIR R 系列的双通道 RB210 NH_3 逃逸检测系统,其检测系统参见图 5.16。

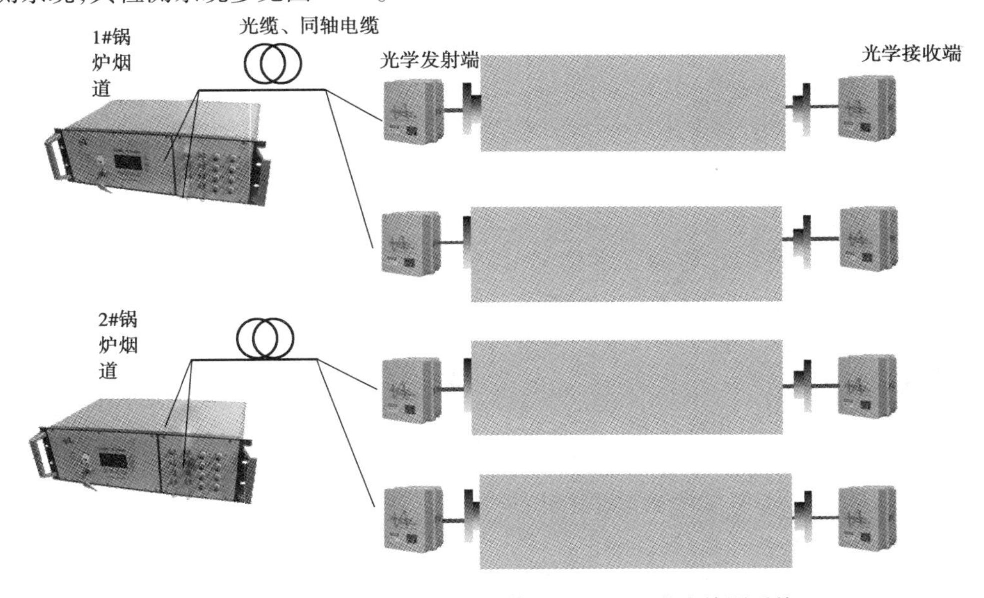

图 5.16　LasIR R 系列的双通道 RB210 NH_3 逃逸检测系统

该仪器的技术特点及典型测量数据如下。

1)采用对射式检测逃逸氨浓度的代表性好

该电厂的SCR脱硝后烟气中粉尘含量高达30 000~50 000 mg/Nm^3,烟道尺寸长8 m,宽6 m,对射式光学发射和接收探头安装在烟道8 m长边的中部,光束穿透6 m宽的烟道进行测量(扣除烟道保温层厚度,测量光程为4.5 m)。SCR的喷氨是在锅炉省煤器出口和催化剂之间,在催化剂以后逃逸NH_3的分布并不是非常均匀的,如果是在烟道的某一点(采用抽取式NH_3分析系统)或某一小段(采用对角安装的NH_3分析系统)所得到的NH_3浓度值都没有代表性,NH_3逃逸的检测只能采用贯穿整个烟道的对射式直接检测才真实并有代表性。

在美国,对8 m×6 m燃煤锅炉SCR出口烟道,是在8 m长边两侧分设4组探头,用4路激光穿越6 m宽烟道进行检测,他们认为这样测出的氨逃逸量才真实可靠并具有代表性,谨防氨逃逸量超过5 ppm以后堵塞空气预热器和SCR催化剂层而造成停车事故,国外的这种考虑和配置方式值得我们借鉴。

2)采用较大功率激光器保证高粉尘下的检测要求

RB210氨逃逸分析仪能够在高达50 000 mg/Nm^{3}粉尘工况下直接安装检测,其主要特色是采用14~20 mW功率激光器,能够非常容易地穿透整个高粉尘烟道。在如此高的粉尘以及高水分工况下,在SCR未喷氨时,分析仪的光谱基线非常平,基线噪声非常小,仪器的检测下限达到0.1 ppm以下(4.5 m光程),在喷射氨以后的实际检测,完全能够满足逃逸氨在3 ppm以内的检测要求。

3)采用特殊的发散形激光光束克服烟道震动/变形对接收的影响

由于激光分析仪的光学发射端的焦距可调,发射端发出的是某个发散角度的光束,到达接收端的光斑远大于接收端的聚焦镜头,烟道震动和变形不会导致光束偏离接收端。在锅炉停炉以及重新起炉的过程中,虽然烟道有一定变形,但是没有观察到分析仪数据的中断。

4)采用仪表风吹扫减少光学窗口污染

虽然烟道中的粉尘非常大,但是由于烟道中是负压,采取了外部空气引流以及仪表风吹扫光学端窗口方法,该电厂实践表明,近6个月运行,光学端窗口依然较干净,无须人工清洗光学端窗口。

5)采用直接吸收法测量技术

Unisearch公司激光分析仪采用的是直接吸收法技术,而不是2F(二次谐波)法。频率调制2f测量技术基于气体吸收信号的二次谐波,频率调制增加了检测的灵敏度,但同时造成仪器对于外部因素十分敏感,如传输返回信号的同轴信号线的长度影响以及电路信号的干扰。而直接吸收法是以朗伯-比尔定律为基础的,它的测量稳定性要比频率调制技术好。基于最新的快速电子信号处理技术的全新快速扫描直接吸收信号处理技术已经达到了2f频率调制同样的检测灵敏度。(据了解,日本横河公司的激光分析仪也采用了直接吸收测量法)

6)激光波长(频率)的漂移问题

分析仪主机内置NH_3标气参比池,激光器发出的激光分出2%~10%的光强到NH_3参比池,通过参比池的NH_3中心吸收谱线实时牢牢"锁定"激光器发出的激光波长范围,从而较好地克服了激光波长(频率)的漂移问题。

7)分析仪的校准

为满足仪器期校准的需要,提供了NH_3考核模块,考核模块内置NH_3标准气室,可以通过光纤的连接“串联”到分析仪与现场光学端之间的光纤中，可以比较考核模块标签浓度与分析仪显示浓度。如果浓度有偏差，用户可以据此校准分析仪。

8）测量数据

1#锅炉 A 烟道某段 30 min NH_3 逃逸测量数据，参见图5.17。该电厂由于采用的是 SNCR + SCR 串联的脱硝工艺，所以 NH_3 逃逸率比较低，基本上在 1 ~ 3 ppm。实践证明本检测系统完全能满足脱硝氨逃逸量，在高粉尘、高水分下的检测要求。

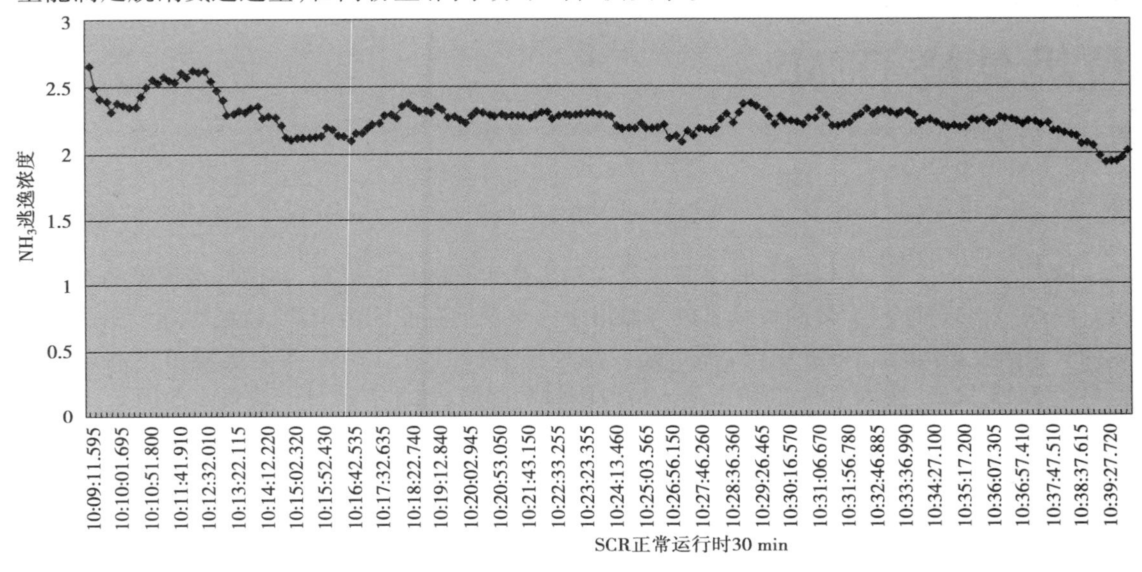

图5.17　某电厂1#锅炉 A 烟道某段 30 min NH_3 逃逸数据图表

第6章

垃圾焚烧 CEMS

随着经济的发展、人口的不断增多以及人民生活水平的日益提高,我国城市垃圾的产生量也日渐增多。现如今,大量的垃圾已成为城市中一个长期存在的污染源,垃圾对环境的污染也成为日益严重的问题。根据中国《城市建设统计年鉴(2017)》,2017 年全国城市生活垃圾清运量达 2.15 亿 t。我国 70% 的城市陷入垃圾围城的困境,如北京市日产垃圾 2.5 万 t,上海市日产垃圾 2 万 t,深圳市日产垃圾 1.7 万 t。我国无害化处理场(厂)为 1 013 座,其中垃圾焚烧厂数量为 286 座,垃圾填埋场 654 座,垃圾焚烧所占比例约为 43.8%。因此,城市生活垃圾减量化、无害化、资源化处理已越来越受到政府与公众的重视。

6.1 生活垃圾焚烧概述

生活垃圾处理方式主要是填埋和焚烧。焚烧是欧洲和日本处置城市生活垃圾的主要方式,荷兰、日本和丹麦城市垃圾焚烧所占比例分别为 76%、74.5% 和 56%。目前,我国垃圾处理仍以卫生填埋为主,以焚烧处理为辅。但是随着城市化进程的加快,城市土地越来越趋于紧张,国内大多数大型城市已经无力在市区范围内开辟一块合适的填埋场,而焚烧炉主体设备的国产化使得焚烧厂建设投资大大降低,这成为我国垃圾焚烧行业发展最大的推动力。根据《城市建设统计年鉴(2010 年)》,截止到 2009 年底,我国垃圾焚烧厂数量为 93 座,垃圾填埋场 447 座,垃圾堆肥厂 16 座,其他为一些综合处理厂,垃圾焚烧所占比例约为 12.9%。

焚烧具有减量化程度高、资源利用率高和占地面积小等优点。一般地,焚烧可以使垃圾体积减少 85% ~95%,质量减少 50% ~80%,垃圾中的病原体被彻底消灭,各种恶臭气体被高温分解,高温烟气可用于发电。但是,垃圾焚烧在减少固体废弃物危害的同时,也对大气环境带来了一定威胁。尤其是垃圾焚烧产生的二噁英,是目前为止发现的毒性最强的物质,另外还有 HCl、重金属、粉尘的污染问题。2001 年 1 月 1 日实施的《生活垃圾焚烧污染控制标准》(GB 18485—2001)对生活垃圾焚烧烟气中的污染物质做了限制性规定(表 6.1)。

表 6.1　GB 18485—2001 垃圾焚烧炉大气污染物排放限值

序号	项目	单位	数值含义	限值
1	烟尘	mg/m^3	测定均值	80
2	烟气黑度	格林曼黑度,级	测定值	1
3	一氧化碳	mg/m^3	小时均值	150
4	氮氧化物	mg/m^3	小时均值	400
5	二氧化硫	mg/m^3	小时均值	260
6	氯化氢	mg/m^3	小时均值	75
7	汞	mg/m^3	测定均值	0.2
8	镉	mg/m^3	测定均值	0.1
9	铅	mg/m^3	测定均值	1.6
10	二噁英类	ng TEQ/m^3	测定均值	1.0

随着环保工作的逐步推进和大批垃圾焚烧厂的建成,上述标准已经不能适应环境保护的要求。2014 年 7 月,发布实施的《生活垃圾焚烧污染控制标准》(GB 18485—2014),进一步提高了上述指标的排放要求(表 6.2)。

表 6.2　新建生活垃圾焚烧设施排放烟气中污染物排放限值

序号	污染物项目	限值	取值时间
1	颗粒物/($mg \cdot m^{-3}$)	30	1 h 均值
		20	24 h 均值
2	氮氧化物(NO_x)/($mg \cdot m^{-3}$)	300	1 h 均值
		250	24 h 均值
3	二氧化硫(SO_2)/($mg \cdot m^{-3}$)	100	1 h 均值
		80	24 h 均值
4	氯化氢(HCl)/($mg \cdot m^{-3}$)	60	1 h 均值
		50	24 h 均值
5	汞及其化合物(以 Hg 计)/($mg \cdot m^{-3}$)	0.05	测定均值
6	镉、铊及其化合物(以 Cd + Tl 计)/($mg \cdot m^{-3}$)	0.1	测定均值
7	锑、砷、铅、铬、钴、铜、锰、镍及其化合物(以 Sb + As + Pb + Cr + Co + Cu + Mn + Ni 计)/($mg \cdot m^{-3}$)	1.0	测定均值
8	二噁英类($ng \cdot TEQ \cdot m^{-3}$)	0.1	测定均值
9	一氧化碳(CO)/($mg \cdot m^{-3}$)	100	1 h 均值
		80	24 h 均值

6.1.1 生活垃圾焚烧炉的类型

焚烧炉主要包括3种:炉排炉、流化床和回转窑。欧洲90%以上的焚烧厂采用的垃圾焚烧炉技术是机械炉排焚烧炉;流化床焚烧炉和旋转窑焚烧炉虽有应用,但较少。日本大型城市垃圾焚烧厂基本采用机械炉排炉。在我国,54%的垃圾焚烧厂采用炉排炉,流化床和其他类型的焚烧炉所占比例分别为43%和3%。

(1)炉排炉

炉排炉技术成熟,运行稳定、可靠,适应范围广,绝大部分固体垃圾不需要任何预处理可直接进炉燃烧(图6.1)。尤其适用于大规模垃圾集中处理和垃圾焚烧发电(或供热)。垃圾在炉排上的焚烧过程大致可分为3个阶段:

第一阶段:垃圾干燥脱水、烘烤着火。针对目前我国高水分、低热值垃圾的焚烧,这一阶段必不可少。一般为了缩短垃圾水分的干燥和烘烤时间,该炉排区域的一次进风均需经过加热(可用高温烟气或废蒸汽对进炉空气进行加热),温度一般在200 ℃左右。这一阶段产生的主要气体是水蒸气和还原性气体(如CO、NH_3等)。

第二阶段:高温燃烧。通常炉排上的垃圾在900 ℃左右的温度范围燃烧。大部分垃圾在这一阶段燃烧,生成的气态污染物包括SO_2、NO_x、HCl等。

第三阶段:燃尽。垃圾经完全燃烧后变成灰渣,在此阶段温度逐渐降低,炉渣被排出炉外。

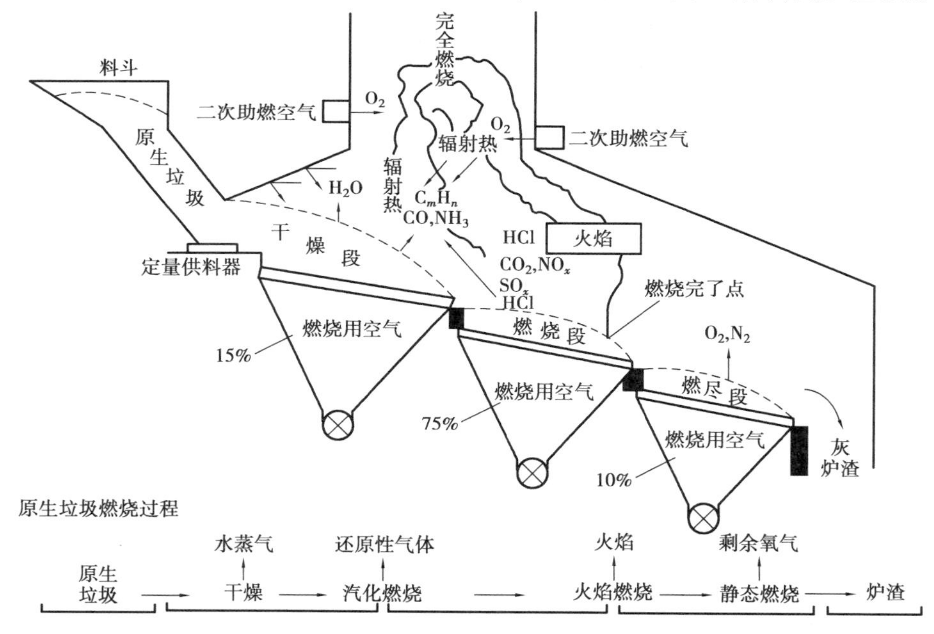

图6.1 机械炉排炉的概念图

燃烧温度和停留时间是影响炉排炉性能的主要参数。垃圾的燃烧温度是指垃圾中的可燃物质和有毒有害物质在高温下完全分解,直至被破坏所需要达到的合理温度。根据经验,该温度范围在800~1 000 ℃。垃圾焚烧的停留时间有两层含义。一是指垃圾从进炉到从炉内排出之间在炉排上停留的时间,根据目前的垃圾组分、热值、含水率等情况,一般垃圾在炉内的停留时间为1~1.5 s。二是指垃圾焚烧时产生的有毒有害烟气,在炉内处于焚烧条件进一步氧化燃烧，使有害物质变为无害物质所需的时间，该停留时间是决定炉体尺寸的重要依据。一般来说，在850 ℃以上的温度区域停留2 s，便能满足垃圾焚烧的工艺需要。

(2)流化床

流化床炉体较小，燃烧残渣少(约1%)，炉内可动设备少，可以对任何垃圾进行焚烧处理，其结构见图6.2。垃圾粉碎到20 cm以下后再投入炉内，垃圾和炉内的高温流动沙(650~800 ℃)接触混合，瞬间气化并燃烧。未燃尽成分和轻质垃圾一起飞到上部燃烧室继续燃烧。不可燃物和流动沙沉到炉底，一起被排出，混合物分离成流动沙和不可燃物，流动沙可保持大量的热量，因此流回炉子循环使用。

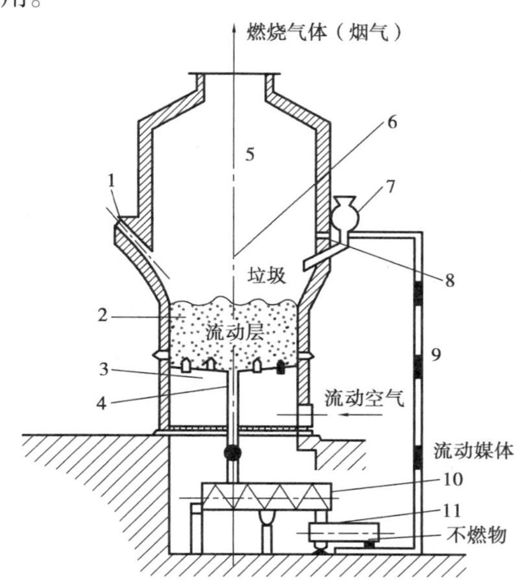

图6.2　流化床焚烧炉的结构

1—助燃器；2—流动媒体；3—散气板；4—不燃物排出管；5—二次燃烧室；6—流化床炉内；7—供料器；8—二次助燃空气喷射口；9—流动媒体(沙)循环装置；10—不燃物排出装置；11—振动分选

根据风速和垃圾颗粒的运动状况，流化床焚烧炉可分为固定层、沸腾流动层和循环流动层。

①固定层：气速较低，垃圾颗粒保持静态，气体从垃圾颗粒间通过。

②沸腾流动层：气速超过流动临界点的状态，从而在颗粒中产生气泡，颗粒被剧烈搅拌处于沸腾状态。

③循环流动层：气体速度超过极限速度，气体和颗粒之间激烈碰撞混合，颗粒在气体作用下处于飞散状态。

流化床的主要缺点是：对进炉的垃圾有粒度要求、耗电量大、除尘负荷高、操作技术要求高等。由于流化床焚烧炉主要靠空气托住垃圾进行燃烧，因此对进炉的垃圾有粒度要求，通常希望进入炉中垃圾的颗粒不大于50 mm，否则大颗粒的垃圾或重质的物料会直接落到炉底被排出，达不到完全燃烧的目的。所以流化床焚烧炉都配备了大功率的破碎设备，否则垃圾在炉内难以完全呈沸腾状态，无法正常运转。另外，垃圾在炉内沸腾全部靠大风量、高风压的空气，不仅电耗大，而且将一些细小的灰尘全部吹出炉体，造成锅炉处大量积灰，并给下游烟气净化增加了除尘负荷。流化床焚烧炉的运行和操作技术要求高，若垃圾在炉内的沸腾高度过高，则大量的细小物质会被吹出炉体；相反，鼓风量和压力不够，沸腾不完全，则会降低流化床的处理效率。因此需要非常灵敏的调节手段和相当有经验的技术人员操作。

(3)回转窑

回转窑可以通过调节转速,改变垃圾在窑中的停留时间,并且对垃圾在高温空气及过量氧气中施加较强的机械碰撞,能得到可燃物质及腐败物含量很低的炉渣,可处理的垃圾范围广,特别是在工业垃圾的焚烧领域应用广泛。其主要缺点是:垃圾处理量不大,飞灰处理难,燃烧不易控制,很难适应发电的需要,因此在垃圾焚烧中应用较少。

回转窑炉(图6.3)是一个带耐火材料的水平圆筒,绕着其水平轴旋转。从一端投入垃圾,当垃圾到达另一端时已被燃尽成为炉渣。圆筒转速可调,一般为0.75~2.50 r/min。回转窑由两个以上的支撑轴轮支持,通过齿轮驱转的支撑轴轮或链长驱动,绕着回转窑体的链轮齿带动旋转窑炉旋转;回转窑的倾斜角度可以通过上下调整支撑轴轮来调节,一般为2%~4%。

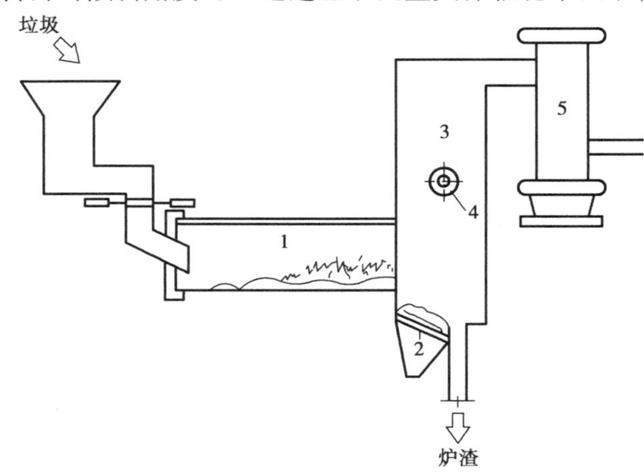

图6.3　回转窑示意图

1—回转窑;2—燃尽炉排;3—二次燃烧室;4—助燃器;5—锅炉

6.1.2　生活垃圾焚烧烟气中的主要污染物

城市生活垃圾成分复杂,主要包括厨余物、废纸、废塑料、废织物、废金属、废玻璃、陶瓷碎片、砖瓦渣土、废旧电池、废旧家用电器等。焚烧尾气中污染物质的产生及其浓度与生活垃圾的成分、燃烧速率、焚烧炉型式、燃烧条件、生活垃圾进料方式都有着密切的关系。表6.3给出了生活垃圾焚烧排放烟气中污染物的来源、产生原因和存在状态等,主要的污染物质包括酸性气体、重金属、有毒HC化合物、颗粒物等。

表6.3　生活垃圾焚烧排放烟气中污染物的来源、产生原因及存在状态

污染物		来源	产生原因	存在状态
酸性气体	HCl	PVC、其他氯代碳氢化合物、NaCl	氯化物分解	气态
	HF	氟代碳氢化合物	氟化物分解	气态
	SO_2	橡胶及其他含硫组分	含硫组分高温氧化	气态
	HBr	火焰延缓剂	—	气态
	NO_x	丙烯腈、胺	N_2 和含氮化合物高温氧化	气态

续表

污染物		来源	产生原因	存在状态
重金属	Hg	温度计、电子元件、电池	重金属元素及其化合物挥发、热解、还原及氧化	气态
	Cd	涂料、电池、稳定剂/软化剂	同上	气、固态
	Pb	多种来源	同上	气、固态
	Zn	镀锌原料	同上	固态
	Cr	不锈钢	同上	固态
	Ni	不锈钢、镍镉电池	同上	固态
	其他	—	同上	气、固态
CO 及有毒化合物	CO	—	不完全燃烧	气态
	未燃烧碳氢化合物	溶剂	不完全燃烧	气、固态
	二噁英、呋喃等	多种来源	化合物的离解与重新合成	气、固态
颗粒物	颗粒物	粉末、沙	挥发性物质的凝结、灰分	固态

(1)酸性气态污染物

酸性气态污染物主要包括氯化氢、氟化氢、硫氧化物(二氧化硫及三氧化硫)、氮氧化物(NO_x)以及五氧化二磷(P_2O_5)和磷酸(H_3PO_4)等。

1)HCl

一般认为垃圾焚烧炉烟气中 HCl 的来源有两个:

①垃圾中的有机氯化物,如 PVC 塑料、橡胶、皮革等燃烧时分解生成 HCl。

②垃圾中的厨余(含有大量食盐 NaCl)、纸张、布等在焚烧过程中也可能与其他物质反应生成大量 HCl 气体。

有观点认为,生活垃圾中的无机氯化物(主要是 NaCl),不仅数量大,而且是垃圾焚烧炉烟气中 HCl 的一个主要来源。HCl 对人体的危害很大;对于植物,HCl 会导致叶子褪绿,进而出现变黄、棕、红至黑色的坏死现象;HCl 对余热锅炉会造成过热器高温腐蚀和尾部受热面的低温腐蚀。

2)SO_2

SO_2 主要来源于含硫生活垃圾的高温氧化过程;另外,一些垃圾焚烧炉需要燃煤为辅助燃料以稳定燃烧,这也造成较多的 SO_2 产生。由于城市生活垃圾中的含硫量很低($<0.1\%$),相对于 NO_x 和 HCl 等酸性气态污染物,SO_2 的含量相对较低。

3)NO_x

NO_x 主要包括两个来源:

①空气中氮气在高温下氧化产生热力型 NO_x,燃烧温度越高,由此途径产生的 NO_x 量越大。有研究表明,NO_x 生成量的最大温度区间是 600~800 ℃。

②垃圾中含氮物质被氧化产生燃烧型 NO_x。

NO_x 中 NO 的比例通常高达95%，NO_2 往往只占很少一部分。

(2)重金属污染物

重金属污染物包括铅、汞、铬、镉、砷等的元素态、氧化态、氯化物等，还包括一些沸点较低金属的气化物，如汞蒸气等。在高温条件下，从含重金属化合物中挥发的元素态重金属主要以气态形式存在；随着烟气温度的降低，部分饱和温度较高的元素态重金属(如 Hg 等)会因达到饱和而凝结成均匀的颗粒物或凝结于烟气中的烟尘上。饱和温度较低的重金属元素无法充分凝结，但飞灰表面的催化作用会使其形成饱和温度较高且较易凝结的氧化物或氯化物，或因吸附作用易附着在烟尘表面。重金属的危害在于它不能被微生物分解且能在生物体内富集，最终通过食物链对人体造成危害，导致癌症及各种疾病。而且重金属还会污染土壤、水体和大气，造成对环境的严重破坏。

(3)CO 及有毒化合物

有毒化合物主要是指二噁英类污染物(Polychlorinated Dibenzo-p-dioxin)，包括多氯代二苯并噁英(PCDDs)和多氯代二苯并呋喃(PCDFs)两个系列的化合物，它们分别有 75 个和 135 个异构体。二噁英是目前发现的无意识合成的副产品中毒性最强的化合物，它的 *LD*50(半致死剂量)是氰化钾毒性的1 000 倍以上。二噁英类物质在水中的溶解度相当低(如 T4CDD 在 25 ℃时在水中的溶解度为0.000 2 mg/L)，而且它们在704 ℃以下均对热稳定。二噁英类物质的毒性、稳定性和不溶于水的特性，决定了此类物质对人类和周围环境存在着直接或间接的巨大危害。

有研究认为，在有氯和金属存在的条件下有机物燃烧均会产生二噁英。二噁英的形成途径可归纳为以下 3 条：

①垃圾中本身含有的二噁英在燃烧过程中释放。

②在垃圾干燥和焚烧的初期，因供氧不足，形成二噁英前生体，这些前生体通过其他反应形成二噁英。

③二噁英前生体和废气中的 HCl、O_2 等，在烟尘中飞灰的催化作用下(实际上是飞灰中的金属)形成二噁英。有研究表明，250 ~ 350 ℃是最易生成二噁英的温度范围。

(4)颗粒污染物

颗粒污染物也就是通常所称的粉尘，它包括生活垃圾中的惰性金属盐类、金属氧化物或不完全燃烧物质等，一般来说，生活垃圾中灰分含量越高所产生的粉尘量也越多。粉尘颗粒的直径有的大至100 μm 以上，也有的小至1 μm 以下。颗粒物的粒径大小是决定其毒性作用的主要因素。试验表明，小于1.0 μm 的颗粒很容易进入肺泡，被吸附在细颗粒上的有害物质会被人体吸收到血液中；颗粒粒径越小，致突变活性越高。

6.1.3 生活垃圾焚烧烟气净化典型工艺流程

垃圾焚烧产生的酸性气体、二噁英、重金属和颗粒物等，需要经过处理，才能满足相关法规的排放要求。典型的组合净化工艺包括：

①半干法除酸 + 活性炭喷射吸附二噁英和重金属 + 布袋除尘。

②SNCR 脱硝 + 半干法除酸 + 活性炭喷射吸附二噁英 + 布袋除尘。

③半干法除酸 + 活性炭粉末喷射吸附二噁英 + 布袋除尘 + SCR 脱硝。

目前应用最广泛的是第①种工艺。

(1)半干法除酸工艺

酸性气体的处理工艺包括湿法、干法和半干法,湿法净化工艺的污染物净化效率最高,可以满足严格的排放标准,但其流程复杂,配套设备较多,一次性投资和运行费用高,并有后续的废水处理问题;干法净化工艺简单,投资和运行费用明显低于湿法,操作水平要求较低,且不存在后续的废水处理问题,但是,污染物净化效率相对较低,除尘负荷大。半干法净化工艺不仅可以达到较高的污染物净化效率,而且具有投资和运行费用低、流程简单、不产生废水等优点,被美国国家环保局定为垃圾焚烧烟气净化最佳工艺,目前在垃圾焚烧厂烟气中酸性气体净化系统中的应用较多。

半干法除酸的原理是将生石灰(CaO)加水制作成熟石灰浆体 $Ca(OH)_2$,在吸收塔与烟气中的 HCl 和 SO_2 等反应去除酸性气体。其工艺流程如图6.4所示。磨碎后石灰形成粉末状吸收剂,加入一定量的水形成石灰浆液,以喷雾的形式在半干法净化反应器内完成对气态污染物的净化过程。在高温条件下,浆液中的水分得到蒸发,残余物则以干态的形式从反应器底部排出。从反应器排出后带有大量颗粒物的烟气进入静电除尘器或袋式除尘器,净化后的烟气从烟囱排入大气。除尘器捕获的颗粒物作为最终的固态废物排出。在该工艺中,反应器底部排出的残余物(其中含有大量未反应的吸收剂)可返回系统内部循环使用,从而节省吸收剂用量。

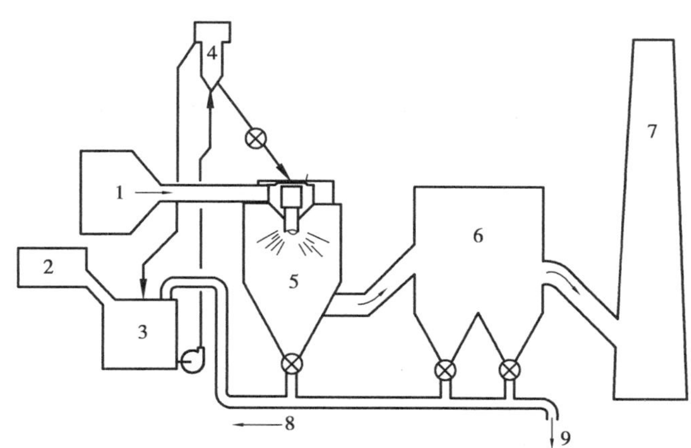

图6.4　生活垃圾焚烧半干法净化工艺流程

1—烟气; 2,3—石灰浆液准备箱; 4—给料箱; 5—喷雾干燥吸收塔;
6—除尘器;7—烟囱; 8—吸收剂循环使用; 9—固态灰渣

半干法主要有3种方法:喷雾干燥法、循环流化床处理法和MHGT处理法。喷雾干燥法技术成熟、吸收塔配置简单,应用较多。其主要特点是:烟气通过吸收塔顶部烟气扩散器和一个中心烟气气散箱进入吸收塔;从制浆系统来的石灰浆液通过吸收塔顶部高速旋转喷雾器雾化为均匀、精细分布的雾滴,然后在吸收塔中与烟气接触。

当垃圾焚烧的烟气不能满足 NO_x 排放要求时就需要增加 NO_x 的处理。

(2)活性炭喷射吸附法除二噁英和重金属工艺

为了满足越来越严格的生活垃圾焚烧烟气排放标准,确保重金属(尤其是Hg)和二噁英(PCDDs)、呋喃(PCDFs)的排放达标,除湿法除酸外,现代化大型生活垃圾焚烧厂还要在其基础上增加活性炭喷射吸附的辅助净化措施。其工艺流程如图6.5所示。

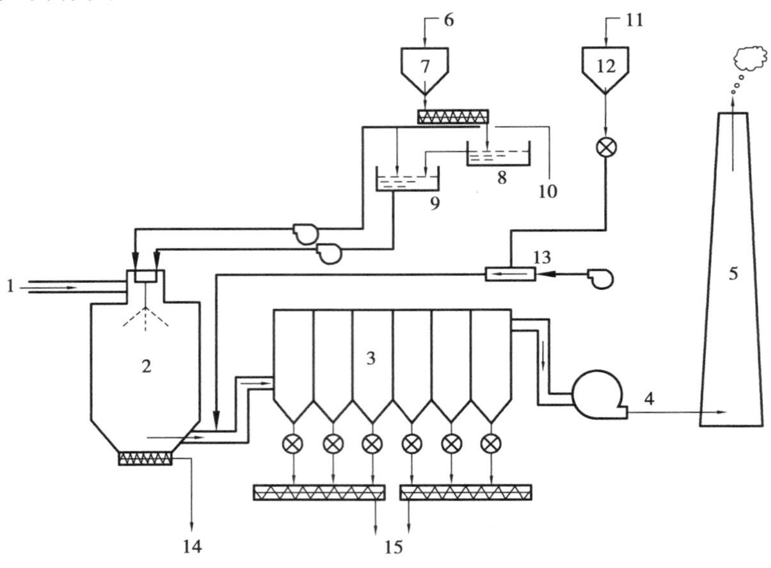

图6.5　活性炭喷射吸附示意图

1—烟气;2—喷雾干燥塔;3—袋式除尘器;4—引风机;5—烟囱;6—石灰;

7—石灰仓;8—石灰熟化仓;9—石灰浆液制备箱;10—水;11—活性炭;

12—活性炭仓;13—文丘里喷射器;14—塔底灰渣排出;15—飞灰排出

活性炭通过文丘里喷射器喷入喷雾干燥器和布袋除尘器之间的烟道内,在烟道中与烟气强烈混合,吸附一定量的污染物(未饱和),随后再与烟气一起进入后续的袋式除尘器中,停留在滤袋上,与缓慢通过滤袋的烟气充分接触,最终达到对烟气中重金属Hg、PCDDs和PCDFs等污染物进行吸附净化的目的。

(3)除尘工艺

除尘是通过除尘器实现的,目前应用较多的是静电除尘器和袋式除尘器。国外的工程实践表明,静电除尘器使颗粒物的浓度(标准状态下)控制在45 mg/m^3 以下,而袋式除尘器的除尘效率更高,可以使颗粒物的浓度控制在更低的水平。另外,袋式除尘器虽然易受气体温度和颗粒物黏性的影响,致使滤料的造价增加和清灰不利,但其除尘效率对进气条件的变化不敏感,不受颗粒物比电阻和原始浓度的影响,而太高或太低的比电阻却可能导致静电除尘器的除尘效率大大降低,故两者各有优缺点。此外,值得说明的是,袋式除尘器在高效去除颗粒物的同时兼有净化其他污染物的能力,并可截留部分二噁英。因此,近年来国内外新建的大规模现代化垃圾焚烧厂大都采用袋式除尘器。

6.2　生活垃圾焚烧炉烟气CEMS

按照《生活垃圾焚烧污染控制标准》(GB 18485—2014)的要求,垃圾焚烧烟气自动监测项目至少包括 NO_x、SO_2、HCl和烟尘,还应对焚烧炉运行状况进行在线监测,监测项目至少包括炉膛(二次燃烧室)温度、出口烟气中 O_2 含量和一氧化碳含量、炉膛压力等。在实际监测中,

可能还需要分析 H_2O、NH_3、CO_2、HF 和 THC 等。下面就垃圾焚烧烟气的工况特点、技术难点和 CEMS 系统的选择要点进行简要介绍。

6.2.1　生活垃圾焚烧烟气的工况特点与监测难点

生活垃圾焚烧烟气的主要特点是高湿度、高温和高腐蚀性。由表6.4可知，烟气的含水量最高可达45%；烟气在排放前要加热到较高的温度(150～200 ℃)，保证其在露点以上，防止水汽冷凝和随之带来的烟道腐蚀。监测难点主要包括以下几方面：

①采样探头的腐蚀问题：经过除酸系统后，虽然 HCl 的浓度大大降低(10～50 mg/m^3)，但是由于烟气湿度高，如果处理不当 HCl 容易在探头处冷凝，长期运行，探头的腐蚀问题会比较严重。

②管路堵塞问题：烟气中存在少量的 NH_3，在160 ℃以下时很快和酸生成氨盐。氨盐是固体，长期积累在气路管壁将堵塞管道。

③测量组分的损失问题：HCl 是一种极易溶于水的组分，常规的冷干法测量系统在进入分析仪表前，都需要除水，这会造成 HCl 组分的损失。

④分析仪表的腐蚀问题：HCl、SO_2 和 NO_x 在湿度较高的烟气中具有很强的腐蚀性，长期运行会对分析仪表造成很大腐蚀；尤其是氧化锆，在强酸环境中工作寿命很短(几个月)。

⑤测量组分较多：由于测量组分较多，一般的分析仪表较难实现同时测量，需要同时配备多种仪表，系统复杂，种类繁多，维护量大。

表6.4　垃圾焚烧厂烟气参数典型值

烟气参数	O_2 /%	CO/%	H_2O /%	SO_2 /(mg·m^{-3})	NO_x /(mg·m^{-3})	HCl /(mg·m^{-3})	Hg /(mg·m^{-3})
浓度范围	3～5	1～100	20～45	3～250	50～500	10～80	0～0.2
烟气参数	Pb /(mg·m^{-3})	Cd /(mg·m^{-3})	粉尘 /(mg·m^{-3})	温度 /℃	绝对压力 /kPa	流速 /(m·s^{-1})	
浓度参数	0～1.6	0～0.12	10～80	150～200	102～105	5～40	

6.2.2　生活垃圾焚烧 CEMS 系统选型

针对上述问题，用于生活垃圾焚烧厂的 CEMS 系统应当具备以下特点。

①采样探头和过滤器处要设置加热装置，防止烟气在探头处冷凝。零气、标气和反吹气需经过加热后才能送到过滤器，防止出现冷凝。

②采样管线要采用耐腐蚀和耐高温的材料，全程伴热，根据具体应用点，伴热温度应在烟气的(酸)露点以上。所有与气体介质接触的组件，温度均高于烟气的(酸)露点。

③设置管路反吹系统，定期吹扫，防止管路堵塞。

④避免采用冷干法分析仪表，采用热湿法分析系统，且能解决 H_2O 干扰问题。

⑤仪表要具备多组分同时分析能力，最好能一台表同时测量 SO_2、NO_x、CO、HCl、NH_3、HF、H_2O 等。

⑥测量仪表要进行耐腐蚀设计,延长其使用寿命。可靠性和稳定性要好。与系统可靠运行有关的工作变量,如温度控制回路、气体流速和仪表性能等需要同时检测。在系统故障时,用惰性气体进行吹扫清洗,并确定光学系统是否污染,系统是否需要维护。

目前,具备上述特点的分析系统主要两种:傅里叶变换红外(FTIR)光谱系统和高温型非分散红外(NDIR)分析系统。两种系统均采用热湿法,烟气从采样探头到分析仪表全程伴热在露点以上;具备多组分测量能力,各自采用一台仪表,就可以将所需组分全部监测;仪表的探测能力能够满足垃圾焚烧监测的需求,且可靠性和稳定性较好。

两种技术相比(表6.5),高温型NDIR的主要优势是:价格相对便宜和维护方便。FTIR的主要优势是:测量组分可扩展,最多可达50多种,信噪比高,探测下限低。但是FTIR成本较高,维护不方便,并且需要 N_2 对干涉仪进行吹扫,在条件比较恶劣的应用现场,要用好仪器很不容易。

表6.5 FTIR和高温型NDIR技术对比

项目	FTIR系统	高温型NDIR系统
取样分析技术	高温测量	高温测量
分析技术原理	宽带红外光经干涉仪后形成宽谱干涉红外光,经气样吸收的红外光信号通过傅里叶变换后与计算机谱库中的参考图谱比较,进行定性、定量分析	采用红外光源发出光信号,通过窄带干涉滤光片选择波长,再利用气体滤波室进行相关分析。对于光谱干扰严重的气体使用动态计算方法校准
分析组分	垃圾焚烧为12个,可扩展为50个以上	最多8个
选择性	好	好
微量组分分析能力	红外光经干涉后,光强大大增加,无狭缝和滤波器,故信噪比要大于NDIR,分析数据可靠性强。灵敏度高、检测下限低	信噪比和灵敏度相对较低
测量精度	±2%最小量程	±2%最小量程
零点漂移	±2%最小量程/校准周期	±2%最小量程/月
灵敏度漂移	无(建议6个月标定一次)	±1%最小量程
吹扫空气	干涉仪需要	不需要
仪器成本	高	中等
维护	难	容易
对环保要求的长期适应性	随着环保要求的提高,可随时追加HF、NH_3、HCN、N_2O 及其他有毒组分的分析,而不需增加设备,有利扩容	扩容较难

6.3 傅里叶变换红外光谱(FTIR)监测系统

6.3.1 傅里叶变换红外光谱技术

傅里叶变换红外光谱技术(Fourier Transform Infrared Spectroscopy,简称 FTIR)是基于红外吸收原理的宽谱分析技术,与传统红外分析技术相比,具有信噪比高、波数精度高、峰型分辨能力强等优点,被广泛应用于各种物质的定性鉴别和定量分析。下面简介一下傅里叶变换光谱仪的组成和测量原理。

(1)仪器组成

FTIR 的分析系统主要包括红外光源、干涉仪、气体室、红外检测器和数据处理与控制单元等。其工作过程如下:由红外光源发射的中外红外光谱区域的光(典型光谱范围从 2.5 ~ 25 μm)进入干涉仪(典型的迈克尔逊干涉仪如图 6.6 所示),到达干涉仪的光被分束器分成两路,分别到达固定镜和移动镜,经过反射后在分束器处重新汇合,形成调制红外光,然后进入气体室,气体室内的气体吸收特征波长的红外光后,剩余红外光进入红外检测器。检测信号经放大、傅里叶变换等处理后,按照特定算法就可以计算出通入气体室内气体的浓度值。

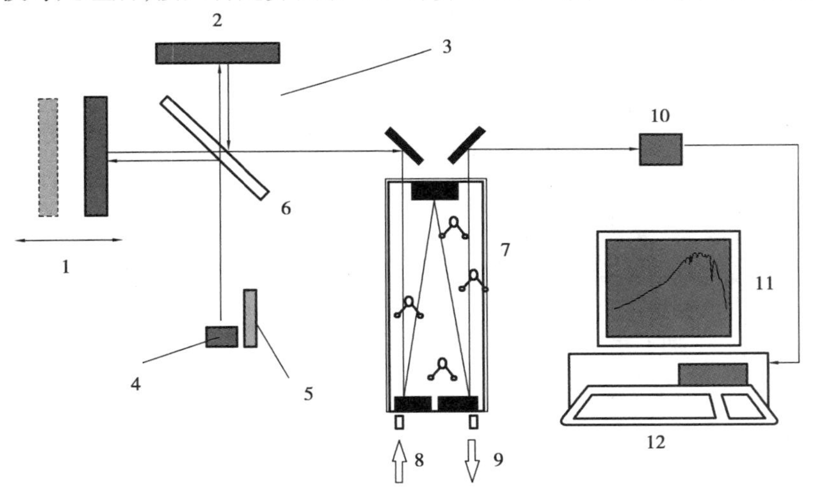

图 6.6 FTIR 原理图

1—动镜;2—定镜;3—干涉仪;4—红外光源;5—激光器;6—分束器;7—怀特腔(White Cell);8—气体入口;9—气体出口;10—红外探测器;11—光谱;12—计算机

1)红外光源

目前 FTIR 中最常用的光源是陶瓷 SiC 光源,温度 1 200 ℃,抗振,宽谱,寿命长。

2)干涉仪

干涉仪是 FTIR 系统的核心部件,入射光在干涉仪内被调制成不同波长的光。迈克尔逊干涉仪是最典型的干涉仪,它利用动镜调节两束光的光程,根据它们的相位是否相同或者相反,将发生相长或相消干涉。动镜的位置可以用光程差(OPD)表示。当动镜位于初始位置,光程差为 0 时,两束光相位相同,将发生相长干涉;当动镜移动 1/4 波长时,光程差为 1/2 波长,将发生相消干涉,如图 6.7 所示。动镜以固定的速度前后移动,干涉光的强度也随之发生变化。

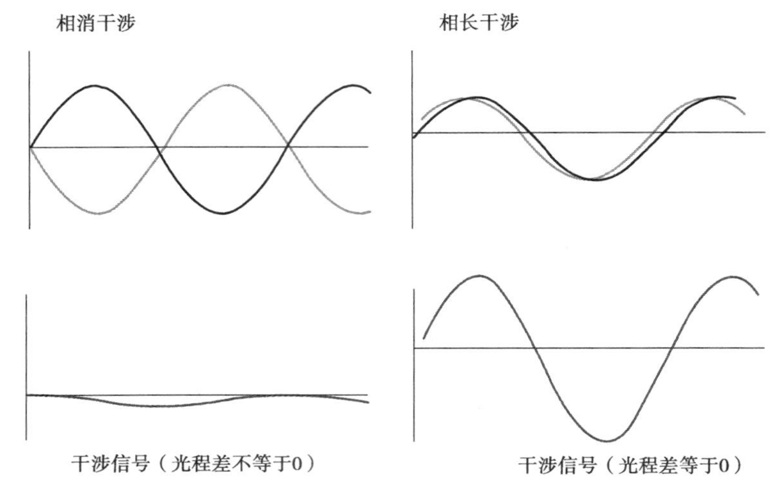

图 6.7 相消干涉和相长干涉示意图

对于特定波长和强度的光,其干涉光是光程差的函数;傅里叶变换就是将干涉光信号进行逆运算,求出原始光强,如图 6.8 所示。对于多个独立波长和特定强度的光,得到的干涉光是各个独立波长光各自干涉信号的叠加,如图 6.9 所示。

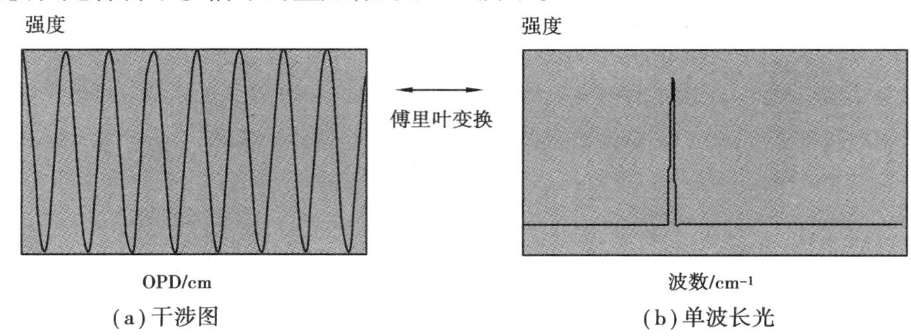

图 6.8 单个特定波长和强度的光信号的傅里叶变化示意图

傅里叶变换光谱系统中采用的光源多为连续光,可以将其划分为多个独立的单波长光,其干涉过程与多个单波长光类似,图 6.10 为一个连续波长光经过干涉仪后的干涉信号。干涉信号经过傅里叶变换就可以得到按波长分布的原始红外光谱。

光程差(OPD)即动镜的位置是通过固定波长激光器的干涉信号确定的,GasMet 公司的 FTIR 仪器采用的是 632.8 nm 的单模 HeNe 激光器。由于激光的波长和强度是恒定的,其经过干涉仪后的干涉信号也是确定的,即光程差和激光干涉信号存在对应关系,根据激光干涉信号就可以推算出光程差。FTIR 系统就是通过这种方式,实现了干涉信号的数字化。

系统的光谱分辨率与动镜移动的距离 L 和光圈有关,见式(6.1)和式(6.2)。

$$\Delta\nu_L = \frac{1}{2L}\ \text{cm}^{-1} \tag{6.1}$$

$$\Delta\nu_q = \frac{v\theta_{\max}^2}{2}\ \text{cm}^{-1} \tag{6.2}$$

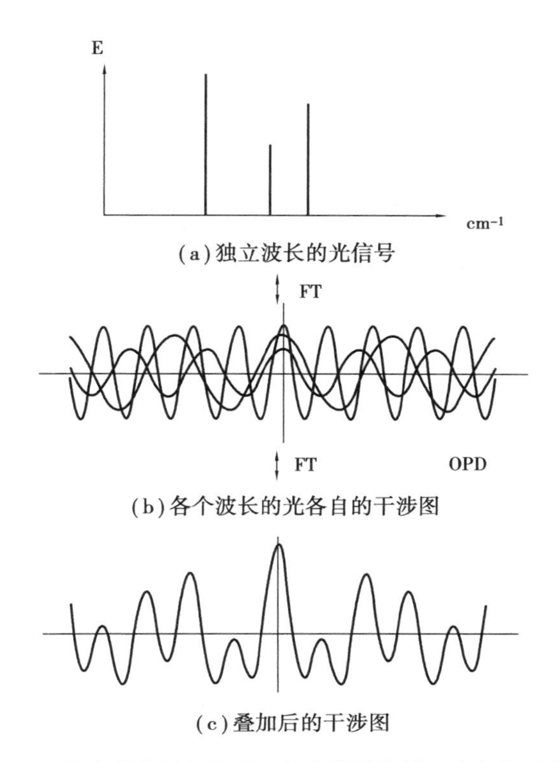

图6.9　多个特定波长和强度的光信号的傅里叶变化示意图

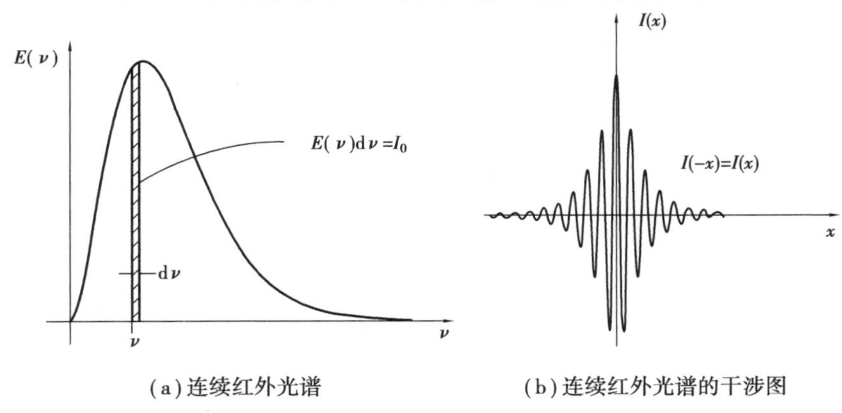

图6.10　连续光谱的傅里叶变化示意图

式中　$\Delta\nu_L$——干涉图的截断作用对分辨率的影响；

L——动镜移动的距离；

$\Delta\nu_q$——光圈的尺寸的分辨率的影响；

θ_{max}——透过光圈中心的入射光与光轴的最大夹角；

ν——入射光波长。

由式(6.1)和式(6.2)可以看到，L 越长、光圈越小，光谱分辨率越高(图6.11)，但是光程增加，会使扫描时间加长，光圈太小，导致入射光强太弱，所以二者要保持合适的值。低的分辨率可以获得相对较高的信噪比，这在定量分析中尤其重要。较高的分辨率在进行低浓度检测时，可以获得很好的线性响应，但是测量的动态范围不大；而相对低的分辨率可以获得较大的动态范围,参见图6.12。

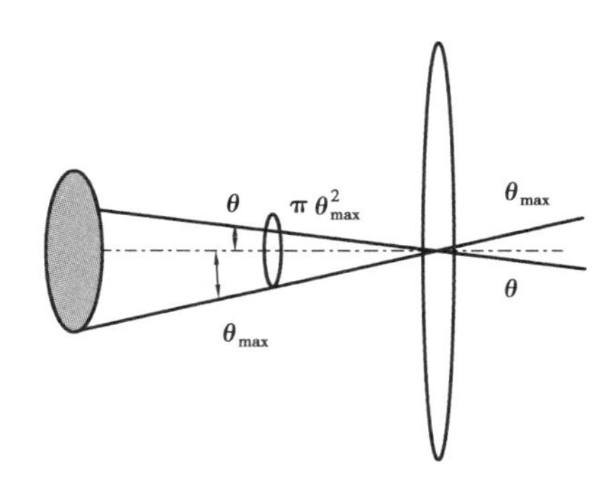

图6.11 光圈直径与分辨率关系示意图

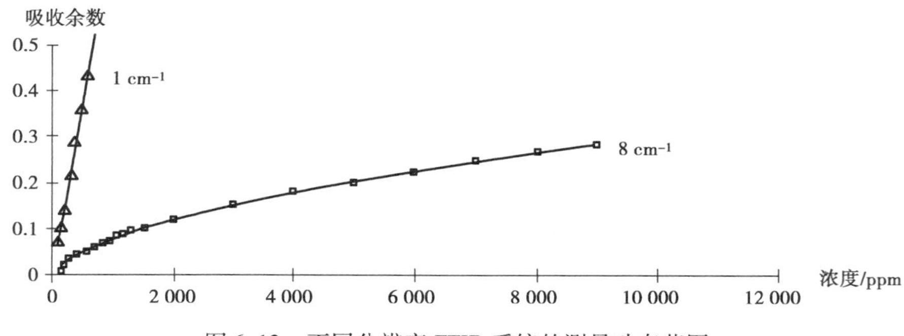

图6.12 不同分辨率FTIR系统的测量动态范围

上述是干涉仪的通用原理,但是迈克尔逊干涉仪对光路准直要求高、易受现场振动影响,所以在污染源监测领域,需要采用特殊结构的干涉仪,常用的包括双摆式(Double-Pendulum Type)、十字式(Transept Type)和双折射扫描式(Birefringent-Scan Type)。

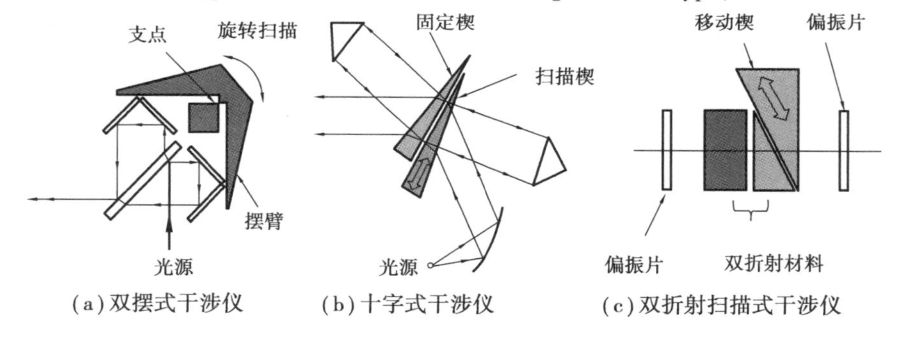

图6.13 典型的干涉仪示意图

3)气体室

气体室采用怀特腔结构,如图6.14所示。从干涉仪出来的调制红外光,在高反射率的反射镜作用下,经多次回返再射出。这种方式可以增加光在气体室内的光程和目标气体的吸收强度,有利于降低系统的探测下限。在垃圾焚烧监测中,现场气具有很强的腐蚀性,因此整个气体室必须采用防腐设计。气体室主体材料可以采用表面镀不锈钢、纯金或铑的铝材;气体室窗口材料一般选用 BaF_2,ZnSe;为了在红外波段获得较高的反射率,反射镜表面一般都镀金。气体室的光程,要根据目标气体的种类、浓度范围和系统要达到的测量精度等进行选择,目前市场上用于FTIR系统的气体室,光程从1 cm~9.8 m不等。

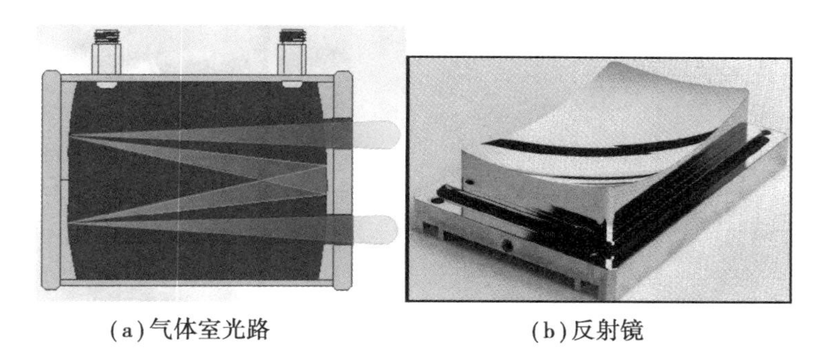

(a)气体室光路　　(b)反射镜

图 6.14　气体室示意图

4)检测器

检测器可以采用带 Peltier 热电效应冷却的 MCT(HgCdTl,碲镉汞)光电导检测器或 DTGS (Deuterated Triglycine Sulfate,氘化硫酸三苷肽)热释电检测器,在室温下使用。DTGS 对红外光很敏感,吸收红外辐射改变热电子运动,从而引起电阻的变化。其响应时间 0.001 ~0.1 s,宽带响应 600 ~4 200 cm^{-1},稳定性好。

(2)测量原理

首先,将气体室内充满 N_2,将检测器记录的干涉信号进行傅里叶变换后,得到按波长分布的光强信号,记做 I_0;然后通入测量气体,将检测器记录的干涉信号进行傅里叶变换后,得到按波长分布的光强信号,记做 I;再计算气体的透过率 $\tau=I/I_0$;最后得到气体的吸收光谱,并根据朗伯比尔定律计算气体浓度:$c=\ln(I_0/I)/\varepsilon L$。这个过程可以用图 6.15 表示。

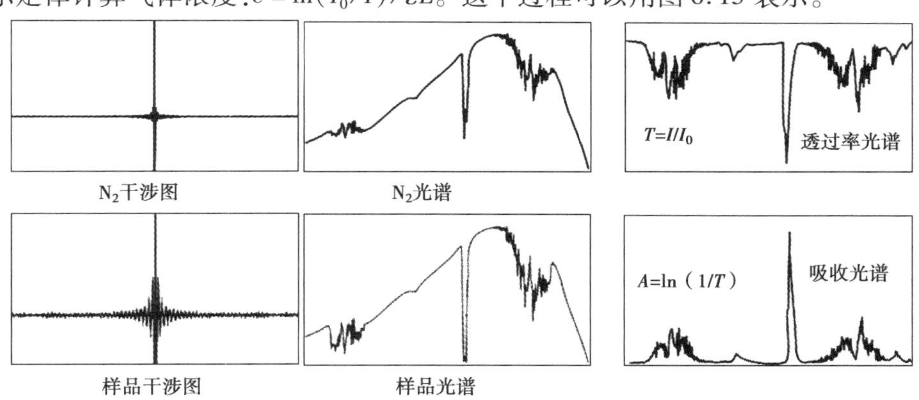

图 6.15　FTIR 计算过程示意图

垃圾焚烧烟气中存在多种组分,不同组分之间存在交叉干扰,通过优化选择浓度反演波段,可以降低交叉干扰的影响,但是并不能完全消除。在实际应用中,常采用经典最小二乘法(CLS)解决这个问题。其原理是:通过不断修正特定浓度已知气体的吸收光谱的系数,使得修正并叠加后的吸收光谱与测量光谱的残差最小。例如:图 6.16(a)是 100 ppm 乙烷和 100 ppm 丙烷的吸收光谱,两者大部分重叠在一起;图 6.16(b)中实线是 150 ppm 乙烷和 80 ppm 丙烷混合气体的吸收光谱。将 100 ppm 乙烷(系数为 1)和 100 ppm 丙烷(系数为 1)的吸收光谱叠加后得到用虚线表示的光谱,与测量光谱的残差较大,见图 6.16(c)中用虚线表示的光谱,说明系数不正确,重新进行调整;调整为 1 和 1.5 后,计算光谱和测量光谱基本重合,残差较小,见图 6.16(c)中用实线表示的光谱,通过这种方法就可以得到目标气体的浓度。

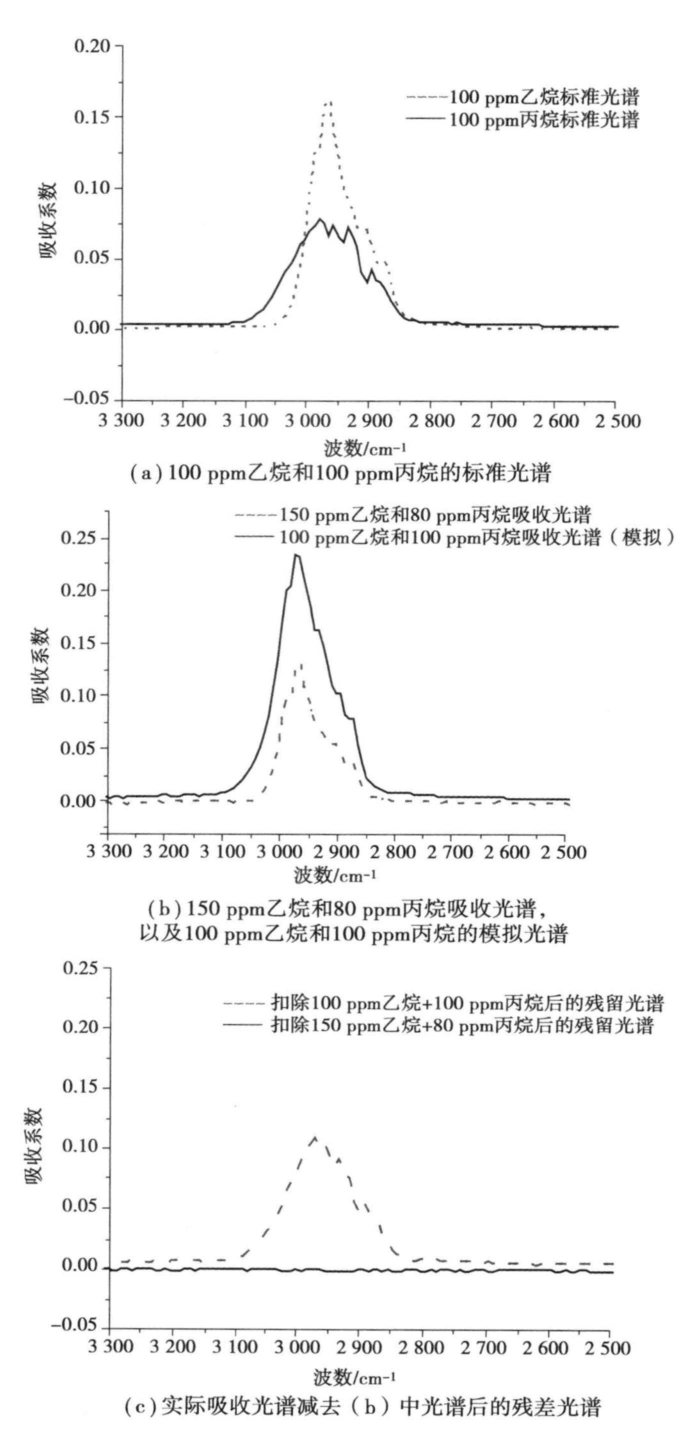

(a) 100 ppm乙烷和100 ppm丙烷的标准光谱

(b) 150 ppm乙烷和80 ppm丙烷吸收光谱，
以及100 ppm乙烷和100 ppm丙烷的模拟光谱

(c) 实际吸收光谱减去（b）中光谱后的残差光谱

图 6.16　最小二乘法计算过程示例

采用最小二乘法进行浓度计算时，要把在计算波段内所有有吸收的气体都考虑在内，否则，会导致测量的偏差较大。例如，对于含有 50 ppm 的 SO_2、103 ppm 的 CH_4 和 120 ppm 的 N_2O 的气体，在不考虑甲烷吸收时，得到的计算光谱与测量光谱偏差并不是特别大，但是计算结果却相差很大,如图 6.17 所示。

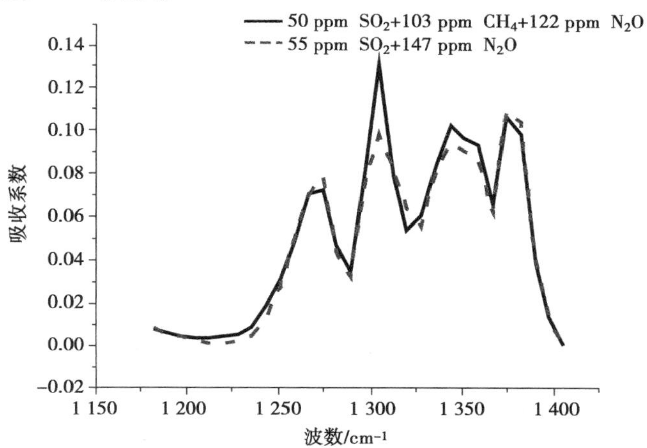

图 6.17　在一定浓度的 SO_2、CH_4 和 N_2O 的吸收光谱

在计算目标气体浓度时,要避免其他气体的干扰,表 6.6 是垃圾焚烧监测中常用的各种气体的浓度反演波段和对应的干扰气体。

表 6.6　FTIR 常用的各种气体浓度反演波段和干扰物

组分	化学式	标准分析波段	干扰物
水蒸气	H_2O	3 200 ~ 3 401	NH_3
二氧化碳	CO_2	926 ~ 1 150	H_2O, N_2O, SO_2, NH_3, C_2H_4
一氧化碳	CO	2 000 ~ 2 200, 2 540 ~ 2 590	H_2O, CO_2, N_2O
一氧化二氮	N_2O	2 000 ~ 2 222, 2 540 ~ 2 590	H_2O, CO_2, CO
一氧化氮	NO	1 875 ~ 2 138	H_2O, CO_2, CO, N_2O
二氧化氮	NO_2	2 700 ~ 2 950	H_2O, HCl, CH_4, C_2H_4, C_3H_8, HCHO, N_2O
二氧化硫	SO_2	1 200 ~ 1 366	H_2O, N_2O, NH_3, CH_4, C_3H_8
氨气	NH_3	910 ~ 1 150	H_2O, CO_2, N_2O, SO_2, C_2H_4
氯化氢	HCl	2 617 ~ 2 880	H_2O, NO_2, CH_4, C_2H_4, C_3H_8, HCHO, N_2O
甲烷	CH_4	2 700 ~ 3 200	H_2O, HCl, NO_2, C_2H_4, C_3H_8, HCHO, N_2O
氟化氢	HF	3 200 ~ 3 400, 4 020 ~ 4 200	H_2O, NH_3
丙烷	C_3H_8	2 600 ~ 3 200	H_2O, HCl, NO_2, CH_4, C_2H_4, HCHO, N_2O
乙烯	C_2H_4	910 ~ 1 150	H_2O, CO_2, N_2O, SO_2, NH_3
甲醛	HCHO	2 550 ~ 2 850	H_2O, CO_2, NO_2, HCl, C_2H_4, CH_4, C_3H_8

6.3.2　傅里叶变换红外光谱的样品处理系统

(1)系统组成

上面介绍了傅里叶变换红外光谱技术,要将其应用到垃圾焚烧监测领域,需要考虑采样、样品传输和处理等问题。FTIR 系统主要包括:采样探头、样品处理单元和分析仪表3部分,如图6.18所示。

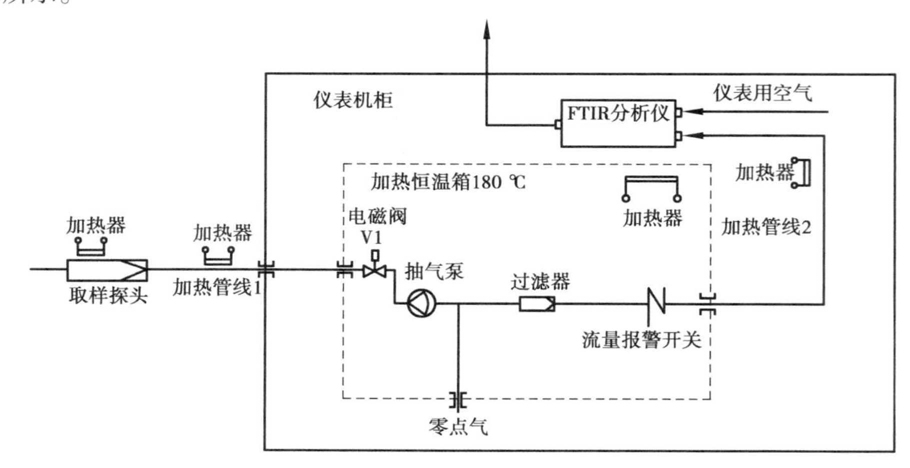

图6.18　FTIR 系统原理图

采样探头由取样管、过滤器、加热器等组成,采样探头内置过滤器过滤烟气中的烟尘(一次过滤),取样探头恒温在180±2 ℃的范围内,避免烟气中的水分冷凝和未知高沸点化合物凝固。采样管线为带护套加热取样管,内置 Teflon 或 PFA 耐高温和耐腐蚀氟塑料管(最高承受温度为260 ℃),管内温度控制在180 ℃。

样品处理单元包括抽气泵、过滤器等。过滤器的主要作用是对烟气进行二次过滤,去除超细粉尘。进入分析仪表前的所有部分都要加热,防止烟气冷凝和腐蚀管路。

分析仪表的气体室要加热到180 ℃。配备零气系统,以供系统调零和吹扫气体室使用。零气进入系统前要先加热,防止在吹扫过程中造成系统温度降低。

(2)系统特点

FTIR 系统用于垃圾焚烧监测具有如下优点:

①宽谱分析、测量组分多,可以分析50多个组分。就垃圾焚烧烟气监测而言,分析 SO_2、NO、NO_2、N_2O、CO、CO_2、HCl、HF、HCN、NH_3、CH_4、H_2O,共12个组分。只要补充软件,还可以增加其他测量组分。

②湿法分析。系统全部处于180 ℃高温下运转,没有水分冷凝引起的分析偏差和分析系统的腐蚀,不会因高沸点未知物凝固积累造成分析系统的堵塞。

③较宽的动态测量范围和较低的检测限。在垃圾焚烧烟气中,某些组分的浓度有时很高,如 H_2O 的浓度高达40% V,CO_2 浓度高达20% V,但 HCl 和 HF 的浓度一般只有10~30 mg/m^3,其量程比超过 10^4,其他分析方法没有这么宽的动态测量范围,很难满足这种要求。

④分析系统校准高度自动化,只用纯 N_2 气体进行零点自动校准,不需要灵敏度校准就可以长期保持±2%的检测精度,改变了以往分析系统依赖标准气的陈旧模式,大大降低了运行成本。此外,克服了某些低浓度标准气(如 HCl、H_2O 等)难以保证应有的精确度和存贮的问题。

(3)应用情况

目前傅里叶变换红外光谱系统在垃圾焚烧监测领域已经得到了应用。能够提供此类产品的厂家包括:GasMet、SICK、Thermo、ABB 和 FPI 等,应用较多的是 GasMet 和 ABB 的产品。

国内已有重庆同兴垃圾焚烧发电厂、深能源深圳宝安垃圾焚烧发电厂、广东顺德垃圾焚烧发电厂、广州李坑垃圾焚烧电厂、福建福州红庙岭垃圾焚烧发电厂、江苏宜兴垃圾焚烧发电厂等企业先后共引进几十套 FTIR 系统,多数已投入运行且运行稳定,监测项目主要为 HCl、SO_2、NO_x、CO、HF、H_2O、O_2、烟尘、流量,处理量为 600 ~ 1 200 t/d。其中已投入运行的监测装置均已通过环保验收并在应用中取得了良好的效果,获得用户好评。这些垃圾焚烧发电厂大都引进国外的先进设备或技术,执行欧洲的烟气排放标准,对烟气监测的要求很高。FTIR 系统的引进,对我国垃圾焚烧发电事业起到了良好的推动作用。

6.3.3　聚光科技傅里叶变换红外光谱系统

聚光科技与光学仪器的优秀供应商 Bruker 合作,利用其 Alpha 系列 FTIR 光谱仪,结合自身多年来在污染源监测领域的丰富经验,开发了一套性能优良的傅里叶变换红外光谱系统(图 6.19),适用于垃圾焚烧厂排放烟气的在线监测。

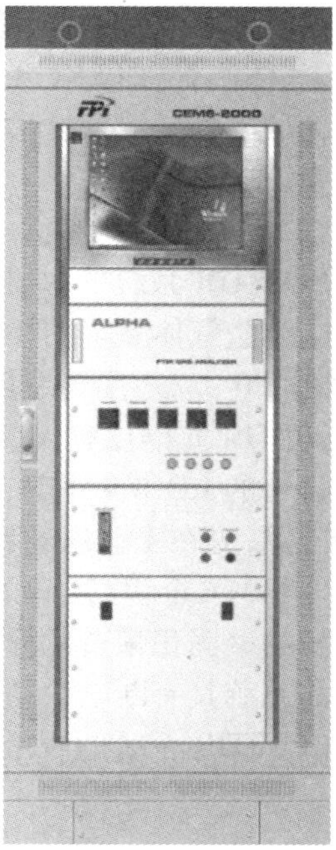

图 6.19　FPI FTIR 系统外观图

(1) 系统组成

系统包括颗粒物监测子系统、气态污染物监测子系统、烟气参数监测子系统和数据采集与处理子系统等,系统组成参见图 6.20。颗粒物监测子系统采用

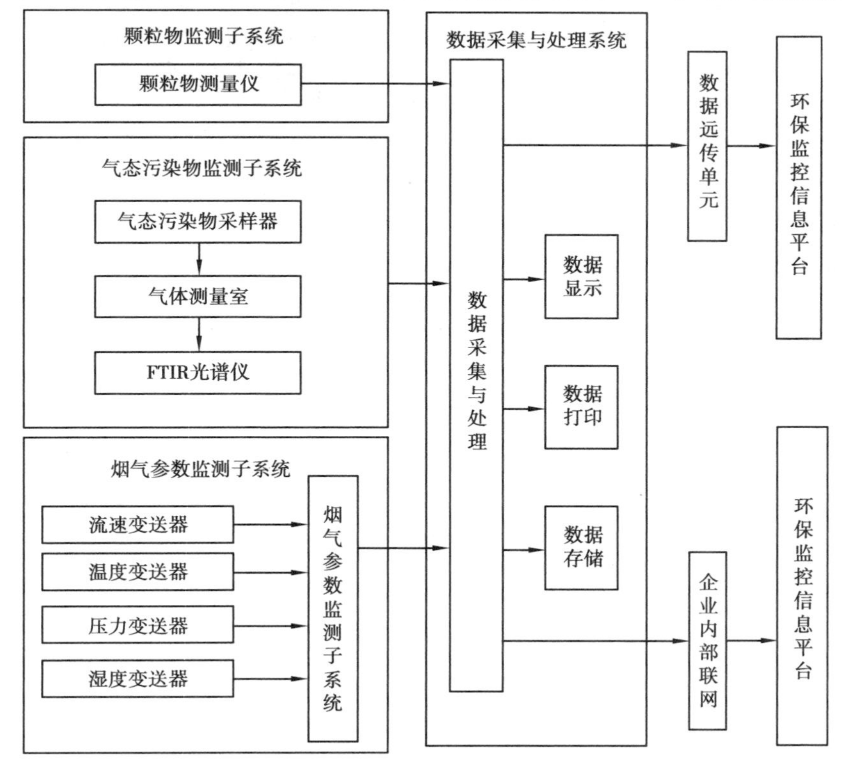

图 6.20　FPI FTIR 系统组成

后向散射原理的粉尘仪,能够适应低粉尘的场所。气态污染物监测子系统包括气态污染物采样器、气体测量室和 FTIR 光谱仪等,采样动力由射流泵提供,避免了高温条件下,传统采样泵易损坏的问题。温度、压力、流速、湿度等参数通过烟气参数监测子系统传输到数据处理和控制子系统。

(2)系统特点

FPI FTIR 系统的主要特点为:

①测量气体室采用怀特腔设计,最大光程 5 m;腔镜表面镀金,反射率极高;高温设计,可恒温到 180 ℃,适用于垃圾焚烧现场。

②FTIR 光谱仪有仪表风吹扫保护功能,可有效防止现场酸性、高湿气体对光谱仪的影响;专利设计的 ROCKSOLID 干涉仪,可有效防止因镜子倾斜造成的剪切运动、震动干扰、摩擦生热等问题,可在工业现场稳定运行。

③180 ℃全程高温采样,避免了水分冷凝引起的分析偏差和分析系统的腐蚀,不会因高沸点未知物凝固积累造成分析系统的堵塞。

④系统具有断电自动保护功能,避免了设备故障时烟气对系统的腐蚀。

FPI FTIR 系统的测量单元如图 6.21 所示。

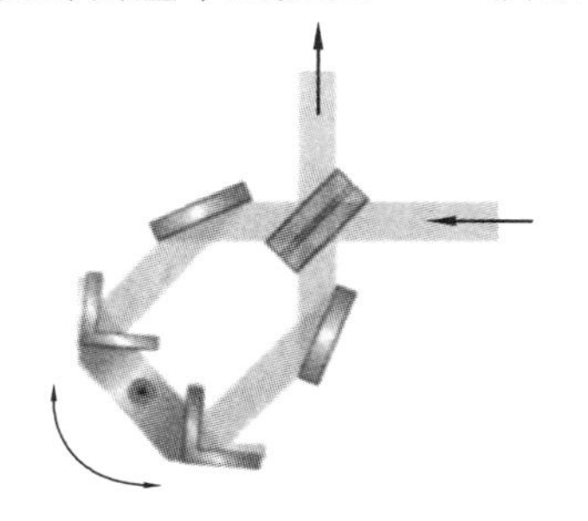

(a)ROCKSOLID干涉仪示意图

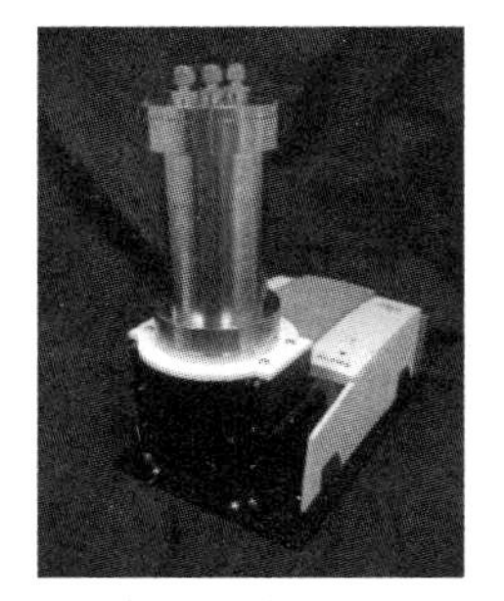

(b)气体室和光谱仪

图 6.21 FPI FTIR 系统测量单元

(3)性能指标

FPI FTIR 系统主要性能指标见表 6.7。

表 6.7 FPI FTIR 系统性能指标

项目		指标
测量组分	SO_2	(0 ~ 50 ~ 2 000) mg/m^3
	NO	(0 ~ 50 ~ 2 000) mg/m^3
	NO_2	(0 ~ 100 ~ 1 000) mg/m^3
	NO_x	(0 ~ 50 ~ 2 000) mg/m^3
	NH_3	(0 ~ 10 ~ 50) mg/m^3
	HCl	(0 ~ 15 ~ 150) mg/m^3
	HF	(0 ~ 10 ~ 50) mg/m^3
	CO	(0 ~ 100 ~ 1 000) mg/m^3
	CO_2	(0 ~ 25)%

续表

项目		指标
测量组分	O_2	(0～25)%
	零点漂移	≤±1% F. S./7d
	量程漂移	≤±1% F. S./7d
	线性误差	≤±1% F. S.
	响应时间	≤180 s(50 m 伴热管线)
测量环境	环境温度	10～35 ℃
	环境湿度	0～90% RH
数据采集与处理	工控机	4 路 RS232/422/485;5 路 USB 接口 Windows 2000 操作系统
	系统软件	污染源在线监控管理软件 CEMS-Monitor 2.0
	输出	16 路模拟量输出通道,1 路 RS485 通信接口,1 路 GPRS 通信接口

6.3.4　西克麦哈克 MCS100FT 傅里叶变换红外光谱系统

MCS100FT 烟气连续监测分析系统是以傅里叶红外分析技术为核心,专门为垃圾焚烧排放监测设计的取样分析系统。该系统采用全程加热技术,保证样气温度稳定在 185 ℃,始终处于酸露点之上,避免了样气冷凝带来的腐蚀。同时,MCS100FT 分析仪能够同时分析多种组分,并采用射流泵技术,精确地稳定了气室的压力,最大限度地保证了测量的精度,减少了用户的维护和使用成本。

MCS100FT 分析系统外形如图 6.22 所示。

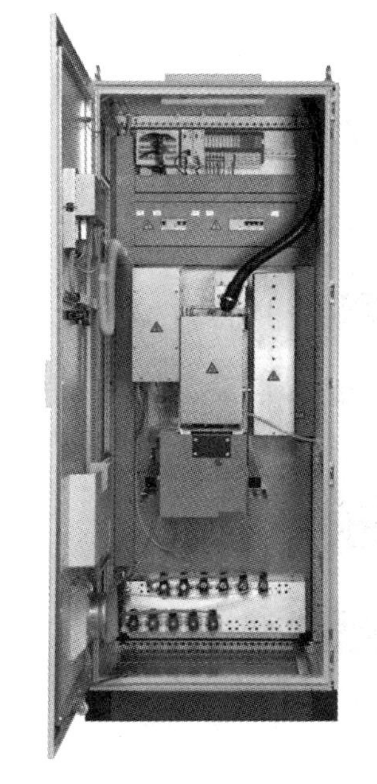

图 6.22　MCS100FT 分析系统

(1)取样系统设计及组成

图 6.23 为 MCS100FT 烟气连续监测分析系统的原理图。由于系统采用全程高温技术,从探杆、探头滤芯到取样管线、气室及射流泵均采用高温设计,温度均控制在 185 ℃以上,高于垃圾焚烧烟气一般的酸露点 160 ℃,避免了样气冷凝后出现的各种问题。

在 MCS100FT 分析系统中仪表空气被作为零点气来对仪器进行零点校准,作为反吹气对探杆和过滤器进行吹扫,也作为射流泵的工作流体。零点校准可以设定为周期性自动执行,这样既减少了系统对 N_2 的需求,降低了使用成本,也提高了系统的分析精度,减少了漂移的影响。

从原理图上可以看到,零点气均从机柜引入探头后,再从探头沿管线直接进入分析仪。这样便实现了全系统的零点校准和吹扫保护。

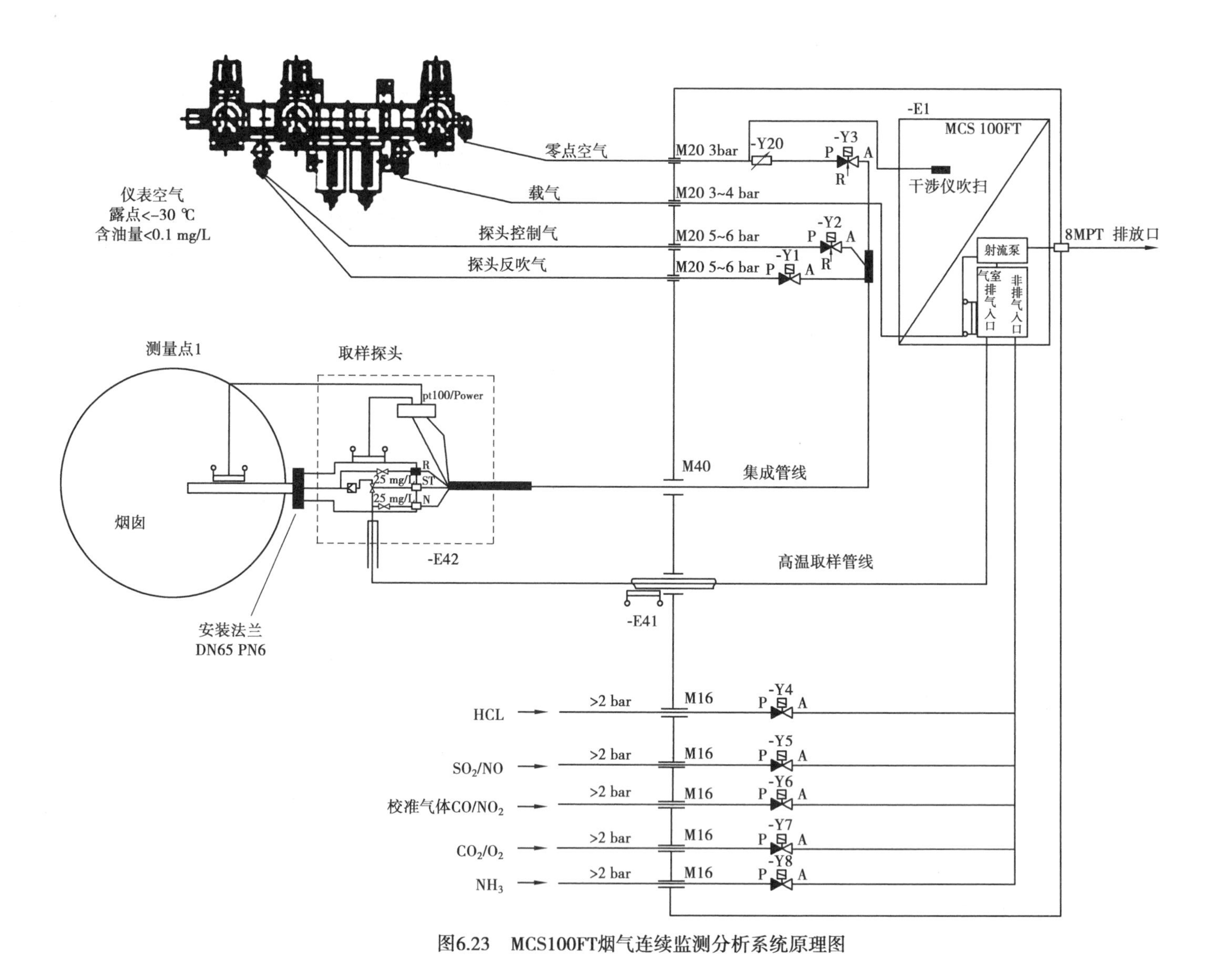

图6.23 MCS100FT烟气连续监测分析系统原理图

高温取样探头如图6.24所示，为SICK公司的专利产品，采用两级过滤（烟道内过滤器、外过滤器）和两级加热（探管加热、外过滤器加热）的设计。当系统停止取样时，探头上的气动波纹管会在仪表空气压力的作用下膨胀，关闭取样管路，避免样气向取样管线的扩展。零点气和反吹气从专门的接口被引入探头内部。

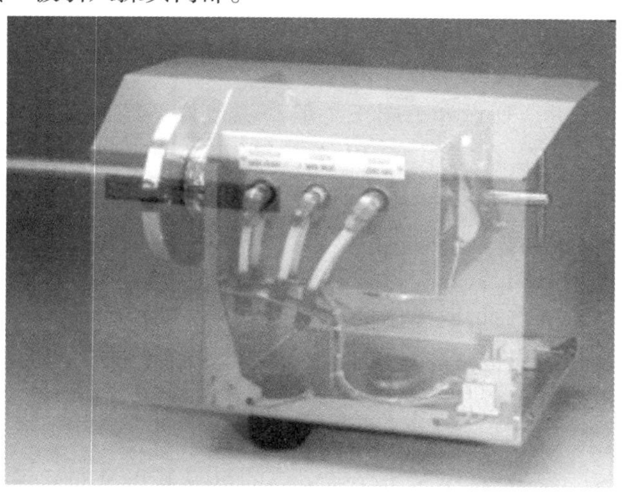

图6.24　高温取样探头

在欧盟的环保法规中，TOC也需要进行实时在线的检测，因此MCS100FT分析仪在设计时就充分考虑了和FID的集成。在仪器的气室外可以集成一个非常紧凑的FID分析仪。它与气室一同被加热到185 ℃，既保证了高温，也极大地提高了系统的集成度，用户无须再增加额外专门的FID设备。其外形结构和安装位置如图6.25所示。

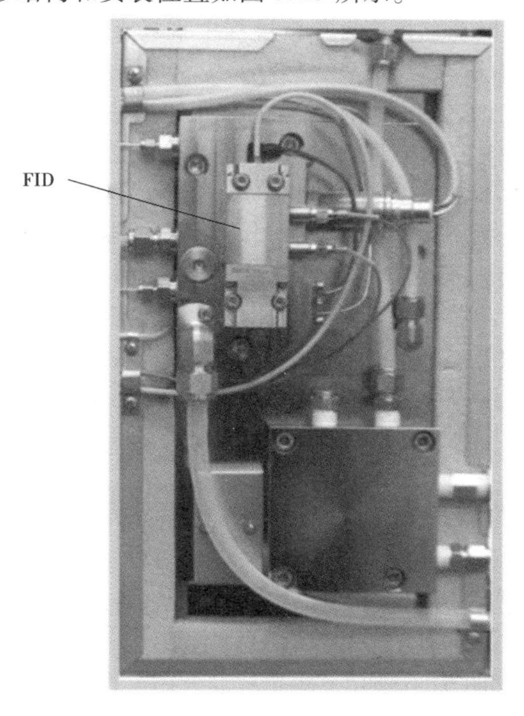

图6.25　MCS100FT中的FID分析仪

在 MCS100FT 中使用了名为 SCU 的工业 PC 机作为系统的核心控制部件。SCU 安装了 Linux 操作系统,提高了系统工作的稳定性。SCU 具有丰富的接口,它通过 CAN 总线可以和 MCS100FT 分析仪进行通信,可以通过以太网进行远程的诊断、调试和操作,可以通过 485 总线按照 MODBUS 协议和用户的 DCS 系统进行数据交换,还可以提供 OPC 功能。它包含一个触摸屏,用户可以很方便地在机柜前对系统进行操作。

(2)射流泵技术

MCS100FT 分析系统的取样设计不同于一般高温取样系统的独特之处,在于采用了射流泵技术。首先,射流泵被安装在气室后,以仪表空气作为工作流体,与气室一起被加热到 185 ℃,保证了不会产生冷凝和腐蚀。其次,在气室出口增加了压力测量装置,系统通过控制载气(射流泵工作流体)的流量,保证气室的绝对压力稳定在 750 hPa,极大地提高了测量精度。当压力误差超过一定范围时,系统将给出报警信号并停止取样。同时,该射流泵依然保持了较大的取样流量。正常工作时,取样流量一般保持了 0.3 m^3/h,保证了系统的响应时间。

采用射流泵的优点在于避免了隔膜泵的凝液腐蚀和由此造成的频繁更换膜片。同时,高精度的气室压力控制也保证了分析的精度。

(3)系统保护设计

高温取样分析系统的保护设计,对于保障系统的可靠运行是非常重要的。当系统出现诸如下面例举的一些主要故障时,系统必须能自动启动保护程序。

当系统出现加热故障而不能保证样气温度高于酸露点时,酸性液体将在故障点析出,从而产生腐蚀,影响系统的正常运行。

当系统取样流量降低时,极有可能是在样气传输环节出现了堵塞,这样会加重取样泵的工作负荷,并影响气室压力的稳定,造成测量数据偏差。

特别需要注意的是,如果系统在正常分析过程中现场突然停电,所有设备将停止加热,样气冷凝后可能造成大面积的腐蚀,导致系统瘫痪。

MCS100FT 分析系统在设计时采用了独特的自我保护功能。系统在利用仪表空气作为零点气的同时,也将其作为系统的保护气使用。同时,系统中的零点电磁阀(Y1)和控制气电磁阀(Y2)均选用常开电磁阀,即电磁阀在不上电时,保持通路状态。系统只要不在取样状态下,如故障、待机甚至包括停电状态,零点气电磁阀(Y1)和控制器电磁阀(Y2)都会导通。从图 6.23中可以看到,此时,控制气会被自动引入探头,控制波纹管阀阻断样气进入后续环节。同时,零点气自动沿取样管路,对探头、管线以及加热泵和气室等取样环节中的所有部件进行吹扫,保证在非取样状态下,不会有任何样气滞留在系统中,从而减少可能的腐蚀,并对各部件进行吹扫,提高了各部件的使用寿命,减少了维护工作。

6.4 高温非分散红外光谱(NDIR)监测系统

本节介绍西克麦哈克公司的 MCS100E 高温非分散红外光谱(NDIR)监测系统。

(1)系统组成

MCS100E 的系统组成如图 6.26 所示。根据样品处理方式的不同,MCS100E 包括 3 种配置:

①采用高温测量技术的 MCS100E HW。

②采用渗透干燥管除水的 MCS 100E PD。

③冷干法系统 MCS100 E CD。

其中 MCS100E HW 是垃圾焚烧厂采用的标准技术，MCS100E PD 用于低浓度组分测量场合；③用于热电厂烟气监测。下面对 MCS100E HW 和 MCS100E PD 加以介绍。

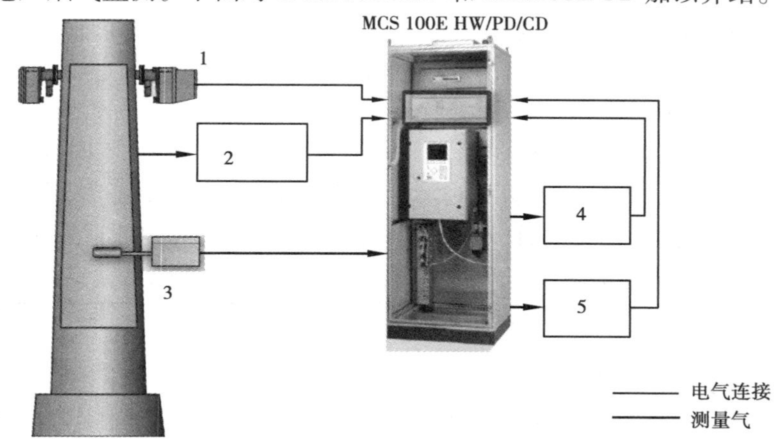

图 6.26　MCS100E 系统组成

1—粉尘仪；2—温压参数；3—采样探头；4—Hg 监测单元；5—HC 监测单元

1）MCS100E HW

MCS100E HW 采用高温测量技术，烟气经过的所有流路包括采样探头、过滤器、样品传输管路、采样泵和测量气体室等都要加热或保温，保证无冷凝水析出、无测量组分损失，防止对管路造成腐蚀，如图 6.27 所示。为了最大限度降低 HCl 和 NH_3 等组分的损失，采用较高的采样流量 600L/h。可以测量的组分包括：HCl、SO_2、CO、NO、NO_2、N_2O、NH_3、H_2O、CO_2 和 CH_4 等。各组分间可能存在交叉干扰，尤其是 H_2O 对各组分都有干扰，采用相加式或相乘式处理运算，可以克服 H_2O 的干扰。

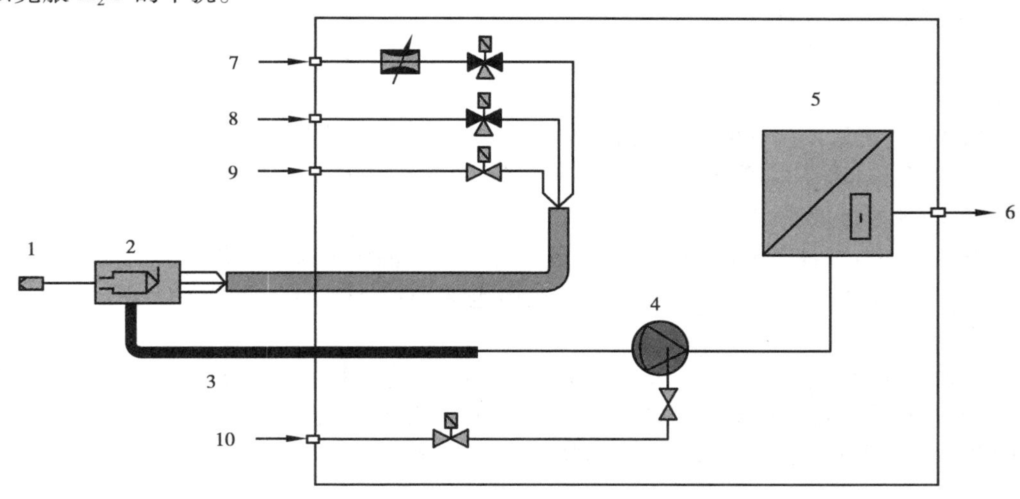

图 6.27　MCS100E HW 系统流路图

1—采样探头；2—过滤单元；3—伴热管线；4—高温采样泵；

5—分析仪表；6—出口；7—零气；8，10—校准气；9—反吹气

①相加式扣除:若各组分光谱相互重叠,对被测量组分构成干扰,必须加以消除。首先选择相应的波长测量干扰组分浓度(选择的波长不能受到其他组分干扰),然后把测量到的干扰值输入到加法 QE 表中,即可将干扰组分扣除。

②相乘式扣除:当干扰组分的干扰造成测量组分的吸光系数改变时,可使用校正因子消除干扰。首先选择不同波长测量干扰组分的浓度(选择的波长不应受到其他组分干扰),将干扰值输入到乘法 QE 表中,即可将干扰组分影响扣除。

2) MCS100E PD

MCS100E PD 系统的所有烟气流过的单元也都置于加热单元中,不同的是在进入分析仪表前,烟气要经过除水,如图 6.28 所示。除水采用 Nafion 管,而非冷凝法,能够在不造成测量组分损失的情况下进行除水,除水后,H_2O 对各组分的干扰减小,因此适用于低浓度的场所。其缺点是烟气通过 Nafion 管时 NH_3 会被除去,因此不能用于测 NH_3。

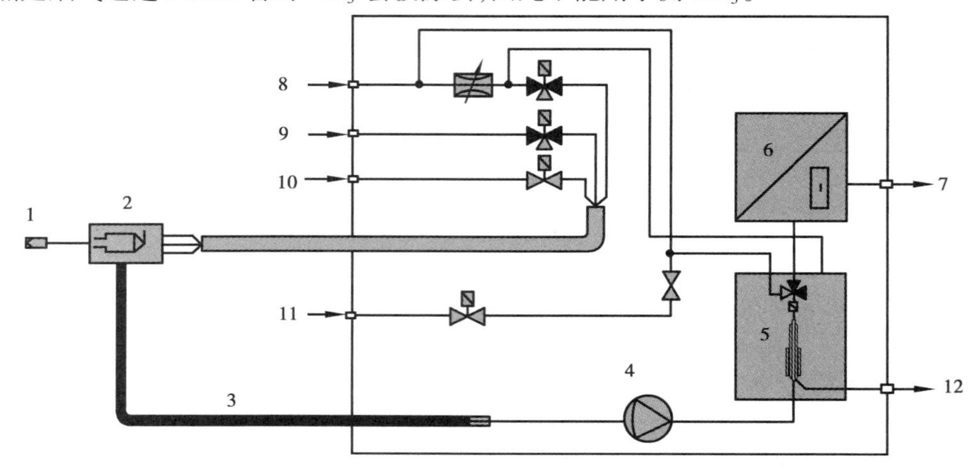

图 6.28　MCS100E PD 系统流路图

1—采样探头;2—过滤单元;3—伴热管线;4—高温采样泵;5—Nafion 管干燥除水;6—分析仪表;7—出口;8,11—零气(干燥 N_2);9—校准气; 10—反吹气;12—N_2 吸湿后的排出口

(2)主要特点

高温 NDIR 测量系统一般将单光束双波长和气体滤波相关技术结合起来,只需要一个气室和一个数据处理系统就可以同时测量多种组分,具有较高的光度测量精度和稳定性,同时降低了成本,减少了维护量。

多组分红外线气体分析器的工作气室可以在 180 ℃温度下长期工作。多次反射气室的光路长度分 3.18 m 和 6.36 m 两种。测量的气体包括 SO_2、NO、NO_2、N_2O、CO、CO_2、NH_3、HCl、CH_4、H_2O 等。

校准设计成独立运行的系统,具有所要求的全部控制功能。仪器具有自动调零、自动内部量程校验、多路样气自动切换、气体取样过滤器的自动反吹和系统自动保护功能,保证维护周期间隔长达 3 个月以上,能对出现的任何超差做出标记。

(3)性能指标

高温 NDIR 烟气连续监测系统在国内已经得到应用,截至 2014 年,安装和正在安装的已超过 10 套。上海江桥垃圾焚烧电厂一期工程于 2003 年 8 月投产以来,监测系统工作状况比较正常。系统的性能指标见表 6.8。

表6.8　MCS100E性能指标

产品型号 测量组分	MCS100 E HW	MCS100 E PD	MCS100 E CD
HCl	0 ~ 15 mg/m^3	0 ~ 10 mg/m^3	
CO	0 ~ 75 mg/m^3	0 ~ 50 mg/m^3	0 ~ 50 mg/m^3
NO	0 ~ 200 mg/m^3	0 ~ 50 mg/m^3	0 ~ 50 mg/m^3
NH_3	0 ~ 20 mg/m^3		
NO_2	0 ~ 100 mg/m^3	0 ~ 80 mg/m^3	0 ~ 80 mg/m^3
SO_2	0 ~ 75 mg/m^3	0 ~ 10 mg/m^3	0 ~ 10 mg/m^3
CO_2	0 ~ 25%	0 ~ 25%	0 ~ 25%
O_2	0 ~ 21%	0 ~ 21%	0 ~ 21%
H_2O	0 ~ 40%	0 ~ 5%	0 ~ 5%
N_2O	0 ~ 100 mg/m^3	0 ~ 100 mg/m^3	0 ~ 100 mg/m^3
CH_4	0 ~ 100 mg/m^3	0 ~ 100 mg/m^3	0 ~ 100 mg/m^3
探测下限	<2%测量范围		
温漂	<2%测量范围/10 K		

6.5　二噁英监测技术

城市垃圾焚烧、木材燃烧、工业废弃物热处理、火力发电、锅炉燃烧等热处理过程是强毒性有机污染物PCDDs/PCDFs的主要来源。其中,已知来源的二噁英80%以上是由焚烧城市生活垃圾、燃烧废弃塑料制品所产生。GB 18485—2001规定了垃圾焚烧厂排放烟气中二噁英类物质的限值为1.0ng TEQ/m^3;在修订的新标准GB 18485—2014中,将排放限值修订为0.1ng TEQ/m^3。

控制焚烧厂烟气中二噁英类的排放,可从控制来源、减少炉内形成、避免炉外低温区再合成以及提高尾气净化效率4个方面着手。

①控制来源:避免含二噁英类物质(如多氯联苯)以及含有机氯(PVC)高的废物(如医疗废物、农用地膜)进入焚烧炉。

②减少炉内合成:通常采用的是"3T+E"工艺,即焚烧温度850 ℃;停留时间2.0 s;保持充分的气固湍动程度;以及过量的空气量,使烟气中O_2的浓度处于6% ~11%。

③减少炉外低温再合成:炉外低温再合成现象多发生在锅炉内(尤其在节热器的部位)以及粒状污染物控制设备之前。已有研究指出,二噁英炉外低温再合成的最佳温度区间为200 ~400 ℃,主要生成机制为:铜或铁的化合物在飞灰的表面催化了二噁英类的前生体物质(如苯、氯苯、酚类、烃类等)而合成二噁英类。在工程上采取各种措施减少二噁英的炉外再次合成,

如减少烟气在200～400 ℃的停留时间,改善焚烧工艺减少生成二噁英的前生体物质,减少飞灰在设备内表面的沉积从而减少二噁英生成所需要的催化剂载体,等等。

④提高尾气净化效率:二噁英主要以颗粒状态存在于烟气中或者吸附在飞灰颗粒上,因此为了降低烟气中二噁英的排放量,就必须严格控制粉尘的排放量。布袋除尘器对1 μm以上粉尘的去除效率达到99%以上,但是对超细粉尘的去除效果不是十分理想,但活性炭粉末的强吸附能力可以弥补这项缺陷,通过喷射活性炭粉末加强对超细粉尘及其吸附的二噁英的捕集效率。

6.5.1 二噁英监测技术难点

目前二噁英检测主要采用离线方法,样品经现场采集,运送至专业实验室进行分析检测。常用的实验室分析方法包括化学方法和生物检测方法。化学方法检测二噁英,国际上普遍使用的是高分辨率气相色谱-质谱联用技术,是目前国际上公认的检测二噁英的标准方法之一。生物检测方法主要有7-乙氧基异吩噁唑酮-脱乙基酶法(EROD)、萤光素酶方法(Luciferase Assay)、酶免疫方法(Enzyme Immuno Assay,EIA)和荧光免疫法(DELFIA)等,通过对受体活化程度的测定来间接表达二噁英的毒性当量。这种离线检测技术由于诸多固有弊端无法真正指导监控工作,只有实现烟气中二噁英排放浓度的实时监测,才能有效指导和优化焚烧设备的运行,控制二噁英的排放。

燃烧废气中二噁英的浓度一般在10^{-12}～10^{-9} g/m^{3}数量级,其中有一种二噁英类物质单体:2,3,4,7,8-PCDFs的浓度更低。直接在线检测二噁英类物质对检测器的灵敏度、线性、稳定性、精确度、分辨率、响应时间及样品制备等提出了非常高的要求,在现有技术条件下,还无法对二噁英类物质进行直接的在线分析。

近年来,二噁英类关联物的提出,使得二噁英的间接在线检测成为可能:该方法通过在线监测形成二噁英的前生体来实现在线分析二噁英类污染物浓度的目的。关联物是指那些和二噁英及毒性(TEQ)有密切相关性并且能够通过它们的浓度来量化或半量化二噁英浓度的物质。这些物质在烟气中有较高的浓度、结构也相对简单,较易实现在线测量,常见的前生体包括氯苯(PCBz)、氯酚(PCPh)、多环芳烃(PAHs)、多氯联苯(PCBs)等。

人们在长期的研究中发现在垃圾焚烧过程中可以产生大量的氯苯(PCBz),并且由实验证明氯苯是形成PCDDs/PCDFs的重要前生体,还有研究发现氯苯总量与二噁英类物质的总毒性当量(TEQ)之间存在很好的相关性。通过测量关联物不仅可以间接获得二噁英的浓度数据,还可以简化测量程序、节省测量成本。所以目前二噁英在线检测技术的研究集中在三方面:关联物选择、关联模型建立、关联物在线测量技术。

实现二噁英在线监测,首先应基于关联物选择和研究建立前生体转化成二噁英的关联模型,在掌握前生体准确信息的情况下,应用关联模型换算可间接得到二噁英的实时浓度。关联模型的建立,是在对大量测量数据统计分析的基础上,建立前生体与二噁英本体之间的相关转换系数的过程。然而,影响废物焚烧炉中二噁英排放的因素很多,包括废物中的前生体和氯含量、CO含量、氧气含量、金属及其化合物的影响、燃烧温度、尾气净化系统及焚烧炉的记忆性等。因此,要建立一个良好、普适的关联模型难度很大,目前已有很多学者提出了基于自身研究数据的关联模型,但这些模型都仅针对特定的焚烧炉及采样点,广泛适用型的关联模型还需要更多研究。

国外近几年来已经发展了一些污染源二噁英前生体在线监测技术，开发了一些商品化的监测设备，国内在这方面的研究虽有一些基础，但距仪器设备的商品化还有很大差距。目前对二噁英在线监测主要通过对前生体化合物氯苯、三氯酚等物质的监测实现，采用的监测技术主要有在线色谱技术和在线质谱技术。大量的实验数据证明，采用二噁英前生体，进行二噁英在线检测，可准确检测出二噁英的含量。

6.5.2　二噁英前生体的在线色谱检测技术

在线色谱技术在进行二噁英前生体物质在线检测中具有检测灵敏度高、仪器设备简单、可实现自动化控制等优点。其原理是通过气体采样泵在一定的时间内以一定的流量对样品进行采集，样品经管路传输、过滤、干燥后进入富集装置（如Tenax管）中进行富集，被吸附的前生体在高温条件下脱附，进入色谱柱分离，采用高选择性和高灵敏的电子捕获检测器（ECD）进行检测。在线色谱-电子捕获检测器（ECD）技术可选择性地检测经过色谱分离的氯苯、氯酚等卤代烃类二噁英关联化合物，并可进行物质的定性定量分析，应用检测结果于关联模型即得到二噁英物质的含量。结合样品自动标定可实现仪器的自动校准，保证仪器的定量准确性。图6.29为日本应用技术研究中心和工程技术研究中心联合研制的在线工业色谱仪的仪器原理图。该仪器能够在线定量分析垃圾焚烧炉烟气中氯苯和氯酚类组分，并且与二噁英定量关联，此项技术研究在国内尚处于起步阶段。

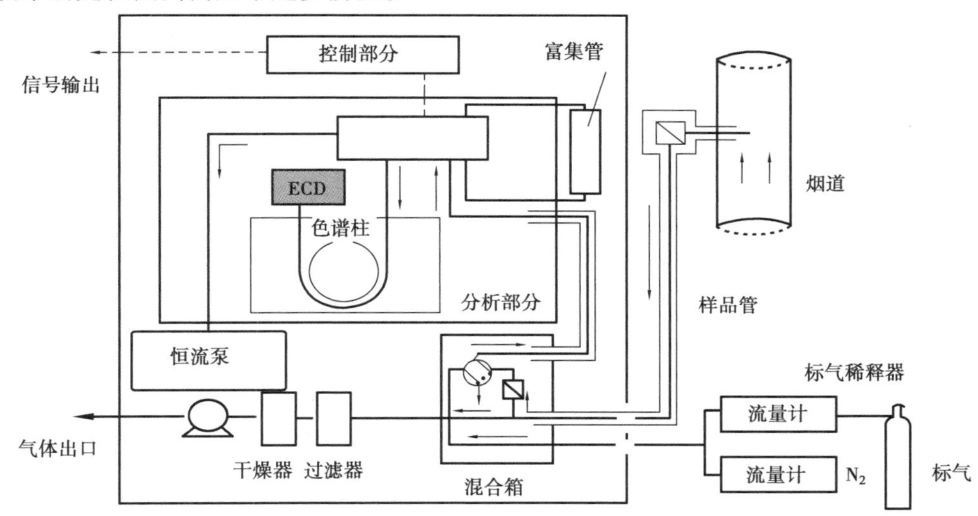

图6.29　日本研制的二噁英类物质在线检测在线工业色谱原理示意图

在线色谱技术在二噁英类物质在线检测中具有较高的灵敏度和选择性，尤其是对含有氯元素的二噁英类物质，具有较好的选择性和灵敏度，检测限可达0.5ng—TEQ/Nm^3。但在物质的定性能力上，尤其是有相同和相近保留时间的不同组分，目标组分谱峰的确认有一定难度。在这方面质谱检测技术则具有较大优势，因此，也发展了一批在线质谱检测设备，用于二噁英类物质的在线监测。

6.5.3　二噁英前生体的在线质谱检测技术

在线质谱技术以其精确的定性分析性能，被广泛应用于二噁英在线分析检测中。目前使用的在线质谱仪主要是四级杆质谱。四级杆质谱由四根带有直流电压(DC)和叠加的射频电压(RF)的准确平行杆构成,相对的一对电极是等电位的,两对电极之间电位相反。待分析的样品在质谱仪离子源处被离子化,产生带有不同电荷的离子,离子化后的样品进入质量分析器,当一组质荷比不同的离子进入由 DC 和 RF 组成的电场时,只有满足特定条件的离子作稳定振荡通过四极杆,到达监测器而被检测,通过扫描 RF 场可以获得相应的质谱图。但是单四级杆质谱检测物质质量范围窄、检测线性范围小、得到的信号不稳定。为实现物质的准确定性定量分析,同时满足二噁英检测对仪器检测灵敏度、检测限低、分辨率高等要求,常用三重四级杆和飞行时间质谱(Time-of-Flight Mass Spectrometry,TOF-MS)进行二噁英类物质的检测。

(1)三重四极杆质谱

三重四极杆质谱中的三重四极杆由两套高性能四极杆分析器和若干离子传输四极杆(或者多极杆)组成,其原理如图 6.30 所示。第一个四极杆(Q1)可根据设定的质荷比范围扫描和选择所需的离子;第二个四极杆(Q2),也称碰撞池,用于聚集和传送离子。在所选择离子的飞行途中,引入碰撞气体,例如氮气等;第三个四极杆(Q3)用于分析在碰撞池中产生的碎片离子,同时通过连续放置多个分析器来实现空间串联的多级质谱分析。

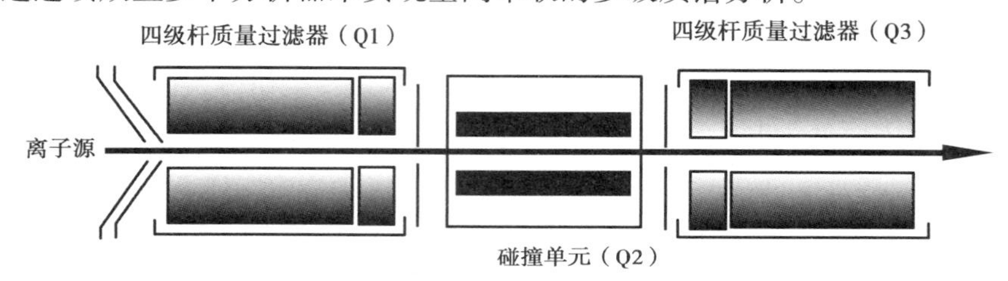

图 6.30　三重四级杆质谱仪原理示意图

三重四极杆质谱具有扫描灵敏度高、分辨率高、动态线性范围宽等优点,特别适用于物质的精确定量分析。针对不同的物质检测需求,需采用不同的离子化方式,主要有电子轰击电离源(EI)、化学电离源(CI)、快原子轰击源(FAB)、电喷雾源(ESI)、大气压化学电离离子源(APCI)等。

三重四级杆质谱在前生体检测中可实现样品的准确定性定量分析,其二级质谱功能,以及多种离子化方式,可以有效避免干扰组分对检测的影响,具有较高的选择性。但仪器检测灵敏度较色谱检测器差,且价格较为昂贵。

基于三重四级杆质谱检测技术,日本的三菱重工公司依据大气压负离子化学电离-三重四极质谱在线测量烟气中的三氯酚的方法,开发了型号为 CP-2000 二噁英类在线测量仪器。

(2)飞行时间质谱

飞行时间质谱是利用动能相同而质荷比不同的离子在恒定电场中运动,经过恒定距离所需时间不同的原理对物质成分或结构进行测定的一种质谱分析方法,其工作原理如图 6.31 所示。经气相色谱分离后的有机物分子依次进入 TOF 质谱检测器,在离子源处被真空紫外光软电离产生单电荷母体离子,离子经过整形垂直进入飞行时间质谱系统,离子化后的样品被加速电场加速,因为具有相同能量、质荷比不同的离子到达探测器的飞行时间存在差异,得到质荷比对信号强度的谱图,根据谱图实现对有机物分子的直接定性和定量。飞行时间质谱分析技术的优点在于理论上对测定对象没有质量范围限制、极快的响应速度以及较高的灵敏度和较高的分辨率。此外,TOFMS 没有扫描过程,单个激光脉冲激发就可以获得一幅完整的质谱图,具有实时检测的特性。

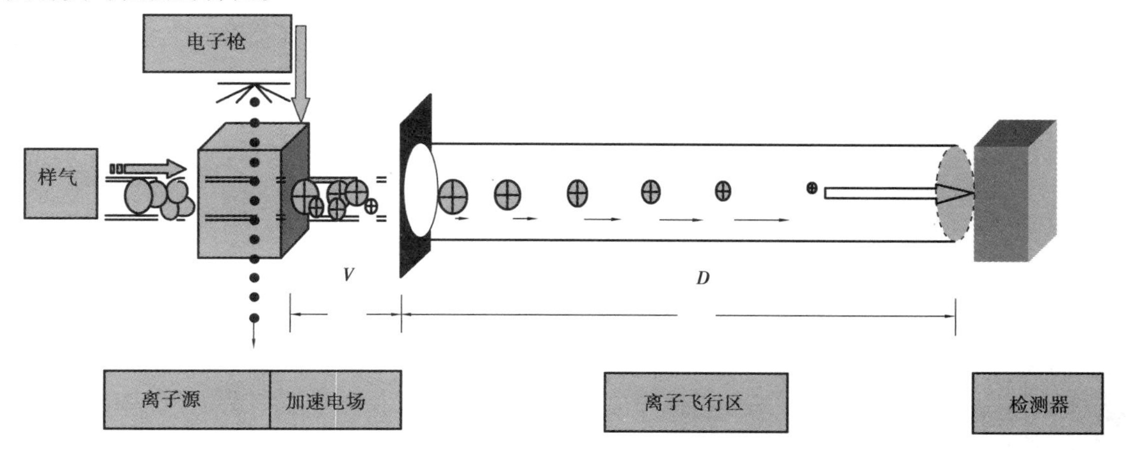

图6.31　飞行时间质谱原理示意图

目前,采用不同的电离源,基于飞行时间质谱研制的较为成型的二噁英在线监测技术主要有REMPI-TOFMS和Jet REMPI-TOFMS。

1) REMPI-TOFMS

共振增强多光子电离-飞行时间质谱(REMPI-TOFMS)技术是紫外(UV)光谱和飞行时间质谱的有机结合,采用了共振增强多光子电离技术和飞行时间质谱技术,具有快速、高灵敏度、高选择性等特点。解决了复杂基质下样品定性定量分析准确性不高、选择性低等问题。

①REMPI-TOFMS的核心:包括离子化区和离子单元检测区(图6.32)。该技术的电离区采用的共振增强多光子电离技术(图6.33),对有机分子在复杂基质条件下有高效的离子选择性;检测区利用的飞行时间质谱技术,可实现离子的快速检测。

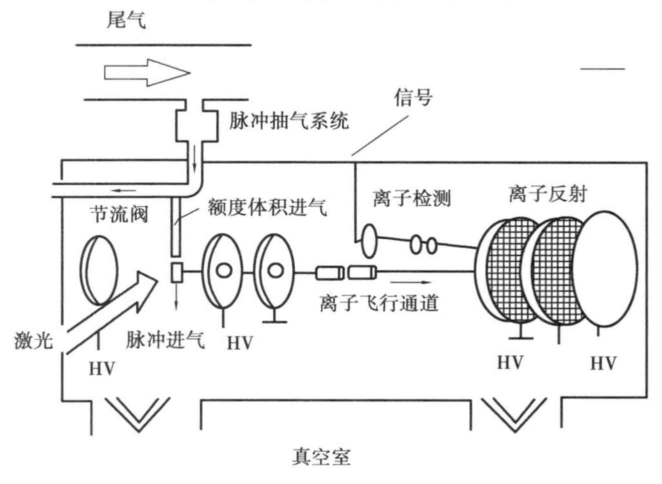

图6.32　REMPI-TOFMS检测系统元件示意图

②REMPI-TOFMS的原理:共振增强多光子电离(REMPI)是指处于基态的原子或分子先吸收m个光子与某一中间激发态发生共振,然后处于激发态的原子或分子又继续吸收n个光子向更高的激发态跃迁,直至超过电离阈值并发生电离的多光子过程,这一过程被称为$(m+n)$REMPI。选择一个较活泼的分子束结合一个固定频率的紫外光发射器,在此条件下许多

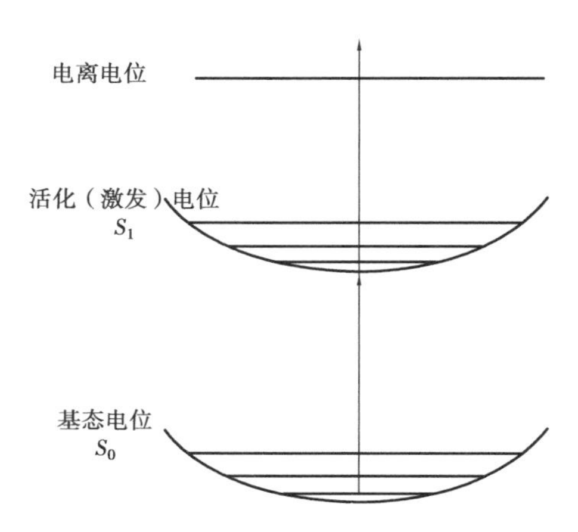

图 6.33　共振电离示意图

PAHs 都可以从混合气体中选择电离。电离后的样品进入质谱分析器进行分析检测。

③REMPI-TOFMS 进样系统，如图 6.34 所示，气体通过带有石棉过滤器的石英加热管到达毛细管，毛细管通过金属接触面加热，保温管保温。另一根毛细管直通至锥形金属顶端，被锥形金属加热，用于加强离子源。这样，探针可以处于零电压状态，与此同时，阻挡板、引出板和飞行管可以调整到相应的电压。激光束和分子束被正交安装在进样针头下方。

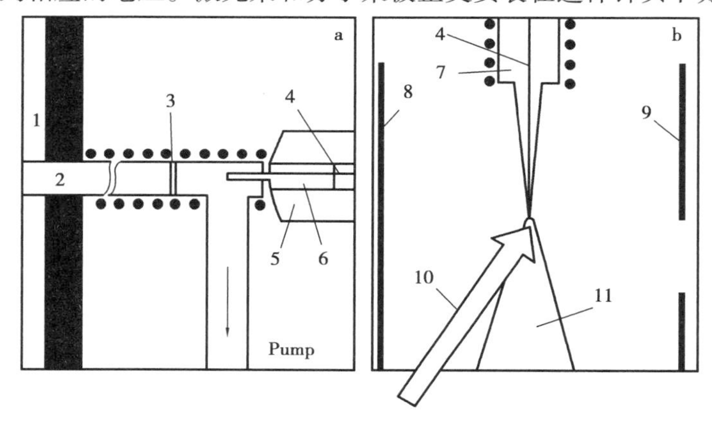

图 6.34　REMPI-TOFMS 进样系统

1—烟气；2—加热管；3—石棉过滤器；4—毛细管；5—保温管；6—金属接触面；
7—锥形金属；8—阻挡板；9—导出板；10—激光束；11—分子束

④REMPI-TOEMS 特点：具有快速（毫秒量级）、高灵敏度（可达 10^{-12} 量级）、高选择性（光谱、质谱两维选择）及多组分测量的特点，是焚烧炉烟气二噁英在线测量的有效技术。

2）Jet REMPI-TOFMS

激光谐振增强电离光子飞行时间质谱分析仪（Jet REMPI-TOFMS）由美国 SRI 公司研发生产，产品经过美国环境技术组织（ETV）的认证。该技术具有分辨率高、进样速度快、可实现二维检测等特点，通过钕激光源离子化技术与飞行时间质谱技术的有机结合，可实现焚烧炉中二噁英类物质排放在线检测。该仪器能对焚烧炉排放物进行选择性定量检测，在没有预处理或采样的条件下，能达到 ppt 级。仪器的检测原理如图 6.35 所示。采用激光诱导光电离技术与飞行时间质谱的有机结合，可实现二维检测。仪器的激光发射源是钕，离子用飞行时间质谱仪分析，仪器的最大检测分子量达到了 500。通过与超音速进样（Supersonic Jet-Inlet System）口连接,可实现低浓度的芳香烃化合物和同分异构体的检测。实际上,Jet REMPI 仪器结合了三项技术:超音速进样,共振增强多光子电离技术和飞行时间质谱技术。仪器测量的准确度高于 80%,分辨率 >500,在二噁英在线监测中具有良好的效果。

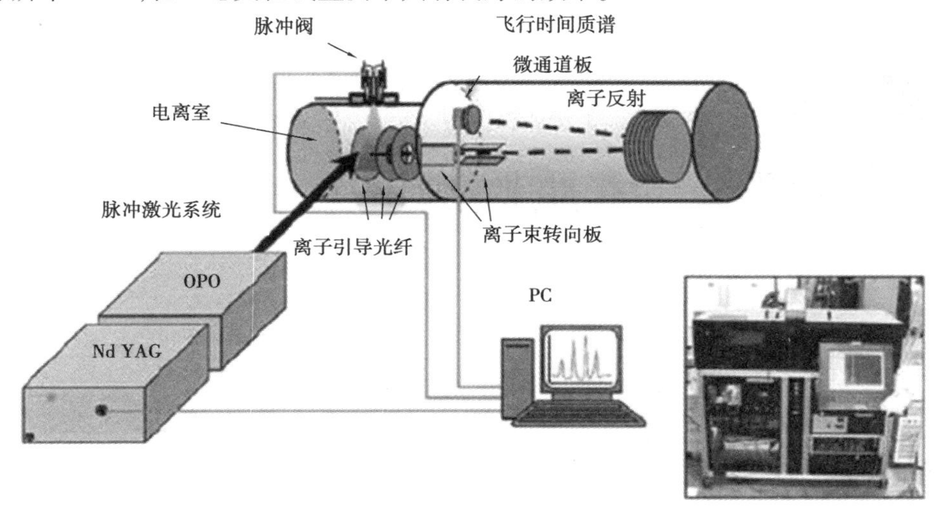

图 6.35　Jet REMPI-TOFMS 分析原理图

废气中二噁英在线监测技术和仪器的研究在国际上已取得了一定的进展,但以垃圾焚烧炉二噁英排放监控为工作重点,研制开发适合我国国情的二噁英类污染物前生体在线质谱和色谱监测设备的工作还处于起步阶段,许多巨大的困难和挑战已摆在我们面前,其中急需解决的关键问题主要包括:复杂条件下烟气自动采样、采样器与质谱和色谱的接口、在线实时标定等技术问题,高温、高腐蚀性气体、高粉尘下长时间连续运行质谱和色谱关键部件可靠性的技术难题,污染源二噁英在线检测质谱仪、色谱仪及相应的控制软件;针对我国垃圾成分复杂、焚烧炉设备多样性的现状,建立适合我国国情的垃圾焚烧典型前生体浓度与二噁英类污染物的量化关联模型和数据库;在典型垃圾焚烧厂进行示范应用,形成相关方法的技术规范等。这些问题是打破废气二噁英排放监测技术壁垒,构建我国二噁英排放自主监控体系的重点和突破点,还需要我国科研工作者的不断努力和创新。

第7章 水质分析仪器与水质监测

7.1 在线水质分析仪器的发展历史

过程工业(Process Industry,也被称为流程工业),比如石化、电力、冶金等工业,典型的特征是连续生产,且原料、生产工艺等具有变动性,需要测定工艺控制参数实现工艺控制。但传统的分析方法有一定的时间滞后,无法及时反馈以调整工艺。20世纪40年代,随着计算机的出现和应用,在工业领域兴起自动化控制的浪潮,对能实现实时监测的仪器需求越来越强烈。工业水处理作为流程工业的一部分,其工艺流程也同样有了这方面的需求。早期的实时液体监测仪器,主要检测对象是物理量,如温度、压力、液位、流量等。随着化学分析仪器技术的突破,能应用于工业水处理过程水质连续监测的仪表应运而生,即为在线水质分析仪。20世纪50~60年代,应用比较广泛的是工业水处理流程的在线pH分析仪和在线电导率分析仪。到了20世纪70年代,新的分析技术开始应用于在线水质分析仪器,如光谱技术,一批新的水质在线分析仪开始面世,如在线浊度仪、在线COD分析仪、在线TOC分析仪等。在线水质分析仪开始进入两个新的领域:一是环境监测领域,据统计,美国在20世纪70年代中期就在全国范围内建立了覆盖各大水系上千个自动监测站,连续测定pH、浊度、COD、TOC等。二是以污水处理和自来水为代表的给排水行业,比如自来水厂引入了在线余氯分析仪和在线浊度分析仪,污水处理厂引入了在线溶解氧,在线悬浮物浓度计等。生产过程的自动化在帮助企业提高产量和产品质量、降低能耗、保证生产安全、提高劳动生产率等方面起到了重要作用。如当时日本横滨南部污水处理厂,已经走上了自动化道路,日处理污水量为26.8万 m^3(包括污水处理),操作管理人员为59名。而同时期上海金山石油化工总厂污水厂,日处理污水仅2万~4万 m^3,操作管理人员达到200~300人。同时,采用自动化控制,曝气池节约电力约10%,COD去除率提高约5%,处理后出水透明度提高约12%。

表7.1是常见在线水质分析仪在世界范围内各个领域开始广泛应用的大致时间。早期在线水质分析仪主要应用于流程工业中的水系统,包括工业纯水、锅炉水和循环水。随后在给排水行业和环境监测领域,在线水质分析仪得到了高速的发展。目前,环境监测领域是水质在线分析仪的主要应用领域。

表7.1 常见在线水质分析仪开始广泛应用的大致时间

		1960s	1970s	1980s	1990s	2000s	2010s
流程工业	工业纯水	pH、电导率	硅表、钠表	余氯	酸碱浓度计、SS	TOC	污泥密度指数
	工业锅炉水及蒸汽	pH、电导率	微量溶解氧、联胺、钠表、硅表、磷表		氯离子、硬度	溶解氢	
	工业循环水		pH、电导率	浊度、余氯	酸碱浓度计、总磷		水中油
水工业	自来水		pH、电导率	浊度、余氯		流动电流仪、颗粒计数仪、铝离子	
	污水处理		pH	溶解氧、污泥浓度计	污泥界面仪、ORP	氨氮、硝氮、磷酸盐	菌类
环境监测	污水排放		pH、COD	氨氮	总磷、总氮	氟化物、氰化物	TOC、重金属
	地表水		pH、电导率、浊度、溶解氧	COD、氨氮	总磷、总氮	TOC、高锰酸盐指数、藻类、毒性	菌类、重金属、水中VOC、水中油

7.2 在线水质分析仪的类别和实现技术

7.2.1 在线水质分析仪的类别

按照国际标准化组织(ISO)代号ISO 15839《水质-在线传感器/分析设备的规范及性能检验》标准的定义:"在线分析传感器/设备(On-line Sensor/Analyzing Equipment)是一种自动测量设备,可以连续(或以给定频率)输出与溶液中测量到的一种或多种被测物的数值成比例的信号。"根据定义,在线水质分析仪的分类,除了可以用表7.1的应用行业进行分类,比如污水表、环境监测类仪表,还可以有以下3种分类:

①根据核心分析部件的类型,可以分为传感器(Sensor)和分析仪(Analyzer)两类。水质传感器是指能感受溶液中被测量物质并按照一定的规律转换成可用信号的器件或装置,通常由敏感元件和转换元件组成。通常而言,传感器比较小巧,直接接触待测水样,实现连续测量。

早期的在线水质分析仪,大多数是属于传感器类,比如 pH、电导率、ORP、溶解氧等。为了让测量信号直观地显示为待测量物质浓度,以及输出信号以实现自动化控制,在实际应用上配合传感器使用的还会有一个控制器,俗称二次表。但是,随着人们对在线水质分析仪需求的扩展,一方面应用的领域越来越复杂和恶劣,很多时候需要对样品进行预处理,如降温、减压、除油、沉降等,另一方面越来越多的参数涉及复杂的分析过程,简单的传感器无法实现这类参数的测量。因此人们开始开发了结构相对复杂在线水质分析仪,其一般具备自动采样、自动预处理、周期性分析、仪器自带显示和信号传输的特点。大多数环境检测领域的在线水质分析仪,都属于这一类别,比如 TOC、COD、氨氮、总磷、总氮等。

②根据在线水质分析仪应用目的的不同,又可以分为过程型和监测型两大类。过程型分析仪器主要用于水处理工艺过程,所测量的水质参数甚至会用于直接参与过程控制,以优化水处理工艺、提升水处理效率,在保证末端水质达标的前提下,达到水处理过程节能降耗的目的。过程型分析仪器更多要求原位、实时,连续监测,对仪器的可靠性、测量速度要求较高,这类仪表主要集中在工业和水处理行业。监测型分析仪器主要以获取水质参数数据为目的,以判断水质是否达到法规的要求,不参与水处理工艺过程控制。监测型分析仪器对测量数据的准确度要求较高,数据可以作为有关部门进行执法管理的依据,对检测原理和方法的有一定要求,尽可能采用成熟的分析技术,甚至与国际、国内的标准分析仪方法一致。同一台仪表在不同的应用领域可能分属不同类别,比如浊度,在饮用水工艺中属于过程型,但是在地表水监测中属于监测型。

③根据在线水质分析仪安装方式的不同,可以分为原位(In-situ)安装方式和取样式(On-line)安装方式两大类。原位安装方式是指采用原位测量分析,分析仪直接安装在待测水样的环境中,这种类型的安装方式主要是传感器类。取样式安装方式是指样品通过主动或被动的方式定量送到安装在现场的在线分析仪的安装方式。采用原位安装方式的传感器,具有分析数据直接反映样品特点,响应速度快等优点,缺点是对于传感器的材质要求较高,较难设计自清洗、自校准等功能;后者采样及预处理过程可能会引入误差,分析周期较长,但功能上较完备,降低后期的运维时间。

7.2.2 在线水质分析仪的分析技术

作为分析仪器的一个类型,水质在线分析仪的分析技术主要源于实验室分析技术,在实验室方法应用成熟后往往会被开发为在线分析仪。以最早开始应用,范围也最广的在线 pH 分析仪为例,pH 的概念和定义由丹麦学者索伦森教授于 1909 年提出,世界上第一台商业 pH 计由美国化学家阿诺德·贝克曼博士于 1936 年研制生产,其传感器是基于电化学玻璃电极原理的 pH 电极。20 世纪 40 年代末,随着自动化控制的兴起,基于电化学玻璃电极法的在线 pH 分析仪诞生了。

由于制造工艺上要兼顾自动化要求和复杂现场工况的要求,并不是所有的实验室方法都适合作为在线水质分析仪器的分析技术。目前主要的分析技术如下。

(1)电化学分析法

电化学分析法是仪器分析一个很重要的组成部分,是基于物质在电化学池中电化学性质及变化规律进行分析的一种方法,通常以电位、电流、电荷量和电导等电化学参数与被测量物质的量之间的关系作为计量基础。目前基于电化学分析方法的在线水质分析仪器,有以下四大类：

①离子选择性电极：将一个指示电极和一个参比电极与溶液组成电池，指示电极的电位与溶液中待测物质的浓度直接相关。它又可分为原电极(Primary Electrode)和敏化电极(Sensitized Electrode)。前者是电极敏感膜直接与溶液接触，敏感膜产生的电位与待测离子浓度相关，比如玻璃电极。后者是在原电极的基础上装配了敏化膜，溶液中的待测物质在敏化膜上或敏化膜内改变某个特征量，原电极通过测量这个特征量的变化来得到待测物质的浓度，比如气敏电极和酶电极。离子选择性电极的典型代表是 pH 电极，可以把它理解为氢离子选择性电极。目前采用离子选择性电极法的在线水质分析仪有：pH、氯离子、铵离子、氨氮、硝酸根离子、氟化物、余氯/二氧化率/臭氧、钠离子、溶解氧等。

②电位滴定：在指示电极、参比电极和待测溶液组成的测量系统中，定量加入滴定剂，在化学计量点附近，由于被滴定物质的浓度发生突变，指示电极的电位随之产生突跃，由此即可得到滴定终点。可以认为电位滴定法的电位变化代替了经典手工滴定法指示剂颜色变化确定重点。目前采用电位滴定法的在线水质分析仪有硫酸盐、硫化物、氯离子、高锰酸盐指数、硬度、挥发性脂肪酸(VFA)等。

③溶出伏安法：先将被测物质以某种方式富集在电极表面，而后借助线性电位扫描或脉冲技术将电极表面富集的物质溶出，根据溶出过程得到电流-电位曲线来进行分析。目前采用阳极溶出法的在线水质分析仪主要用于测定水中重金属，如汞、铅、砷、锑、铜、锌、银等。

④电导法：通过测量溶液的电导来分析被测物质含量的电化学分析方法。目前采用电导法在线水质分析仪有电导率仪，纯水 TOC 分析仪。

(2)光学分析法

光学分析仪是基于分析物和电磁辐射相互作用产生辐射信号的变化。光学分析法又可以分为光谱法和非光谱法，前者测量信号是物质内部能级跃迁所产生的发射、吸收等光谱的波长和强度；后者不涉及能级跃迁，不以波长为特征信号，如折射、干涉等。基于光学分析法的在线水质分析仪器近年来发展迅猛，是在线水质分析仪器中最大的一类。

目前广泛使用的基于光谱法的在线水质分析仪，根据光谱类型，主要分为 3 类：

①紫外-可见吸收光谱法：基于物质对 200～400 nm 紫外光谱区和 400～800 nm 可见光谱区辐射的吸收特性建立起来的分析测定方法，又称为紫外-可见分光光度法。分光光度法的定量基础是 Lambert-Beer 定律，即在一定波长处被测物质的吸光度与其浓度呈线性关系。目前常见的采用分光光度法的在线水质分析仪有 COD、总磷、总氮、氨氮、金属离子(铁、铜、铬)、色度等。

②红外吸收光谱法：利用物质分子对红外辐射的特征吸收建立起来的方法。该方法的定量分析同样基于 Lambert-Beer 定律。目前常见的采用红外吸收光谱法的在线水质分析仪有 TOC、水中油。

③荧光光谱法：基于原子核外层电子吸收特征频率的光辐射后，发射出荧光进行分析。根据激发光的类型，又可分为紫外荧光、X 射线荧光等。目前常见的采用荧光光谱技术的在线水质分析仪有水中油、叶绿素、蓝绿藻等传感器。

非光谱法的在线水质分析仪中的应用主要采用散射光原理，也称比浊法。该方法通过胶体溶液或悬浮液后的散射光强度来进行定量分析。目前常见的采用比浊法的水质在线分析仪有浊度仪、悬浮物浓度计(污泥浓度计)、水中油等。

(3)色谱分析法

色谱技术是基于物质在吸附剂、分离介质或分离材料上的物理化学性质差异(如吸附、溶解度、离子交换等)而实现不同物质的分离的一项技术,因此本质上色谱是一种分离技术。但是该分离技术与不同的化学分析技术结合,可实现对多种(性质相近)混合物质的分析。虽然与色谱法结合的化学分析技术就是常用的仪器分析法检测技术,但两者在设计上相差很大,因此色谱分析技术被视为一种独立的分析技术。

色谱技术用于在线仪器已经有很长的时间了,工业色谱广泛应用于石油化工、冶金等行业。在水质分析领域采用色谱技术,主要有以下两类:

①气相色谱法:以气体为流动相,利用不同物质在色谱柱中分配系数/吸附能力的不同实现分离技术。目前在水质分析领域采用该方法的在线分析仪器有 VOCs(挥发性有机物)分析仪。

②离子色谱法:利用离子交换原理,对水样中共存的多种阴离子或阳离子进行分离、定性和定量的方法。目前在水质分析领域采用该方法的在线分析仪器,主要用于部分阴阳离子的检测,如氯离子、氯酸盐、亚氯酸盐、溴酸盐、氰化物、钾离子、钠离子等。

7.2.3 在线水质分析仪的自动化技术

在线水质分析仪器是一类专门的自动化在线分析仪表,仪器通过实时、现场操作,实现从水样采集到(水质指标)数据输出的快速分析;在线水质分析仪器一般具有自动诊断、自动校准、自动清洗、故障报警等功能,在保证分析结果准确度的同时,可以实现无人值守自动运行。因此,除了核心的分析技术,仪器还应该具备取样、包含试剂添加的流路系统、化学反应、检测、校准、清洗、计算及信号输出、诊断、报警等功能。

(1)取样

除了原位安装(In-situ)方式的在线水质分析仪,均需考虑取样,即将样品采集到分析仪系统中。目前主流的技术是采用计量泵或蠕动泵进行定量采样。

(2)流路系统

作为溶液样品的分析,待测样品和试剂在取样系统、化学反应系统、检测器等模块间的转移均是通过流路系统完成。目前主要的流路系统包括以下几类:

①流通池:采用非原位安装的传感器类在线水质分析仪,一般采用流通池式流路设计。流通池式流路是指样品通过本身压力(如带压管道)或者输送泵持续稳定地流过装配有传感器的管路,传感器连续测定样品。常见的传感器类分析仪,如 pH、电导率、溶解氧等,均有采用流通池式流路的设计。其基本样式如图 7.1(a)所示。

②间隔注射技术(Interval Injection Analysis):通过传动装置(如蠕动泵、定量注射阀),配以阀的切换,间隔将样品及试剂注射到仪器的反应容器中进行化学反应的流路设计。这种流路设计,其过程类似于实验室分析方法,具有很高的可靠性。目前大多数在线水质分析仪采用该流路设计。其基本样式如图 7.1(b)所示。

③顺序注射技术(Sequential Injection Analysis,SIA):核心是一个多通道阀,阀的各通道分别与检测器、样品、试剂等通道相连,公共通道与一个可以正反抽吸的泵相连。通过泵从不同通道顺序吸入一定体积的溶液,送到泵与阀的储存管中,样品和试剂相互渗透和混合,发生化学反应,反应产物被推送到检测器进行检测。这种流路设计结构简单,成本低,具有通用性。

其基本样式如图7.1(c)所示。

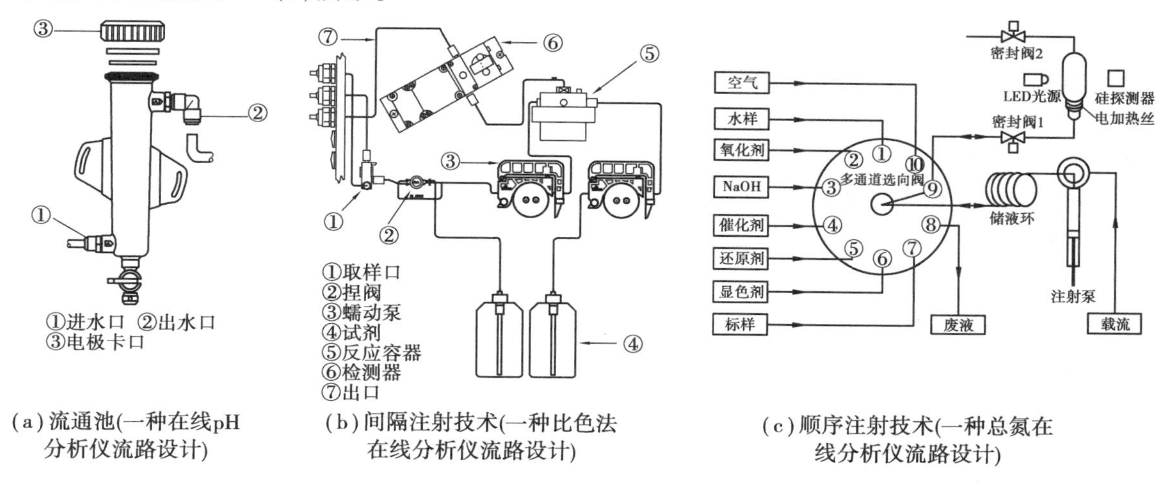

(a)流通池(一种在线pH分析仪流路设计)　(b)间隔注射技术(一种比色法在线分析仪流路设计)　(c)顺序注射技术(一种总氮在线分析仪流路设计)

图7.1　在线水质分析仪常用流路设计

(3)化学反应

基于传感器技术的在线水质分析仪,传感器能直接感受水中待测物质并转化为可探测的信号,故一般不需要额外的化学反应步骤。但目前大多数在线水质分析仪,是将待测物质转化为某种利用现有技术能够检测到的信号物质,比如分光光度法,是将待测物质转化为某种颜色的物质,通过检测颜色深浅的仪器(分光光度计)来实现分析目的。这一类在线水质分析仪都需要通过化学反应对样品进行预处理和转化。

目前,一些通用的预处理方法,比如降温、减压、稀释等,都会有专用的预处理设备配套,搭载于在线水质分析仪之前,只有与分析方法相关的预处理及化学反应,才会由在线水质分析仪实现。在反应容器中可以实现显色反应图7.1(b);通过电加热丝加热实现总氮样品的消解图7.1(c)。

(4)校准

校准曲线是待测物质浓度与所测量仪器响应值的函数关系,样品测得信号值后,在校准曲线上查得其含量,因此制作好校准曲线是取得准确测量结果的前提。最普通的方法是用一组含待测组分量不同的标准试样或基准物质配制成浓度不同的溶液做出校准曲线。校准曲线的斜率,常随着环境温度、试剂批次和使用时间、仪器电子元器件老化等实验条件的变化而变化,通常需要每隔一段时间后重新制作校准曲线。

在线水质分析仪是一种安装在现场的连续自动检测的分析仪,相比于实验室条件,环境多变,试剂质量变化快,仪器损耗大,导致其校准曲线斜率发生偏移的速度一般要快于实验室仪器。因此在线水质分析仪器均需考虑设计方便、快捷的校准方式,甚至全自动的校准模式。

除了传感器类原位安装的仪器大都采用手工校准,其他类型的在线水质分析仪器均可以实现定时自动校准功能。

(5)清洗

原位安装的传感器直接接触待测样品,会出现传感器表面结垢、污物附着等问题,导致测量精度下降甚至彻底失去检测能力;在线安装的水质分析仪,除了有原位安装传感器的问题,同时内部流路会受样品及试剂的污染,下一次测量的结果易受上次测量周期的样品和试剂的污染。为了解决这些问题,在线水质分析仪还必须考虑分析仪/传感器的清洗功能。

分析仪类的在线水质分析仪会在一个测量周期结束后,让清洗溶液(有时是纯水)流过整个流路系统,确保无样品和试剂的残留,实现自动清洗的功能。

原位安装的传感器清洗方式有机械刷洗、超声波清洗、水喷射清洗、化学溶液喷射清洗等多种方式。机械刷洗是指通过传感器内置刮刷或外置机械刮刷,以一定周期刷洗传感器表面,实现清洗目的。超声波清洗、空气/水喷射清洗、化学溶剂清洗等一般都需要通过外置机械结构来实现清洗目的。它们的常见样式如图 7.2 所示。由于传感器与样品直接接触,采用水喷射清洗、化学溶液喷射清洗会污染样品,因此应用上受限。机械刷洗和超声波清洗不污染样品,在实际应用中使用较多,尤其是传感器内置式刮刷,不需要外置机械结构,不污染样品,最被用户所接受。

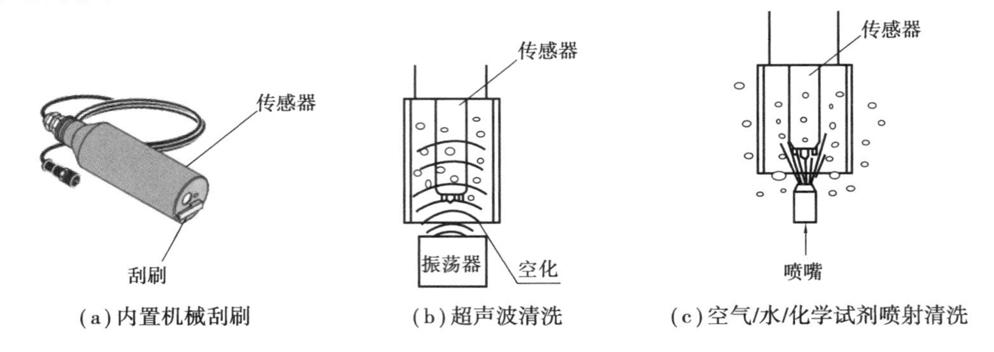

(a)内置机械刮刷　(b)超声波清洗　(c)空气/水/化学试剂喷射清洗

图 7.2　传感器类在线水质分析自动化仪清洗方式

(6)电子技术

在线水质分析仪的迅速发展,离不开电子技术的贡献。电子技术帮助分析仪器实现自动化,包括自动取样、分析、计算、统计、显示和数据传输。

7.3　在线水质分析仪的发展趋势和前景

根据国际水资源协会的报告,目前全球水资源遇到的七大挑战中,有两项直接与水质相关,一是全球范围内的水质不断下降,二是饮用水的安全问题。全球范围内对环境保护、污水处理、水资源循环利用、饮用水安全保障等领域的关注已经到了无以复加的程度。在线水质分析技术,以其自动化、连续性的特点,在这些领域的应用越来越受重视,这进一步推动了在线水质分析仪的发展。

从分析技术层面和应用层面,在线水质分析仪的发展有以下几个趋势。

(1)更多经典的仪器分析技术将逐渐应用于水质在线仪器

分析技术是限制一台分析仪器分析参数、浓度范围、分析速度、准确性等的最重要因素。从在线水质分析仪器诞生以来,广泛应用的在线水质分析仪使用的分析技术,依然集中在电化学法和紫外-可见吸收光谱法。还有很多成熟的仪器分析方法,比如原子吸收光谱、原子发射光谱、拉曼光谱、色谱等,从在线仪器化的技术和成本考量,还没有得到广泛应用。相信随着材料科学的发展,在线水质监测需求的进一步扩大,这些分析技术会逐步应用于在线水质分析仪器。比如X射线荧光技术,通常用于固体、液体中常量和微量元素(通常是重金属),但随着技术的突破,单色波长色散X射线荧光技术已经开始应用于水溶液中痕量甚至超痕量元素的分析,制造出基于X射线荧光技术的在线水中重金属分析仪。

(2)微生物分析方法开始进入在线水质分析领域

几十年的技术进步,在线水质分析技术已经部分地攻克了常规理化指标、无机阴离子、重金属、营养盐、有机物综合指标等,现在主要需要攻克的技术难题还有有机污染物和微生物。微生物,尤其是病原微生物,由于其直接影响人体安全,而常规检测方法耗时长,无法及时反映水体的生物安全性,因此在饮用水、制药、食品饮料等行业,有着非常急迫的需求。目前,对于总细菌、总大肠菌群、粪大肠杆菌等微生物指标,已经有公司开始基于传统的酶底物法进行在线培养并检测,不过分析周期依然很长。一些新技术正在尝试应用于微生物的在线检测,比如流式细胞术、激光诱导荧光光谱、ATP荧光技术等,相信很快会有成熟的技术应用于水中微生物的在线检测。

(3)无试剂化的呼声越来越大

当前在线水质分析仪的主要应用领域是环境监测,比如地表水、地下水、海水等自然水体的水质监测以及污水处理及排放。但是目前的在线水质分析仪采用的分析技术,大部分都需要用到化学试剂,其中不乏有毒有害试剂。比如在国内使用广泛的采用重铬酸钾消解比色法的在线COD分析仪,在分析过程中会使用到硫酸、重铬酸钾、硫酸汞等试剂。因此,用环境友好的分析方法替代传统的在线分析技术势必成为一种趋势。

(4)海洋环境在线监测将成为热点

继地表水环境监测和污水排放监测后,海洋有可能成为在线水质分析仪在环境监测中的下一个热点应用领域。近年来重大的海洋污染事故时有发生,各国海洋生态环境均面临巨大的压力。提高海洋水质监测能力,为管理方提供基础数据和决策依据成了当前刻不容缓的任务。目前海洋环境监测除了少数国家建有海上浮标在线监测海水水质,包括我国在内的大部分国家还是采用人工采样实验室分析为主,建立海洋环境监测网络,以满足海洋生态环境监测领域的重大需求。不过,常规的监测分析方法不适用于海水,传感器/分析仪需要有很强的耐腐蚀能力,海洋上无法提供稳定的电源导致必须采用低功耗的技术,这些都是海洋在线水质监测的技术难题。

(5)在线水质传感器进入民用领域

传统的在线水质分析仪表仪有三大应用领域——流程工业、水工业和环境监测。高昂的价格、需要专业的运维以及远低于应用于工业自动化的回报,是在线水质分析仪器进入民用领域的主要障碍。不过这个情况正在慢慢改变。一方面随着材料技术和制造业技术的进步,水质传感器的成本正在迅速降低,另一方面人们已经逐渐意识到在生活中应用了在线水质分析仪表可以给健康生活带来帮助,因此民用在线水质传感器的需求越来越大。家用纯水机、洗衣机甚至冰箱,都有一定的应用前景。

(6)用于预测及预警的在线水质分析仪得到迅速发展

水质监测和研究的目的,可以归纳为四个层面:一是掌握水中不同组分(污染物)的浓度水平;二是解析组分特征;三是评价水质安全;四是预测水质转化。目前在线水质分析仪的应用,主要还停留在前两个层面。但掌握了水中某些关键组分或主要污染物的浓度水平和组分特征,往往不能判断水质是否安全,近年来一些急性毒性测定技术开始应用于水质综合性安全的评价，如发光细菌法、鱼类法。美国环保署还评测过一款专用基于水质指纹技术的饮用水安全评价技术，并在有限范围内开始应用。

从当前掌握的水质组分、浓度特征，预测未来一段时间水质转化趋势，指导人们在当前就做出预防措施以防止可能的水质恶化，这是人们对于水质研究的第四层面目的。要实现这一目的，需要有大数据和水质模型算法的支撑。在线水质分析仪器，由于其实时、连续测定的特点，可以提供大量连续的数据，给了大数据应用以前提；合理的在线监测点位设置，又可以为水质模型提供依据。因此在线水质分析仪的应用，可以帮助我们实现更多以预测和预警为目的的水质监测应用。

7.4 在线水质分析仪在国内的应用情况

相比于国外先进国家，国内使用水质在线分析仪的起步较晚。比如市政给水和排水方面，美国、日本和欧洲发达国家在20世纪70年代开始就广泛应用在线水质分析仪表指导工艺监测水质，而我国直到20世纪90年代才开始在大型城市的污水厂、自来水厂中应用在线水质分析仪表。又如环境监测领域，美国、日本、英国、德国和法国是将在线水质分析仪应用于江、河、湖、库水质监测较早的国家，他们在20世纪70年代基本上已经组建了全国范围内的自动监测网，而我国直到20世纪90年代末才开始正式启动组建水质自动检测系统。

不过，得益于20多年来国家在环保领域的持续投入，水质在线监测领域有了巨大的发展，不再是仅仅追随发达国家的发展步伐。这个发展主要体现在以下两个领域：

一是地表水水质监测站网络的建立。1999年开始，为了及时全面掌握全国主要流域重点断面水体的水质状况，预警或预报重大（流域性）水质污染事故，国家环保总局（现为中华人民共和国生态环境部）在松花江、辽河、海河、黄河、淮河、长江、珠江、太湖、巢湖、滇池等流域建设水质自动监测站，截至2018年，仅国家地表水水质自动站就达到2 050个。

二是污染源排放监测网络的建立。1985年，国家开始考虑污染物总量控制制度，并在上海进行试点。1996年国务院批准实施《“九五”期间全国主要污染物排放总量控制计划》，开启了建立污染源排放监测网络的序幕，COD、氨氮、重点地区的总磷总氮陆续确定成为总量控制的水污染物指标。这直接带动了在线COD分析仪、在线氨氮分析仪、在线总磷总氮分析仪的应用市场。

国内很多仪器公司，正是利用这两个机遇，开发仪器并推入市场，公司快速发展，得以与国外知名的仪器公司在水环境在线监测领域有了一争高下的实力。

目前，国内在线水质分析仪器的应用和市场，还是存在一些问题。由于起步晚，技术储备不足，国内的在线水质分析仪制造主要集中在环境监测领域，其核心分析技术移植于传统的实验室方法。但实际上，在线分析技术与实验室分析技术有很大的区别，国外先进的仪器厂商在设计之初就考虑到在线仪器的应用场合，因此在流程工业、水处理等水体相对复杂的行业，他们的传感器和分析仪具有很大的优势；另外国内使用水质在线分析仪器也欠缺经验，很多人还认为它是一种全自动无须人工干预的分析技术，而实际上，作为精密的分析仪器，维护保养对于在线仪器的使用效果至关重要。相信这些问题，随着我们制造和使用水质在线分析仪的经验积累，会逐步改变。

第8章 污水处理与排放水质监测

8.1 污水处理工艺简述

8.1.1 污水物理化学处理方法及工艺

水中的污染物按它们在水中的存在状态可分为悬浮物、胶体和溶解物3大类;按照它们的化学特性可分为无机物和有机物。废水处理方法一般分为物理法、化学法和生物法,每种处理方法都有各自的特点和适用条件,根据不同的原水水质和处理后的水质要求,可单独应用,也可几种方法组合应用,通常每一种处理方法只针对去除某一类或某几类污染物。

(1)混凝

混凝沉淀工艺是目前给水处理、中水处理和部分污水处理的核心工艺,主要包含混合、絮凝、沉淀三个工艺流程,本节中的混凝是混合和絮凝过程的总称。

通过投加混凝剂使水中难以自然沉淀的胶体物质及细微悬浮物聚集成较大的颗粒,使之能与水分离的过程称为混凝。混凝是水处理的重要方法,能去除浊度和色度,还能对水中的无机和有机物污染物有一定的去除效果。在近代水处理技术中,混凝技术广泛用于去除臭味、藻类、氮磷、悬浮颗粒等污染物,混凝过程中投加的药剂称为混凝剂或絮凝剂,传统的混凝剂是铝盐和铁盐,如三氯化铝、硫酸铁等。20世纪60年代开始出现的无机高分子混凝剂,如聚合氯化铝、聚合氯化铁等,因为性价比更高,得到了迅速发展,目前已在世界许多地区取代了传统混凝剂。近代发展起来的聚丙烯酰胺有机高分子絮凝剂、品种甚多而效果优良,但因价格较高且不能完全消除毒性,始终不能代替无机类混凝剂,而主要作为助凝剂使用。

混凝沉淀技术在污水处理领域有着广泛的应用,主要用于除磷及悬浮物质,其应用受到多方面因素的影响,包括水温、pH、碱度及水力条件等。

1)水温

水温对混凝效果有明显的影响。在一定的低水温范围内,即使增加混凝剂的投加量,也难以取得良好的混凝效果。其主要原因是无机盐混凝剂水解需要吸热,低温时混凝剂水解困难。另外,低温时水的黏度大,减小了颗粒之间碰撞的机会。

2)pH

对于不同的混凝剂,水体 pH 值对混凝效果的影响程度不同。铝盐和铁盐混凝剂,由于它们的水解产物直接受到水体 pH 值的影响,所以影响程度较大。对于聚合形态的混凝剂,如聚合氯化铝和其他高分子混凝剂,其混凝效果受水体 pH 值的影响程度较小,因为它们的分子结构在投入水中之前就已经形成。

3)碱度

铝盐和铁盐混凝剂的水解反应过程,会不断产生 H^+,从而导致水的 pH 降低。要使 pH 保持在合适的范围内,水中应有足够的碱性物质与 H^+ 中和。原水中都含有一定的碱度,对 pH 值有一定缓冲作用。当水中碱度不足或混凝剂投量大,pH 下降较多,不仅超出了混凝剂的最佳作用范围,甚至影响混凝剂的继续水解或水解产物的电性而影响混凝效果。因此在这种情况下,需补充碱度,通常做法是向水中投加熟石灰以补充碱度。

4)水中杂质的性质、组成和浓度

水中存在的各种离子、悬浮物浓度、颗粒尺寸等都会对混凝效果产生影响,同一混凝剂在不同水体中的混凝效果也存在一定的差别,通常在选择混凝剂时需要进行烧杯试验确定合适的化学药剂。

(2)沉淀

利用某些悬浮颗粒的密度大于水的特性,将其从水中去除的过程称为沉淀。密度大于水的悬浮颗粒有的是在原水本身存在的,有的是胶体经混凝生成的矾花。

颗粒物在水中的沉淀,可根据其浓度和特性,分为自由沉淀、絮凝沉淀、拥挤沉淀和压缩沉淀 4 种基本类型。

1)自由沉淀

自由沉淀是指低浓度的离散颗粒在沉淀过程中,互不干扰,其形状、尺寸和质量均不发生变化,下沉速度不受干扰。

2)絮凝沉淀

絮凝沉淀是指絮凝性颗粒在沉淀过程中,由于颗粒之间相互碰撞而凝集,其尺寸和质量均随沉淀深度的增加而变大,沉速亦逐渐增大。

3)拥挤沉淀

拥挤沉淀又称分层沉淀,是指颗粒在水中的浓度过大时,在下沉过程中颗粒间相互干扰,不同颗粒以相同的速度成层下沉,清水与浑水之间形成明显的交界面,该交界面逐渐下移。

4)压缩沉淀

压缩沉淀是指颗粒在水中浓度增高到颗粒相互接触并部分地受到压缩物支撑,在重力作用下被进一步挤压。

在城市污水处理流程中,在沉砂池中砂粒的沉淀以及低浓度悬浮物在初沉池中的沉淀为自由沉淀;活性污泥在二沉池上部和中部的沉淀为絮凝沉淀,污泥斗中的沉淀为拥挤沉淀;剩余污泥在污泥浓缩池中的浓缩过程以压缩沉淀为主。

在市政水处理工艺中采用的沉淀池工艺,包括给水处理和污水处理,主要有平流沉淀池、竖流沉淀池和辐流沉淀池。对于大中型的水处理设施,平流沉淀池和辐流沉淀池是采用较多的池型,而竖流沉淀池主要用于相对较小型的水处理系统中。

(3)过滤

通过过滤介质的表面或滤层截留水体中悬浮固体和其他杂质的过程称为过滤。城市污水二级处理出水一般经混凝沉淀后再进入滤池过滤,滤池出水有的经消毒后直接利用,有的还需经活性炭吸附、超滤和反渗透等工艺处理。过滤已成为水的再生利用与回用处理中不可缺少的过程。

过滤有以下三方面的作用:

①去除二级处理出水中的生物絮体,进一步降低水中的悬浮物、有机物、磷、重金属、细菌和病菌的浓度。

②为后续处理装置创造有利条件,保证后续处理构筑物的稳定运行以及处理效率的提高。

③过滤液悬浮物和其他干扰物质浓度的降低,可提高杀菌效率,节省消毒剂用量。另外,过滤还可作为废水混凝所产生的絮体的分离装置。

通常在市政污水处理工艺中,过滤工艺主要用于去除废水中的悬浮固体,使出水的悬浮固体或浊度达到排放或回用的要求。砂滤是最常见的过滤工艺,该工艺以石英砂为过滤介质截留水质的悬浮物质,过滤一定时间后,滤池进行反冲洗。

(4)中和

酸性和碱性工业废水的来源广泛,如化工、化纤、制药、印染、造纸和金属加工等行业都有酸性或碱性废水排水。废水中含无机酸碱或有机酸碱,并含有重金属离子、悬浮物和其他杂质。对于高浓度的酸碱废水(酸或碱含量大于3%),应首先考虑回收和综合利用途径,只有当废水无回收或综合利用价值时,才采用中和法处理。用化学法使废水 pH 值达到适宜范围的过程称为中和。

酸性废水的中和方法可分为:与碱性废水互相中和、药剂中和、过滤中和;碱性废水的中和方法可分为:与酸性废水互相中和、药剂中和。在污水处理中最常用的是药剂中和,通过投加碱性或酸性药剂中和废水的 pH 使其达到要求的范围。

向酸性废水中投加碱性药剂,使废水 pH 值升高的方法称为酸性废水药剂中和法。常用的中和剂有石灰、石灰石、碳酸钠、苛性钠、氧化镁等。投加石灰乳时,氢氧化钠对废水中杂质有凝聚作用,因此适用于杂质多浓度高的酸性废水。向碱性废水中投加酸性药剂,使废水 pH 值降低的方法称为碱性废水的药剂中和法。常用的中和剂有硫酸、盐酸等。

(5)化学沉淀

向工业废水中投加某种化学物质,使其和废水中溶解性物质发生反应,并生成难溶盐沉淀,从而将该溶解性物质从废水中去除的方法称为化学沉淀法。该法一般用以处理含金属离子和某些阴离子(S^{2-}、SO_4^{2-})的工业废水。氢氧化物、硫化物和碳酸盐等常被作为沉淀剂使用。

1)氢氧化物沉淀法

由于实际废水组分复杂,一般需通过实验确定相关操作参数,同时应注意有些金属离子的不同特性,选择合适的 pH 范围以确保沉淀不会重新溶解。因此,用氢氧化物法分离废水中的重金属时,废水的 pH 值是操作的一个重要条件,pH 值不在合适范围会导致处理效率的下降或失败。氢氧化物法的最经济化学药剂是石灰,一般适用于不准备回收技术的低浓度废水处理。

2)硫化物沉淀法

硫化物沉淀法常用的沉淀剂有硫化钠、硫化钾等。许多金属能形成硫化物沉淀。大多数金属硫化物的溶解度一般比其氢氧化物的要小很多,采用硫化物作沉淀剂可使废水中的金属得到更高效率的去除。但是,由于硫化物沉淀法处理费用较高,硫化物固液分离困难,常需要投加凝聚剂。因此,该方法的应用并不广泛,有时可作为氢氧化物沉淀法的补充来使用。

3)碳酸盐沉淀法

锌和铅等金属离子的碳酸盐的溶度积也很小,可投加碳酸钠从高浓度的含锌或铅废水中回收重金属。

(6)氧化还原

通过氧化还原反应将废水中溶解性的污染物质去除的方法称为废水氧化还原法处理。在化学反应中,失去电子的过程称为氧化,得到电子的过程称为还原。失去电子的物质称为还原剂,在反应中被氧化;得到电子的物质称为氧化剂,在反应中被还原。氧化作用和还原作用总是同时发生的。每个物质都有各自的氧化态和还原态,其氧化还原电位的高低决定了该物质的氧化还原能力。

根据废水中污染物质在氧化还原反应中被氧化或被还原的差异,废水的氧化还原处理法可分为氧化法和还原法两大类。

向废水中投加氧化剂,使废水中有毒有害物质转化为无毒无害或毒害作用小的新物质的方法称为药剂氧化法。在废水处理中常用的氧化剂有:空气中的氧、臭氧、氯气、次氯酸钠、二氧化氯、过氧化氢等。氧化法主要用于去除废水中无机氰化物和有机物等污染物质。同理,若向废水中投加的是还原剂,使废水中有毒有害物质转化为无毒无害或毒害作用小的新物质的方法称为还原法。还原法主要用于去除废水中的高价重金属离子,如 Cr^{6+} 等,投加的还原剂使 Cr^{6+} 转化为 Cr^{3+},再通过加入氢氧化物使其产生沉淀去除。

(7)膜分离

膜分离技术自20世纪50年代以来获得快速发展,并在海水及苦咸水淡化、出水制备、废水处理及资源化和一些工业分离过程中得到越来越广泛的应用。按照膜的分离精度,可分为微滤膜、超滤膜、纳滤膜和反渗透膜,其功能适用性见表8.1。

表8.1 常见膜分离技术主要特点

膜种类	过滤精度/μm	截留分子量/Da	功能	主要用途
微滤	0.1~10	>100 000	去除悬浮颗粒、细菌、部分病毒及大尺度胶体	饮用水去浊度、中水回用等
超滤	0.002~0.1	10 000~100 000	去除胶体、微生物和大分子有机物	饮用水去浊度、中水回用等
纳滤	0.001~0.003	200~1 000	去除多价离子、部分一价离子和分子量200~1 000 Da的有机物	脱除硬度、去除溶解性盐类等
反渗透	0.000 4~0.000 6	>100	去除溶解性盐及分子量大于100 Da的有机物	海水淡化、制备纯水等

在水处理过程中,主要使用微滤膜,在饮用水处理工艺中使用微滤膜可去除水中的浊度,

替代常规的过滤工艺；市政污水处理工艺中，将微滤膜和活性污泥法结合起来的 MBR 工艺，在有机物去除率，出水水质方面体现出了明显的优势，有较多的实际工程案例。

(8)消毒

城市污水二级处理后出水经相应的深度处理工艺后可作为工业回用水、农业灌溉水、市政用水和地下(地表)补充水进行再利用。消毒是城市污水再生利用水质安全保障技术之一，另外对于医院污水也需经严格消毒后才排入接纳水体。消毒主要是杀死对人体健康有害的病原微生物。在市政污水处理中，常用的主要是紫外线消毒和氯消毒。

1)紫外线消毒

紫外线消毒属于物理消毒法中的一种。紫外线的波长范围为 200 ~ 390 nm，波长 260 nm 左右的紫外线杀菌能力最强。因为细菌 DNA 对紫外线的吸收峰在 260 nm 处，DNA 吸收紫外线后分子结构被破坏，引起菌体内蛋白质和酶的合成发生障碍，最终导致细菌死亡。

与氯消毒剂相比，紫外线消毒的优点是无须化学药品，不会产生 THMs 类消毒副产物，杀菌作用快；无臭味，无噪声；操作容易，管理简单，运行和维修费用低。缺点是消毒效果受浊度和悬浮物影响较大；无持续消毒作用。

2)氯消毒

在市政污水回用中，对于需要通过管道输送再生水的非现场回用情况需采用加氯消毒方式，相对于紫外消毒方式，氯消毒由于具备持续的消毒能力，在某些场合具有紫外消毒不可替代的属性。

8.1.2　污水生物处理方法及工艺

在自然界中，存在着大量以有机物为营养物质而生活的微生物，它们不但能够分解氧化一般的有机物并将其转化为稳定的化合物，而且还能转化某些有毒的有机物质，如酚、醛等。污水生物处理就是利用微生物分解氧化有机物的这一特性和功能，并采取一定的人工措施，创造有利于微生物生长和繁殖的环境，获得大量具有高生物活性的微生物，以提高其分解氧化有机物效率的一种污水处理方法。

污水生物处理方法分为好氧生物处理和厌氧生物处理两大类。好氧生物处理需要氧的供应，而厌氧生物处理则需保证无氧的环境。好氧生物处理工艺有活性污泥法和生物膜法。以上两种污水生物处理方法又涵盖了各种具体的工艺形式。

(1)好氧活性污泥法

向容器中的生活污水进行曝气，间隔一定时间后，停止曝气，去除上层污水，保留沉淀物，更换新鲜污水，如此连续操作，持续一段时间后，在污水中就形成一种黄褐色的絮状体。在显微镜下观察，该絮状体含有多种微生物。这种絮状体在曝气时，成悬浮状态，曝气停止后，易于沉淀，从而使污水得到净化、澄清。这种含有多种微生物的絮状体被称为“活性污泥”。以活性污泥为主体的污水生物处理工艺称为活性污泥法。

传统活性污泥法的基本工艺流程由曝气池、二沉池、曝气系统、污泥回流及剩余污泥排放 5 部分组成(图 8.1)。曝气的作用是为微生物新陈代谢提供溶解氧及搅拌污水，使微生物和污染物充分接触，强化生化反应的传质过程。曝气池内的泥水混合液流入二沉池，进行泥水分离，活性污泥絮体沉入池底，泥水分离后的水作为处理出水。二沉池沉降下来的污泥一部分作为回流污泥返回曝气池，以维持曝气池内的微生物浓度相对平衡，另一部分作为剩余污泥排除。

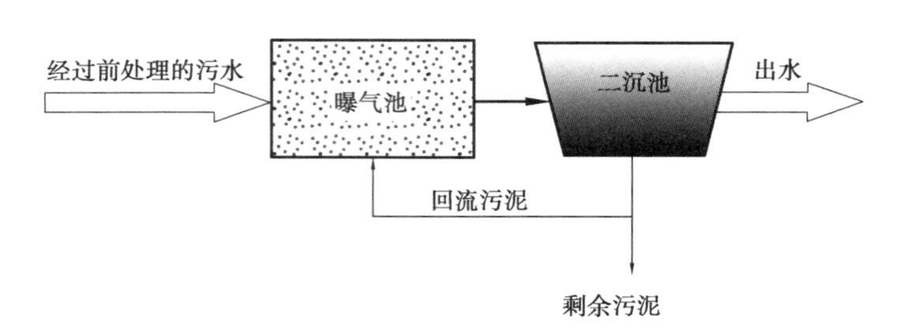

图 8.1　传统活性污泥法的基本工艺流程示意图

(2)好氧生物膜法

生物膜法是通过附着在载体或介质表面上的细菌等微生物生长繁殖,形成膜状活性生物污泥——生物膜,利用生物膜降解污水中有机物的生物处理方法。生物膜中的微生物以污水中的有机污染物为营养物质,在新陈代谢过程中将有机物降解,同时微生物自身也得到增殖(图 8.2)。

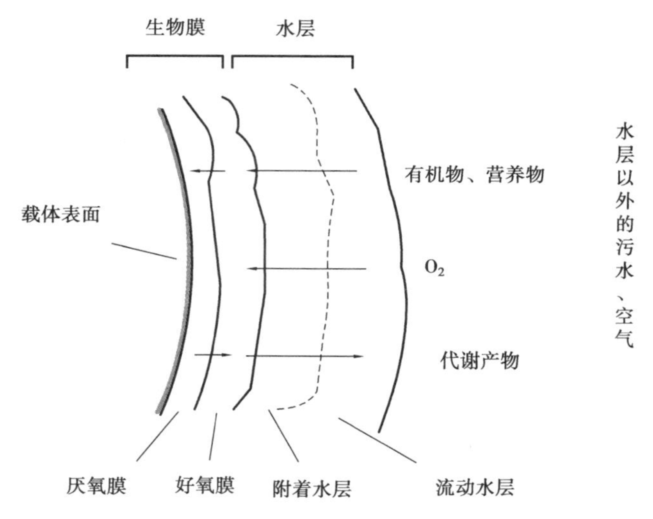

图 8.2　生物膜结构和有机物降解的示意图

生物膜刚开始运行时,同活性污泥法相似,也需要饲养微生物。对于城市污水,在 20 ℃条件下,需要 15 ~ 30 d,微生物在填料上生长、繁殖,形成稳定的生物膜。从图 8.2 可以看出,生物膜的表面上有很薄的附着水层,相对于外侧流动的水流,附着水层是静止的。由于流动水层比附着水层中的有机物浓度高,有机物的浓度梯度和水流的扰动扩散作用可使有机物、营养物和溶解氧进入附着水层,并进一步扩散到生物膜中,有机物被生物膜吸附、吸收和降解。微生物在分解有机物的过程中自身也进行合成,不断繁殖,使生物膜的厚度增加。传递进入生物膜的溶解氧很快被生物膜表层的好氧微生物所消耗,有机物的分解主要在生物膜的好氧膜中完成。随着时间的延长,滤料上的生物膜不断增厚,处于内层的生物膜所处环境溶解氧较低,出现厌氧的环境,厌氧产物增加,降低了生物膜在滤料上附着力,这种老化的生物膜很容易从附着的载体上脱落。在脱落的生物膜的位置上,随后又长出新的生物膜,生物膜的脱落与更新过程不断循环进行。

由于生物膜法中微生物以附着的状态存在,所以固体停留时间长,这使得世代时间长、比增长速率慢的微生物在生物膜系统中更易于生长。生物膜法工艺的这个特性是区别于活性污泥法的一个重要特征，在市政污水处理中，对于世代时间相对较长的硝化细菌，在生物膜系统中显现出了较好的适用性。

(3)厌氧生物处理法

自 1881 年人类首次使用厌氧方法处理污水，至今已有 100 多年的历史。厌氧生物处理是指在无氧条件下，由厌氧和兼性微生物的共同作用，将有机物分解转化为 CH_4 和 CO_2 的过程。厌氧过程可分为 3 个阶段。

①第一阶段：水解发酵阶段。在水解与发酵细菌作用下，碳水化合物、蛋白质、脂肪被转化为单糖、氨基酸、脂肪酸、甘油、二氧化碳、氢等，该阶段反应较迅速。

②第二阶段：产氢和乙酸阶段。在产氢产乙酸菌和同性乙酸菌的作用下，将第一阶段的产物转化成 H_2、CO_2 和 CH_3COOH。

③第三阶段：产甲烷阶段。CO_2 和 H_2 在一类产甲烷菌作用下转变为甲烷和水，而乙酸在另一类产甲烷菌的作用下转变为甲烷和二氧化碳。

这 3 个阶段有机物和产物的相互转换和数量关系如图 8.3 所示。

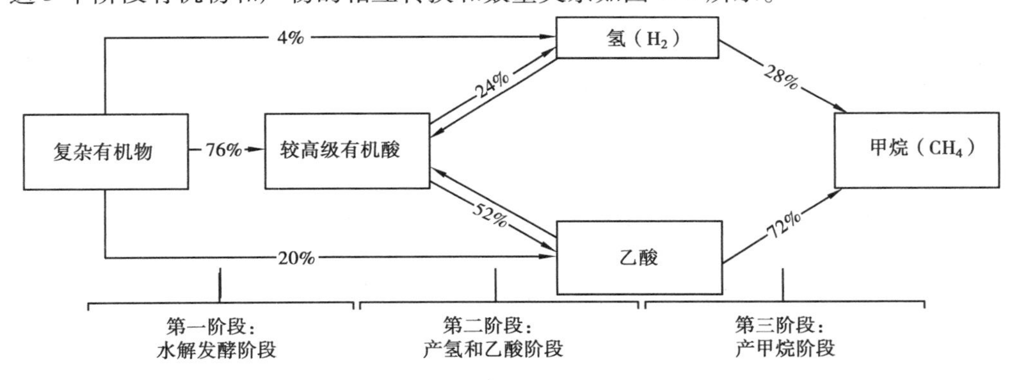

图 8.3　厌氧分解过程的 3 个阶段

厌氧生物处理方法相对于好氧生物处理法，具有去除难降解有机污染物、产生甲烷能源气体等优点，同时由于厌氧微生物生长缓慢，且易受环境条件影响，因此厌氧处理系统需要较长的启动时间，且厌氧处理后的出水难于直接达到排放标准，在实际应用中通常采用厌氧和好氧的组合处理工艺。

8.1.3　市政污水处理

市政生活污水由于其污染物组分相对比较固定，其处理方法相对已经比较成熟，主要处理工艺流程主要包括预处理、二级生化处理及后续深度处理，其核心是生化处理工艺，可供选择的工艺主要有 A^2O 工艺、氧化沟工艺和序批式活性污泥工艺(SBR)等以及由此衍生出的一些工艺形式，另外曝气生物滤池等生物膜法技术也被用于污水的二级处理或深度处理中。

(1) A^2O 工艺

A^2O 工艺是厌氧—缺氧—好氧的简称，该工艺于 20 世纪 70 年代发展起来，可完成有机物的去除、脱氮除磷等目的，目前被广泛应用于我国城镇污水处理厂的二级处理工艺中。其工艺流程如图 8.4 所示。

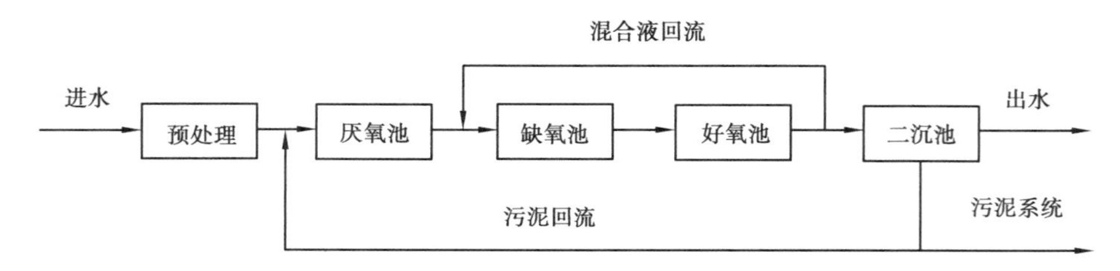

图 8.4　A^2O 工艺流程

污水进入污水处理厂，经预处理设施去除体积较大的悬浮物质及无机颗粒后，进入厌氧池，同时从二沉池底部回流的污泥也进入该池，本池主要功能为释放磷并吸收溶解性有机物；流入厌氧池的泥水混合液经过处理进入缺氧池，在此反硝化细菌利用污水中的有机物作为碳源，将回路混合液中带入的大量硝态氮还原为氮气释放至空气中；进入好氧池中，有机物被微生物生化降解，同时氨氮被氧化为硝态氮，污水中的磷也被污水吸收。所以 A^2O 工艺可以同时达到完成有机物的去除和脱氮除磷的目的。

(2)氧化沟法

氧化沟法又称“循环曝气池”，污水和活性污泥法的混合液在环状曝气渠道中循环流动，属于活性污泥法的一种变形形式，由于运行成本低，构造简单且易于维护管理，出水水质好、运行稳定并可以进行脱氮除磷，受到了重视并逐步得到广泛应用。

氧化沟处理系统的基本特征是曝气池呈封闭式沟渠型，它使用一种方向控制曝气和搅拌装置。一方面向混合液中充氧，另一方面向反应池中的物质传递水平速度，使污水和活性污泥的混合液在沟内作不停循环流动。典型氧化沟工艺流程如图 8.5 所示。

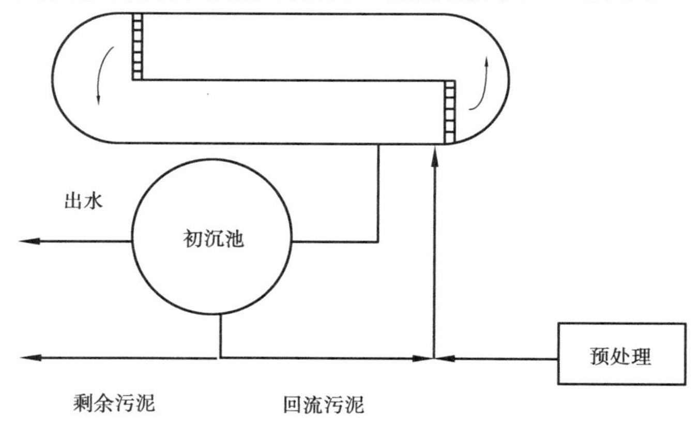

图 8.5　氧化沟工艺流程

混合液通过转刷后，溶解氧浓度提高，随后在渠内流动过程中溶解氧又被逐渐降低。通过设置进水、出水位置及污泥回流位置可以使氧化沟完成碳化、硝化和反硝化功能。

(3)序批式活性污泥法

序批式活性污泥法又称间歇式活性污泥法，其污水处理机理与传统活性污泥法完全相同。随着自控技术的进步，特别是一些在线监测仪器仪表技术的发展，如溶解氧、pH 计、电导率仪、氧化还原电位仪等的使用，SBR 法得到比较快的发展和应用。

SBR 活性污泥法是将污水厂经预处理后的出水引入具有曝气功能的 SBR 反应池，按时间顺序进行进水、曝气反应、沉淀、出水、待机等基本操作，从污水的流入开始到待机时间结束称为一个运行周期。这种运行周期反复进行,从而达到不断进行污水处理的目的。SBR 工艺与传统活性污泥法最大不同之处在于,传统活性污泥法工艺中,各个操作过程,如曝气、沉淀等分别在不同的构筑物或反应池内进行,而 SBR 工艺中,各反应过程都在同一池子中完成,只是依时间的变化,各个操作随之变化。典型 SBR 工艺流程如图 8.6 所示。

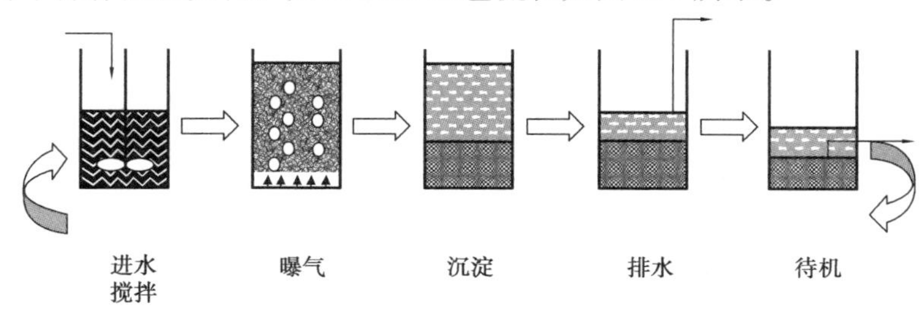

图 8.6 SBR 工艺流程

(4)曝气生物滤池工艺

曝气生物滤池是浸没式接触氧化与过滤相结合的生物处理工艺,兼有活性污泥法和生物膜法两者的优点,将生化反应与吸附过滤两种处理过程合并于同一构筑物中。曝气生物滤池根据处理目标不同可分为除碳曝气生物滤池、硝化曝气生物滤池和反硝化生物滤池。其结构主要由滤池池体、滤料、承托层、布水系统、布气系统和反冲洗系统等几部分组成。其构造示意如图 8.7 所示。

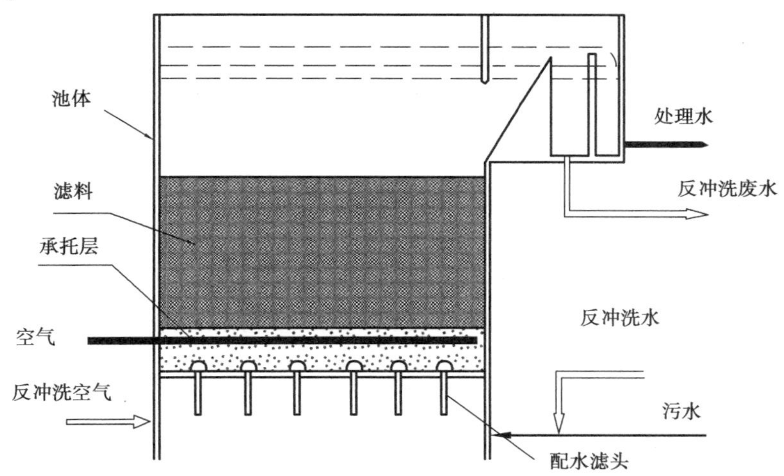

图 8.7 升流式曝气生物滤池的构造示意图

1)滤池池体

池体可采用圆形、正方形和矩形。池体结构可采用钢制和钢筋混凝土结构。当处理水量小时多用圆形池体。水量大时宜采用钢筋混凝土结构矩形池型,土建费用经济。

2)滤料

曝气生物滤池所采用的滤料主要有:多孔陶粒、无烟煤、石英砂、膨胀页岩、轻质塑料(如聚乙烯、聚苯乙烯等)等。工程运行经验表明,粒径为 3 ~ 10 mm 的均质滤料效果较好。

3)承托层

承托层主要用来支撑滤料,防止滤料流失和滤头堵塞,保持反冲洗稳定进行。曝气生物滤池承托层所用材料的材质应有良好的机械强度和化学稳定性,常用卵石或磁铁矿,按一定级配布置。

4)布水系统

曝气生物滤池的布水系统包括滤池最下部的配水室和滤板上的配水滤头,或采用栅型承托板和穿孔布水管。对于升流式滤池,配水室的作用是使某一时段内进入滤池的污水能在此混合均匀,并通过配水滤头均匀流进滤料层,同时也作为滤池反冲洗配水用。对于降流式滤池,池底部的布水系统主要用于滤池的反冲洗和处理水收集。

5)布气系统

曝气生物滤池的布气系统包括充氧曝气所需的曝气系统和进行气-水联合反冲洗时的供气系统。宜将反冲洗供气系统和充氧系统独立设置。曝气量和处理要求、进水条件、填料情况直接相关,由工艺计算所得。布气系统是保持曝气生物池中有足够的溶解氧含量和反冲洗气量的关键。

曝气装置可用穿孔管、单孔膜空气扩散器,也可用曝气生物滤池专用的曝气器。根据工艺特点和要求,曝气装置可设于承托层中,也可设于滤料层底部。

6)反冲洗系统

生物滤池反冲洗系统与给水处理中的V形滤池类似,曝气生物滤池反冲洗通过滤板和固定于其上的长柄滤头来实现,由单独气冲洗、气-水联合反冲洗、单独水洗3个过程组成。

曝气生物滤池具有占地面积小、出水水质好、抗冲击负荷能力强等特点,既可用于二级生物处理,也可以用于污水深度处理,越来越受到重视。

常见的生物滤池组合工艺流程如图8.8所示。

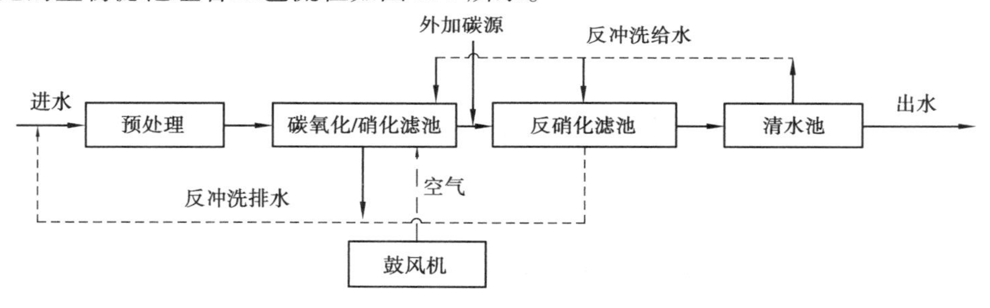

图8.8　生物滤池组合工艺流程

8.1.4　工业废水处理

工业废水主要来自工业生产工艺过程排水、原料或产品洗涤水、设备场地冲洗水、冷却水等。废水中的污染物包含有生产原料、中间产物、产品及杂质,同市政污水相比,工业项目生产工艺的千差万别,所产生的废水性质也千差万别。从总体上看,工业废水污染物浓度高、水量小,变化大,单纯用生物方法处理较难符合要求,通常需结合物理化学方法处理以达到排放水质要求。

工业废水与市政污水相比,在设计原则、排放标准及处理方法等方面存在着一定的差异。对于设计原则,工厂产生的污染,包括废水执行“三同时”原则,对新、改、建设项目的水污染控制及处理设施必须同时设计、同时建设、同时投产。对于排入城镇下水道的企业废水,应做好厂内预处理,达到排入下水道的水质标准后方可将废水排入城镇下水道管网。

(1)工业废水排放标准

根据《中华人民共和国环境保护法》和《中华人民共和国水污染防治法》,国家环境保护主管部门制定和发布了国家污染物排放标准和由省、市、自治区地方人民政府结合本地区环境保护要求发布的地方污染物排放标准,国家和地方排放标准是各类水污染源治理的标准依据。根据我国环境标准体系和分类,国家排放标准分为综合排放标准和行业排放标准两类。

(2)标准制定和实施的基本原则

国家综合排放标准和国家行业排放标准都是国家标准。综合排放标准和行业排放标准不交叉执行,即凡是已有发布的行业标准的工业污染物排放,一律执行行业排放标准,没有行业标准的执行综合排放标准。

地方排放标准必须严于国家排放标准。有地方排放标准、执行地方排放标准,地方标准中没有的污染物和行业,则执行相应的国家标准。

国家排放标准和地方排放标准都是强制性标准,是工程建设环境影响评价、设计、建设、验收和管理的标准依据。

综合排放标准和行业排放标准根据技术发展和环境保护要求适时进行修订。

(3)工业废水中主要污染物的处理技术

工业污染物根据我国水污染物排放标准分为两类:第一类污染物指不分行业和污水排放方式,也不分受纳水体的功能类别,一律在车间或车间处理实施排放口取样检测达标的污染物;第二类污染物指在排污单位的总排出口检测达标的污染物。主要污染物的处理工艺及方法见表8.2。

表8.2　工业污染物主要处理工艺

废水类别	主要行业	处理工艺
含汞废水	氯碱工业、汞催化剂、纸浆与造纸、杀菌剂、采矿、冶炼、电子灯管、电池、仪表、医院	化学沉淀、离子交换、吸附、过滤
含铬废水	电镀工业、铬盐生产、制革、化工、钢铁、铁合金	氧化还原、沉淀、电解、离子交换
含镉废水	采矿、冶金、化工、电镀、含镉农药	化学沉淀、离子交换
含铅废水	铅冶炼、化工、农药、油漆、搪瓷	化学沉淀
含砷废水	采矿、农药、硫酸工业、化工	氧化还原、化学沉淀
含镍废水	电镀、冶炼、钢铁、化工	化学沉淀、离子交换、电渗析、反渗透
含铜废水	采矿、冶炼、电镀、化工、制药、化纤	铁屑过滤、电解、化学沉淀
含锌废水	采矿、冶炼、电镀、化工、制药、化纤	化学沉淀、离子交换
含酚废水	焦化、炼油、煤气、化工、人造革	吸附、化学氧化、生物处理
含氰废水	焦化、炼油、煤气、化工、电镀、冶金	化学氧化、离子交换、生物处理
酸碱废水	冶金、化工、硫酸工业、造纸、燃料、酸洗	中和、自然渗析、蒸发浓缩
含油废水	化工、石油开采、石油炼制、机械制造、食品工业、制革	隔油、气浮、过滤、生物处理

续表

废水类别	主要行业	处理工艺
含氟废水	冶金、化工、玻璃、建材、电子工业、磷肥工业	石灰沉淀、磷酸盐沉淀、活性氧化铝过滤
含氮废水	化肥、焦化、制药、畜禽养殖	生物处理、吹脱、离子交换、化学氧化
含磷废水	农药、磷肥、洗涤剂	化学沉淀、生物处理
含硫废水	石油炼制、制革、农药	空气氧化
难降解有机废水	化工、制药、造纸、制革、焦化、燃料、农药	絮凝沉淀、生物处理、吸附、化学氧化、焚烧
高浓度有机废水	酿造、生物制药、味精、酒精、食品	厌氧、好氧、固液分离、膜生物反应器
含致病菌废水	医疗机构、生物制品、屠宰、养殖、皮革加工	氯化消毒、臭氧、紫外线、巴氏消毒、化学消毒

8.2 污水处理过程的在线检测与控制

8.2.1 污水处理过程在线检测指标

(1)pH

pH 值是溶液中氢离子活度的负对数,是最常用的水质指标之一。天然水的 pH 值多在 6~9;饮用水 pH 值要求在6.5~8.5;某些工业用水的 pH 值必须保持在 7.0~8.5,以防止金属设备和管道被腐蚀。此外,pH 值在废水生化处理中也非常重要,这是由于微生物只有在某一 pH 范围内才能保持最大活性,故在废水生化处理中,pH 值是最基本的监测指标。另外在化学处理方法中,如中和法、混凝法等,也需要检测废水的 pH 值,以确保反应能在最佳的 pH 值下进行,以获得尽可能高的反应效率。

(2)氧化还原电位 ORP

对一个水体来说,往往存在多种氧化还原电对,构成复杂的氧化还原体系,而其氧化还原电位是由多种氧化物质与还原物质发生氧化还原反应的综合结果。这一指标虽然不能作为某种氧化物质或还原物质浓度的指标,但能帮助我们了解水体的电化学特性,分析水体的性质,是一项综合性指标。

在废水处理过程中,氧化还原电位在厌氧处理工艺中尤其重要,这是厌氧环境不仅不能含有溶解氧,还需要整个厌氧系统整体上显示还原性特性,用氧化还原电位来表征就是其值小于 0。对于市政污水生物处理中的厌氧池,其氧化还原电位通常需小于 -100 mV。

(3)溶解氧

溶解于水中的分子态氧称为溶解氧。水中溶解氧的含量与大气压力、水温及含盐量等因素有关。清洁地表水的溶解氧接近饱和。当有大量藻类繁殖时，溶解氧可能过饱和；当水体受无机物质、无机还原物质污染时，会使溶解氧含量降低，甚至趋于零，此时厌氧细菌繁殖活跃，水质恶化。

在废水好氧生物处理工艺中，溶解氧是最重要的监测指标之一，这是由于好氧生物处理方法需要一定的溶解氧溶度才能确保好氧细菌保持活性，发挥其吸收、降解有机物的作用。在好氧活性污泥法中，通常曝气池中的溶解氧需保持2 mg/L左右或者更高才能确保去除废水中的有机物、氨氮等污染物质；在曝气生物滤池工艺中，溶解氧需保持3～4 mg/L。

(4)悬浮物/污泥浓度

悬浮物浓度和污泥浓度从本质上讲属于同一概念，但在污水处理的不同场合，分别用悬浮物浓度和污泥浓度表示。通常在水体中，包括污水的进水、出水，常常以悬浮物浓度表示；而在生物处理单元中，常以污泥浓度表示。

悬浮物指标是废水中一个最基本的水质指标，其表示每升水中所含的不溶性固体的量。悬浮物(Suspended Solid)指悬浮在水中的固体物质，包括不溶于水中的无机物、有机物及泥砂、黏土、微生物等。水中悬浮物含量是衡量水污染程度的指标之一。悬浮物是造成水浑浊的主要原因。在污水排放标准中，规定了污水和废水中悬浮物的最高允许排放浓度。

在污水的生物处理工艺中，污泥浓度是用来间接表征反应池中微生物量的指标，污泥浓度高，其所含的微生物的量相对更高，对污染物的处理效果通常会更好。

(5)污泥界面

在污水处理的沉淀、浓缩等工艺过程中，需要确保知道池中污泥的泥位，以便控制排泥的启动时间，污泥界面正是为了这一目的而监测的指标。在没有实时监测污泥界面的情况下，工艺运行人员通常只能凭经验或感觉来判断排泥的启动时间，有时在池子中污泥量并不多的情况下就启动了排泥，也有时在池中污泥已经过量的情况下排泥。对污泥界面的实时监测可以很好解决这一问题，根据污泥界面的实时监测数据，在到达设定的污泥高度时，自动启动排泥泵进行排泥。

(6)氨氮

水中的氨氮是指以游离氨(或称非离子氨，NH_3)和离子氨(NH_4^+)形式存在的氮，两者的组成比例决定于水的pH值。水中氨氮主要来源于生活污水中含氮有机物受微生物作用的分解产物，焦化、合成氨等工业废水，以及农田排水等。

污水中的氨氮除少部分被细菌用来合成细胞物质外，绝大部分氨氮的去除是通过曝气的作用，在亚硝化细菌和硝化细菌的作用下，将氨氮转为硝氮；对氨氮进行过程监测可以优化处理、运行工艺，如以监测的过程氨氮值为基础，调节、控制曝气量、污泥浓度等参数，一方面保证出水的氨氮达标排放标准，另一方面确保工艺在最优化的状态下运行，避免过量曝气而浪费能源。

(7)硝氮

硝氮是在有机环境中稳定的含氮化合物，也是含氮有机化合物经无机化作用最终分解产物。通常在市政污水处理设施的进厂水中，硝氮的含量极低，只有通过污水处理的好氧阶段后，氨氮被转化为硝氮，这时废水中的氮主要以硝氮存在，只有经过缺氧反硝化处理工艺后，硝氮被转化为氮气，废水的氮才被真正去除。监测污水在缺氧过程的硝氮值可以优化运行工艺，实现实时的脱氮工艺控制。

(8)正磷

在天然水和废水中,磷几乎都以各种磷酸盐的形式存在,它们分为正磷酸盐,缩合磷酸盐和有机结合的磷。磷是生物生长必需的元素之一,但水体中磷含量过高会造成藻类的过度繁殖,产生水体富营养化的现象,造成湖泊、河流水质变坏。磷是评价水质的重要指标之一。

在污水的生物处理工艺中,除部分磷被细菌用来合成细胞外,其余部分的磷需要用其他处理方法去除,如化学加药方法,这时对正磷进行过程监测可以实时控制化学药剂的投加量,在确保出水水质达标的情况下,合理投加药剂的量。

8.2.2 污水处理的过程控制

我国城镇污水处理厂排放标准日趋严格,对污水处理工艺的运行与控制提出了更高要求。良好的污水处理厂自动控制系统可以保障设备的连续稳定运行,还可以实现节能降耗,因此在工艺升级改造中受到关注。但是,我国多数污水处理厂的自动控制系统目前还停留在“只监不控”或“多监少控”的状态,还不能适应污水处理工艺升级改造的需要。

近年来,污水处理过程控制的 ICA 技术(仪器化、控制化和自动化)开始应用于一些大型污水厂采用泵房液位控制、溶解氧控制、化学除磷控制等,达到了稳定出水水质和节能降耗的效果,然而,以上技术多为实现局部较优的单元控制技术,且较少考虑市政排水管网对污水厂工艺运行的影响。因此,污水厂实现全流程自动控制具有重要意义。

(1)污水处理厂进水负荷的特征

污水处理厂的进水负荷可以表征排水管网污染物进入处理系统的速率和总量。进水负荷的动态变化既是排水管网的运行结果,又是污水处理工艺的初始条件,并且影响到污水处理各个单元的运行效果。因此,进水负荷可以综合反映污水输送、处理和排放的全流程特征。污水处理厂的进水负荷一般指容积负荷或污泥负荷,其动态特性表现为进水水质和水量的快速波动和长期变化。

气候和地理条件等因素可以明显影响排水管网运行、提升泵站运行等。根据进水负荷动态变化的来源,可以分为规律性变化和冲击性变化,其中规律性变化指进水负荷具有一定的每日周期性和季节性,而冲击性变化主要指降雨、毒性物质等引起的水量和水质突变。根据进水负荷变化的类型,可以分为水量型变化和水质型变化。我国多数污水处理厂的进水负荷主要受进水水量波动的影响,水质变化一般呈正态分布;而少数进水水量平稳的污水处理厂则受水质变化的影响较大。为了控制不同来源和类型的负荷变化,需要采取有针对性的控制策略。如规律性负荷和水质型负荷的变化幅度较小、频率较快,可以采用反馈环节进行控制;而冲击性负荷与水量型负荷的变化则相反,其控制策略需要加入一定的前馈预测和补偿。

在识别进水负荷动态特性时,一般需要通过连续分时采样和检测来获取长期的进水负荷数据, 然后使用统计分析、相关性分析、频谱分析和季节因素分析等数学方法进行因素提取和综合分析。

(2)污水处理的单元过程控制

污水处理过程一般包括提升泵房、初沉池、生化段、二沉池、化学除磷、深度处理等单元构筑物,功能有所差别,进水负荷变化造成的影响也各不相同,因此对应的控制策略也不同。

1)提升泵房的运行与控制

排水管网实时调度的难度较大,因此提升泵房需要采取合理的提升泵编组策略,主动适应管网来水的流量变化。提升泵的选型是编组策略的决定性因素,需要综合考虑流量控制与能源效率的关系。使用多台小流量提升泵,可提高编组的灵活性,实现流量变化的平稳过渡,缺点是能源利用效率偏低。使用大流量提升泵可以提高能源利用效率,但一般需要增加变频装置来适应流量变化。提升泵定型后,其提升水量还与格栅前液位、集水井液位和提升出口液位有一定的函数关系。提升泵编组的数学含义就是使用不同编组形成的流量分段函数逼近连续变化的管网来水流量。在工程实践中,一般根据集水井液位进行分段控制或模糊控制,控制效果受提升泵选型、排水管网特性等影响较大。

2)初沉池的运行与控制

初沉池的运行比较容易受到水量波动的影响,从而改变泥层厚度和初沉出水水质。初沉池的控制参数是停留时间和排泥量,延长停留时间、降低排泥量有助于难降解有机质在初沉池泥层中的水解和发酵反应,可以提高初沉池出水的有机质浓度和易降解组分比例,多用于进碳源含量较低的情况。初沉池的良好运行能有效降低无机组分,改善后续生化单元的进水水质,但目前还缺乏有效的在线监测设备,对相关控制技术的重视也不够。

3)生化处理单元的运行与控制

生化处理单元的过程参数包括曝气量和内回流等,过程特点是惯性大、滞后明显、难以精细控制。以曝气量控制为例,由于进水负荷的变化,微生物状态也时常发生变化,导致氧平衡过程的动态特性也随之改变。因此,单参数的反馈控制回路很难稳定控制溶解氧浓度,容易出现震荡、超调等现象。此外,多个调节回路之间存在较强的耦合关系,相互间的影响和干扰明显,难以达到调节目标。目前,比较成熟的策略是以曝气量或者管道压力作为中间变量的串级反馈控制算法。串级反馈结构分离了相对快速的曝气过程和相对缓慢的氧传质与消耗过程,能较好地实现溶解氧浓度的稳定控制。

此外,很多关于模糊控制、神经网络、专家系统等溶解氧控制算法的研究成果可以在工程实践中加以尝试和完善。内回流的控制与进水负荷相关,根据进水水量和水质组分特征,动态调节内回流泵,可以在一定条件下改善总氮的去除效果。

4)二沉池的运行与控制

二沉池的过程控制主要包括泥位、外回流和排泥量。控制二沉池泥位可以获得比较稳定的泥水分离效果,改善二沉池的出水水质。控制外回流可以改变系统内的活性污泥浓度,获得稳定的生物量或污泥负荷。控制排泥量可以改变系统的污泥龄二沉池的控制需要和生化单元控制统一考虑,可以根据进水流量的变化,对泥位进行预警判断,对回流泵和排泥泵进行实时控制。

5)化学除磷过程的运行与控制

由于生物除磷过程的局限性,污水处理厂往往需要增加化学除磷单元来实现出水总磷达标。目前一般采用恒量投加化学除磷药剂的方法,容易浪费药剂、影响污泥活性等。化学除磷控制技术包括磷负荷前馈控制技术、出水磷浓度反馈控制技术等。

在控制策略方面,可以根据工艺特点选定合适的加药点,分析化学药剂的性能,然后根据磷的浓度或者负荷变化动态控制药剂的投加量。

6)深度处理单元的运行与控制

深度处理单元包括过滤、消毒、高级氧化等工艺,一般是成套化设备,有独立的控制系统。目前,深度处理单元的水力学控制技术(如反冲洗控制、液位控制等)比较成熟,但是在水质学控制方面尚有不足，还不能准确估计污染物的去除量。此外，如果需要在整个工艺流程的范围内合理分配污染物的去除比例，就需要全流程的统筹考虑。

(3)污水处理工艺的全流程控制策略

随着城市化进程的加快和对污水处理要求的提高，越来越需要将污水的输送提升、一级处理、二级处理和深度处理视为一个流程加以系统分析和统筹考虑，这也对污水处理厂自控系统提出了全流程控制的要求。为了实现全流程控制，需要解决好以下问题。

1)进一步发展和完善单元控制技术

单元控制技术是全流程控制的基础。目前，提升泵房控制、溶解氧控制等单元过程控制技术，深度处理滤池、紫外线消毒等设备控制技术已经在大型污水处理厂开始工程应用。其他的单元控制技术(如初沉池控制、污泥浓控制、化学除磷控制等)，还需要进一步结合工程实践来提高技术的适用性。

2)提高在线仪表的可靠性，开发新型过程类仪表

在线水质测量仪表的价格昂贵、维护困难及其可靠性不足，是制约我国城市污水处理厂实时控制技术发展的因素之一。因此，需要提高在线水质仪表的质量和国产化水平，改变运行人员对在线测定的水质数据信心不足的局面。此外，由于水质参数是状态变量，还不能快捷和直观地反映过程特征，因此还需要推广在线呼吸速率仪、在线沉降速率仪等价格低廉的新型过程类仪表，以适应过程控制的需要。

3)研究不同系统边界的工艺优化运行策略

污水处理系统的控制策略可以分为生化单元制、污水处理工艺优化运行和厂网联合优化运行等三个层次。不同的系统边界往往导致不同的优化结果，需要根据工艺分析得到的主要矛盾选取合适的边界进行研究和示范。例如，若影响出水水质不达标的主要因素是溶解氧的大幅度波动和二沉池运行的不稳定，应以生化单元为边界进行优化；若出水水质因管网来水特征多变或毒性物质影响等而不达标，则需要以厂网为整体进行研究。

8.3 污水排放水质在线监测

8.3.1 污水排放水质在线监测的目的和要求

经污水处理厂处理过的污水需要检测其水质指标是否符合相关标准，目前在我国污水排放标准的主要依据有《污水综合排放标准》(GB 8978—1996)、《城镇污水处理厂污染物排放标准》(GB 18918—2002)及工业各个行业的国家行业排放标准。对于市政污水处理厂，其污水排放水质的主要依据是《城镇污水处理厂污染物排放标准》(GB 18918—2002)，排放水质的监测点在污水处理厂处理工艺末端排放口，在排放口应设污水水量自动计量装置、自动比例采样装置，需要监测的水质指标如 pH、COD_{Cr}、NH_4-N 等指标应安装水质自动监测在线仪表，取样频率为至少每 2 h 一次，取 24 h 混合样，以日均值计。而对于工业废水的排放，需根据排放污染物的性质分为两类：第一类污染物，指不分行业和污水排放方式，也不分收纳水体的功能类别，一律在车间或车间处理设施排放口采样，其最高允许浓度必须达到《第一类污染物最高浓度允许排放浓度》标准；第二类污染物，在排污单位排放口采样，其最高允许排放浓度必须达

到本标准要求，第二类污染物的最高允许排放浓度按照各行业排放标准执行，对于没有国家行业排放标准的工业行业，则执行污水综合排放标准。

8.3.2　污水排放水质在线监测项目

对城市污水处理厂处理过程的监测有感官判断和化学分析两类方法。为有效地管理好活性污泥处理厂，这两种方法都必须采用。

(1)感官指标

在城市污水厂的运行过程中，操作管理人员通过对处理过程中的感官指标的观测直接感觉进水是否正常，各构筑物运转是否正常，处理效果是否稳定。一个有经验的操作管理员往往能根据观测做出粗略的判断，从而能较快地调整一些运转状态。感官指标主要有以下几方面。

1)颜色

城市污水处理厂，新鲜进水颜色通常为粪黄色，如果进水呈黑色且臭味特别严重，则污水比较陈腐，可能在管道内存积太久。曝气池中混合液的颜色应该呈现巧克力样的颜色。颜色也能够作为污泥的健康指标，一个健康的好氧活性污泥的颜色应是类似巧克力的棕色。深黑色的污泥典型表明它的曝气不足，污泥处于厌氧状态(即腐败状态)，曝气池中一些不正常的颜色也可能表明某些有色物质(例如化学染料废水)进入处理厂。

2)气味

污水厂的进水除了正常的粪臭外，有时在集水井附近有臭鸡蛋味，这是管道内因污水腐化而产生的少量硫化氢气体所致。气味也能够指示污水厂运行是否正常。正常的污水厂不应该产生令人讨厌的气味，从曝气池采集到完好的混合液样品应有轻微的霉味。一旦污泥的气味转变成腐败性气味，污泥的颜色显得非常黑，污泥还会散发出类似臭鸡蛋的气味(硫化氢气味)。如果有其他刺鼻的令人难以忍受的气味时，则表示有工业废水进入。

3)泡沫

泡沫可分为两种，一种是化学泡沫，另一种是生物泡沫。化学泡沫是由污水中的洗涤剂在曝气的搅拌和吹脱下形成的。在活性污泥的培养初期，化学泡沫较多，有时在曝气池表面会堆成高达几米的白色泡沫山。在日常的运行当中，若在曝气池内，发现有白浪状的泡沫，应当减少剩余污泥的排放量。浓黑色的泡沫表明污泥衰老，应当增加剩余污泥排放量。生物泡沫呈褐色，也可在曝气池上堆积很高，并进入二沉池随水流走。这可能是由卡诺菌引起的生物泡沫，通常是由于进水中含有大量油及脂类物质所造成的，如宾馆污水等。

4)气泡

二沉池中出现气泡表明在池中的污泥停留时间太长，应该加大污泥回流率，如果沉淀池中的污泥层太厚，底层污泥会处于厌氧状态，产生硫化氢、甲烷、二氧化碳等气体。这些气体以气泡形式逸出水面，当气泡上升时，会使絮凝体与气泡一起上升，随沉淀池出水一起流出，从而引起出水水质下降。

5)水温

水温与曝气池的处理效率有着很大的关系。污水处理厂的水温随季节逐渐缓慢变化的，一天内几乎无变化。如果发现一天内变化较大，则要进行检查，是否有工业冷却水进入。当曝气池中的温度低于8 ℃时，BOD_5 的去除率常低于80%。

(2)化学监测指标

城市污水处理厂常规水质监测指标为,进出水的pH值、生化需氧量(BOD_5)、化学需氧量(COD_{Cr})、固体(TS)、悬浮固体(SS)、溶解氧(DO)、氨氮(NH_3—N)、亚硝酸盐氮(NO_2)、硝酸盐氮(NO_3)、总氮(TN)、总磷(TP)、挥发酚、碱度、挥发酸以及大肠菌群数等指标。

1)pH值

pH值表示污水的酸碱程度。城市生活污水的pH值通常为7.2~7.8,过高或过低的pH值均表明有工业废水的进入。进入污水厂的污水的pH值大小对管道、水泵、闸阀和污水处理构筑物均有一定影响。废水pH值过低会腐蚀管道、泵体,甚至对人体产生危害。例如,污水中硫化物在酸性条件下,会生成H_2S。H_2S大量积累会使操作人员头痛流涕甚至窒息而死。另一方面,污水pH值的高低,会影响活性污泥的活性,进而影响水处理效果。pH值通常采用pH酸度计进行测定。

2)生化需氧量(BOD_5)

由于城市污水中所含成分十分复杂,很难一一分析确认,因此在城市污水处理中,常常用生化需氧量BOD_5这一综合指标来反映污水中有机污染物的浓度。生化需氧量是在指定的温度和指定的时间段内,微生物在分解、氧化水中有机物的过程中所需要的氧的数量。

BOD_5指标对污水处理厂运行管理的主要作用表现在:

①可以反映污水处理厂进水中有机物的浓度,BOD_5的数值越高,有机物的浓度就越高,反之亦然。

②反映污水处理厂的处理效率,确定处理构筑物的运行参数。

③反映污水处理厂的技术经济参数,衡量污水可生化程度等。

由此可见,BOD_5是污水处理厂最为重要的水质监测指标。BOD_5的测定采用稀释倍数法。将原水进行适当稀释;取经过适当稀释的水样测定其中的溶解氧含量;将稀释水样注入培养瓶内加盖或加水封后置于恒温箱内(20 ℃),培养5 d后取出测定其中溶解氧含量。5 d前后溶解氧之差乘以稀释倍数即为该水样的BOD_5。

3)化学需氧量(COD_{Cr})

BOD_5是城市污水处理中常用的有机污染物浓度分析指标,但是BOD_5测定存在测定时间长,一般需要5d;污水中难以生化降解的污染物含量高时误差大;工业废水中往往含有生物抑制物,影响测定结果;BOD_5测定条件较严格等缺点,因此,人们同时还要采用化学需氧量(COD_{Cr})这个指标作为补充或替代。化学需氧量是指用化学方法氧化污水中有机物所需要氧化剂的氧量。COD_{Cr}是以重铬酸钾作为氧化剂,测得的化学需氧量。化学需氧量在工业废水测定中被广泛采用,在城市污水分析时与BOD_5同时应用。

城市污水的COD一般大于BOD_5,两者的差值可反映废水中存在难以被微生物降解的有机物。在城市污水处理厂分析中,常用BOD_5/COD的比值来分析污水的可生化性;可生化性好的污水BOD_5/COD>0.3;小于此值的污水应考虑生物技术以外的污水处理技术,或对生化处理工艺进行试验改革,如传统活性污泥法后发展出来的水解酸化活性污泥法是一项针对城市污水具有较好降解效果的技术。成分相对稳定的城市污水,COD与BOD之间有一定的相关关系,通过大量数据的分析对比,两个数值可以相互求出。在化验条件不具备时,可作为一种临时方法。

4）总固体（TS）

TS 是指单位体积水样，在 105 ~ 110 ℃烘干后，残余物质的质量。TS 是污水中溶解性固体和非溶性固体的总和。通过对进出水 TS 的分析可以反映污水处理构筑物去除总固体的效果。

5）挥发性固体（VS）

VS 是指将水样中的固体物质（TS 部分）置于马弗炉中，于 650 ℃灼烧 1 h，固体中的有机物即被汽化挥发的部分，此即为挥发性固体（VS）。剩余的固体物质即为非挥发性固体物质 FS，FS 主要由砂、石、无机盐等构成。

6）悬浮固体（SS）

SS 是指污水中能被滤器截留的固体物质。它既可以从总固体和溶解性固体之差得到，也可以通过滤纸过滤、烘干后称重得到。该指标是构筑物沉淀物效率的重要依据。测定进、出水悬浮固体可以反映污水经初沉池、二沉池处理后悬浮固体减少的情况。

7）溶解氧（DO）

在污水处理中常常测定曝气池和出水中的溶解氧含量。曝气池运行管理者可以根据溶解氧含量大小，调节空气供应量，了解曝气池内的耗氧情况，以及在各种水温条件下曝气池耗氧速率。曝气池中溶解氧含量通常维持在 1 mg/L 以上，溶解氧含量过低表明曝气池处于缺氧状态，溶解氧过高，不仅浪费能耗，而且还会加速污泥老化。污水处理厂出水中含有一定量的溶解氧有益于接纳水体自净效果的提高，因此，污水处理厂出水中应含有一定量的溶解氧。测定溶解氧常采样碘量法和膜电极法。

8）氮

污水中氮以有机氮、氨氮（NH_3—N）、亚硝酸氮（NO_2—N）和硝酸氮（NO_3—N）的形式存在，各类氮的总和称为总氮（TN）。有机氮可在微生物的作用下，被氧化分解为 NH_3、NO_2 和 NO_3，因此测定处理水中氮含量，可以反映有机物分解过程及污水处理效果。当二级处理出水中只含有少量 NO_2，表明该处理出水尚未完全无机化，当供氧量不足时，亚硝酸盐会还原为氨氮；当二级处理出水中，随着 TN 的去除率增加，NO_3 所占比例增加时，表面污水中大部分有机氮已被转化为无机物。一般进水中有机氮和氨氮含量分别占 TN 的 60% 和 40%，NO_3 和 NO_2 含量极低。具有脱氮处理工艺的污水处理厂，在硝化或反硝化段，测定硝酸盐和亚硝酸盐，以了解曝气池内硝化和反硝化完成情况的脱氮效果。

9）磷

磷是影响微生物生长重要的元素之一，因此，在污水生物处理过程中，对碳氮磷的比有一定的要求。在微生物的作用下，磷可在有机磷和无机磷之间、可溶性磷和不溶性磷之间进行转化。在天然水和废水中，磷主要以正磷酸盐、偏磷酸盐和有机磷的形式存在，有机磷与无机磷的总和即为总磷（TP）。在水体中，磷含量过高，可引起水体富营养化。

因此磷也是废水污染程度与净化程度的指标。水中磷的测定，通常按其存在形式而分别测定 。TP、溶解性正磷酸盐和总溶解性磷。采集的水样未经过滤，经强氧化剂分解，测得水中的 TP；经微孔滤膜过滤后，其滤液供可溶性正磷酸盐的测定；滤液经强氧化剂的氧化分解，测得可溶性总磷。

10）总大肠菌群数

城市污水既包括人们的生活排出的洗浴、粪尿，也包括公共设施排出的废水，如医院废水，还包括食品工业，如屠宰场排出的工业废水。这些污、废水都有可能带来大量的病毒和致病菌。由于病菌类别多样，对每一种病菌进行分析又十分复杂，因此在通常采用最有代表性的大肠菌群指标反映净化水的卫生质量。

对于市政污水处理厂，其排放口污染物基本控制项目及浓度要求如表 8.3、表 8.4 所示（GB 18918—2002），而工业废水处理设施排放口污染物控制项目及浓度要求由于工业行业众多，这里不再进行罗列。

表 8.3　基本控制项目最高允许排放浓度（日均值）　单位：mg/L

序号	基本控制项目		一级标准		二级标准	三级标准
			A 标准	B 标准		
1	化学需氧量（COD_{Cr}）		50	60	100	120
2	五日生化需氧量（BOD）		10	20	30	60
3	悬浮物（SS）		10	20	30	50
4	动植物油		1	3	5	20
5	石油类		1	3	5	15
6	阴离子表面活性剂		0.5	1	2	5
7	总氮		15	20	—	—
8	氨氮①		5(8)	8(15)	25(30)	—
9	总磷	2005 年 12 月 31 日前建设	1	1.5	3	5
		2006 年 1 月 1 日起建设	0.5	1	3	5
10	色度（稀释倍数）		30	30	40	50
11	pH 值		6 ~ 9			
12	类大肠菌群数/（个/L）		10^3	10^4	10^4	—

注：①括号外数值为水温 > 12 ℃时的控制指标，括号内数值为水温 ≤ 12 ℃时的控制指标。

表 8.4　部分一类污染物最高允许排放浓度（日均值）　单位：mg/L

序号	项目	标准值
1	总汞	0.001
2	烷基汞	不得检出
3	总镉	0.01
4	总铬	0.1
5	六价铬	0.05
6	总砷	0.1
7	总铅	0.1

8.4 排水管网的在线监测

市政排水管网按照其作用,一般有雨水排水管网(简称雨排管网)和污水排水管网。二者在实际运行时,有各自的特点。雨排管网内流量及介质变化较大,与降雨有直接关系。不降雨时,雨排管网内不但没有流量,长期处于旱季的雨排管线内甚至没有水。而当降雨发生初期,雨排管网内水中含有大量的悬浮物,雨水浑浊。当降雨连续发生一段时间,雨排管网内水量增大、液位升高,其排水也将变澄清。而污水排水管网情况更为复杂,其流量、液位及介质情况将受人们生活习惯、单位企业生产情况以及降雨等因素影响。

由污水、雨水管网组成的城市排水系统,因其不同组建形式,形成了不同的排水体制。一般分为合流制和分流制两种。合流制是将污水、雨水合用一个管渠系统排除。而随着城市建设的发展,完全的直流式合流制排水已经逐渐改造成截留式合流制排水系统。同样,分流制管网系统中的不完全分流制排水系统已经渐渐向完全分流制系统升级。

一般情况下,城市排水管网系统将收集来自城市各个功能区的污水、雨水。根据排水管网汇水区功能不同,可分为:商业区/文教区、工业区、居住区以及工商业居住混合区。这些区域因各自具有不同的运行特点,各区的排水也有不同特征。而整个城市排水系统通常由如下几个部分组成:排水支管(雨、污)、排水干管(雨、污)、溢流井(合流制)、截留管及泵站。在排水进行过程中,因整个排水系统庞大,在某些特殊位置可能出现管理困难、运转无规律、易发生意外情况、对系统影响重大等需要严加注意的位置,这些位置主要是城市低洼地、溢流井(合流制)、雨水调蓄设施(分流制)、污水/雨水排出口。

8.4.1 排水管网在线监测目的

市政排水管网水质监测的主要目的如下:

①增强管网污染物溯源能力。

②为增强排水管网管理能力提供数据支持。

③监测预防倒灌现象。

④对不同功能区域不同重点污染物紧密监控,严控偷排偷放。

⑤对因结构位置(高程、管线长度、坡度)造成的易沉积污染物区域进行监控。

⑥为污水调配提供依据,为污水厂运行提供水质预测,以便污水处理厂调整工艺参数,保证出水稳定。

⑦为污染物在管网内的迁移规律研究提供依据。

不同位置/区域进行水质数据采集目的见表8.5。出于不同的监测目的,可以有目的地选择是否在相应位置选择水质仪表进行监测。

表8.5 不同位置/区域进行水质在线监测的目的

监测目的	泵站	商业区/文教区	工业区			居住区	城市低洼地	合流制溢流	雨水调蓄设施	污水排出口
			化工	电子/电镀	食品					
1	○	△	●	●	●	△				

续表

监测目的	泵站	商业区/文教区	工业区			居住区	城市低洼地	合流制溢流	雨水调蓄设施	污水排出口
			化工	电子/电镀	食品					
2	●	●	●	●	●	●	△	△	△	△
3							△	●		●
4	△		●	●	●					
5	○	○	○	○	○	○	●	△		
6	●	△	△	△	△	●		○	●	○
7	●	●	●	●	●	●			○	

●:强相关　　△:相关　　○:一般相关

8.4.2　排水管网在线监测指标

根据《城市排水防涝设施普查数据采集与管理技术导则(试行)》要求,对排水城市管网以下水质数据进行采集:pH、BOD、COD、悬浮物、氨氮、总氮、总磷、总镍、总铬、总铅、砷、总铜以及锌。考虑到一些特殊工业区排入下水道的污水水质特征,适当选择电导率、氟离子、水中油指标进行采集。

根据不同功能区的管网运行特点,不同位置的监测参数选择参考表8.6。

表8.6　不同监测位置的水质参数选择

参数		泵站	商业/文教区	工业区			居住区	城市低洼地	合流制溢流井	调蓄设施	管路排出口
				化工	电子\电镀	食品					
常规指标	pH	●	●	●	●	●	●	●	◎	●	◎
	电导	●	◎	●	●	◎	◎	●	◎	◎	●
	BOD_5	●		●		●	●		◎	●	◎
	COD_{Cr}	●	●	●	●	●	●	◎	●	●	◎
	SS	●	●	●	●	●	●	●	●	●	●
	$NH_4^+—N$	●	●	●	●	●	●	◎	●	●	◎
	TN	●		●	●	●				●	
	TP	●		●	●	●				●	
重金属指标	总镍	◎			●					◎	
	总铬	◎			●					◎	
	总铜	◎			●					◎	
	总锰	◎			◎					◎	
特殊污染物	氟离子	◎			●					◎	
	氰离子	◎			●					◎	
	水中油	◎		●	◎	◎				◎	

●:应检测　　◎:宜检测

(1)泵站

泵站一般为污水主管线的加压调配位置,密布于城市的支管收集污水后汇入总管汇集与泵站。泵站承担加压输送污水至污水处理厂、强降雨时紧急排水、调配污水进入其他区域的任务。因泵站距污水处理厂或紧急排污时的受纳水体有一定距离,污水泵站的水质在线监测可以为污水处理厂提供预警或提前评估强降雨时污水排入受纳水体将带来的污染。

另外,对泵站污水水质进行监测,当水质恶劣,比如降雨初期悬浮物高、冲入酸碱性物质引起的pH异常。泵站内可以采取一定的措施对污水进行简单处理或调节,降低其对后续的影响。

一般情况下,泵站后接纳污水的单元为污水处理厂,固泵站的水质监测与污水处理厂进出水监测指标相同。如果管网接纳工业废水,泵站可酌情监测重金属、氟离子、氰离子。一方面为污染物溯源、监控偷排偷放提供依据。另一方面,为污水厂提供水质预警,避免极端水质导致污水厂生化处理单元瘫痪。

(2)商业区

商业区主要涉及餐厨污水、生活杂用水污水(卫生间、地面冲洗)、地面垃圾灰尘因降雨进入排水。此区域污水的特点为周期性强,水质较为规律,且无出现工业污染物的太大可能,因此此区域水质敏感度相比工业区低。通常对此区域的水质监测主要集中在常规参数,pH、氨氮、COD和悬浮物。对此区域进行水质监测布点的主要目的是提高管网的管理能力,获得的数据可以一定程度为研究迁移规律提供依据,为正常情况或突发降雨时的水质预测提供依据。

(3)工业区

工业区根据不同类型,应制订不同的水质监测计划。根据其各自污水产生特征:

①化工工业区:除常规参数外,应对有机类污染加强监测。

②电子/电镀工业区:除常规参数外,应加强对重金属、氟化物、氰化物的监测。这些污染物均为日常生产大量需要的原料。

③食品工业区:因多为有机污染,应加强有机物的监测。

其他特征工业区,应以大量/频繁使用之有毒有害原料作为参考,适当增加监测参数。

针对工业区管网水质监测通常以监控偷排投放、泄漏事件为主要目的,当出现此类非正常事件,水质分析设备可以采集数据并保留证据,提醒下游污水处理厂采取相应措施,避免出现污水厂运行受到影响。另外,配合国家"十三五"及未来的污染因子总量控制需求,工业区排水主管线的水质监测将可以完成各种总量控制任务。

(4)居住区

生活区污水水质以一天为周期进行周期性变化,较为规律。监测参数以常规参数为主,因总磷总氮在污水迁移过程中会发生较大不确定性改变,可酌情监测。因生活污水通常是城镇污水处理厂的主要进水,其水质的波动对污水处理厂的运行通常有较大的参考意义。相比较泵站的水质监测,生活区污水水质更具有预警污水厂进水水质的作用。

(5)城市低洼地

城市低洼地因降雨时为主要雨水汇流区域,也是垃圾等悬浮物较易堆积区域。此区域的水质监测应以常规参数为主,由于其水质并不具有整个管网运行代表性,可酌情减少监测参数,监测的主要目的集中在发现这种非正常积累污水、污染物的发生。

(6)合流制溢流井

当使用截流式合流制系统,城市所有污水管线在进入污水处理厂前将首先经过一个合流制溢流井。溢流井将在管路内液位较高,达到一定填充度时,将以溢流的形式将过多的污水直接排入河流。该设施的存在是为了防止暴雨时大量雨水混合污水进入污水处理厂,超出污水处理厂水力负荷,而使得污水厂内活性污泥被冲刷而导致活性污泥流失。这种活性污泥的流速将带来两方面的影响,一方面污水处理厂瘫痪,且很难短期内恢复。另一方面,因水量过大,二沉池无法正常工作,大量含有污泥的水随水流排入河流,导致极大的有机污染。因此,对于截流式合流制系统,溢流井的存在十分重要。

然而,在暴雨发生,溢流井发生溢流,污水溢流进入河流,这种过程很可能对天然水体的影响不是非常严重,因为大量雨水的稀释作用,使污染物浓度较高的初期雨水并没有进入河流。但是,溢流井是否发生了溢流,溢流进入天然水体的水质应该作为一个排水管网管理的参考数据。对此情况的水质监测,需针对主要常规污染物:COD、氨氮、SS。

(7)雨水调蓄设施

雨水调蓄设施主要用于收集降雨前期雨水,此时段雨水的各项污染物浓度均较高。这些高浓度污染物(主要为常规污染,距离工业区近的位置将有重金属和特殊污染物)如果直接以雨水的处理方式排入受纳水体(河流),大的污染物负荷可能导致较长时间内污染超过受纳水体的自净能力。

因此,调蓄池的存在具有重大的意义。其对降雨初期雨水的收集,并按照水质情况,判断如何处置初期雨水。如果污染物浓度不是非常高,且河流处于丰水期,可以将储蓄的初期雨水缓慢排入河流,依靠河流的稀释和自净能力降低污染物对环境的影响。当污染物浓度非常高,受纳水体很难接受,那么可以直接将初期雨水排入污水管网输送至污水处理厂处理。而调蓄池水质监测数据,也可以决定以多大输送负荷,以避免对污水处理厂正常运行产生不利影响。

调蓄设施内水质参数的选择应该以常规参数为主,但对于工业区附近的调蓄设施,应该根据工业区污染物特点增加重金属、氟化物、水中油、氰化物等特殊污染物。

(8)管路排出口

管路排出口多为泵站排入河流、污水处理厂处理出水排入河流的出口。对此类区域,应对常规参数进行监测,特别是 COD、氨氮和 SS。倒灌将引起管网内水量变大,污染物浓度降低,增大污水厂的处理水力负荷和处理难度。

8.4.3 排水管网在线监测平台及网络

当前在我国,大多数城市老城区依然采用合流制排水体制,甚至部分排水系统存在雨污混接现象,晴天污水流速较低,导致混接的雨水管网严重淤积,甚至管网堵塞,有效过流能力大大减小。同时由于地下管网本身的隐蔽性,日常维护人员也难以及早发现问题管段,城市排水管网运行的主要指标及参数如流速、流量、运行水位等不能直观看到。但是这些指标是日常管理必不可少的部分,对管道的维护、更新改造、污水收集,甚至排水管道的科学研究、设计、规划等都有极其重要的意义。但是多年以来,这些数据的获得缺乏科学依据,基本依靠维护工人的经验、记忆,使得城市排水管网运行管理几乎停留在定性分析方面,更谈不上定量分析。要解决上述排水管网管理的问题,通过采取先进成熟的技术手段,建设一套功能实用、运行稳定的运行监测系统,实时掌握城市排水管网运行的各项技术指标和变化规律,也就是将排水管网运行管理等所需要的各类指标实时采集、传输、处理、分析、汇集整理,以满足管理工作的需要,达到隐蔽工程排水管网运行全过程的透明化、数量化监控并利用现代通信与计算机技术实现数据自动化处理,使城市排水管网运行管理水平达到质的飞跃。如城市管网检测 SCADA(Supervisory Control And Data Acquisition)系统,是在 PLC 可编逻辑控制器技术的基础上,结合了远程通信技术、网络技术、计算机技术而发展起来的新型通用测控系统。它既保留了 PLC 现场测控的功能,又能通过远程网络通信协议实现远程监测。利用 SCADA 系统有效监测和管理城市污水排放及排污管网情况,能够准确及时地反映排水管网和检查井等构筑物以及污水干管的水质情况,实时监视和控制重点工业污水排放单位的水质、水量、可燃性气体百分比,为管理部分提供决策资料,同时起到污水排放监督、保护城市环境的作用。

8.5　水中有机污染物在线分析仪

8.5.1　COD 在线分析仪

化学需氧量(Chemical Oxygen Demand,COD)能够很好反映水体中有机物的多少,又称化学耗氧量。COD 是指在一定条件下,使用氧化剂氧化水中的还原性物质所消耗的氧的量,以 mg/L 表示。还原性物质包括各种有机物、亚硝酸盐、亚铁盐和硫化物等,最主要的是有机物。作为水质分析中最常测定的项目之一,COD 是衡量水体有机污染的一项重要指标,能够反映出水体的污染程度。化学需氧量越大,说明水体受有机物的污染越严重。

COD 的测量方法根据氧化剂的种类的不同,可以分为重铬酸钾法和高锰酸钾法。以重铬酸钾作为氧化剂所测定的 COD 值称为 COD_{Cr},而以高锰酸钾作为氧化剂的所测定的 COD 值称为 COD_{Mn}。

化学需氧量(COD)的测定基于氧化法,其定量方法因氧化剂的种类和浓度、氧化酸度、反应温度及反应时间等条件的不同而出现不同的结果。另一方面,在同样条件下,也会因水体中还原性物质的种类和浓度不同而呈现不同的氧化程度。COD 的测定方法主要以氧化剂的类型来分类,目前应用最普遍的是重铬酸钾法(Dichromate Method)和高锰酸钾法(Permanganate Method)两种,这两种方法从建立至今已有 100 多年的历史,20 世纪 80 年代开始,重铬酸钾法成为水环境监测的主要指标,一般称为铬法 COD_{Cr},该方法氧化率高,适用于测定水样中有机物的总量,多用于工业废水及市政污水排放的 COD 监测。高锰酸钾法另成一分支,称为高锰酸盐指数 I_m。该方法适用于饮用水、水源水和地表水的 COD 测定。高锰酸盐指数细分下来又有酸性的和碱性的两种,在氯离子含量较少时,使用前者,在氯离子含量较高(如海水、盐湖水等)时,使用后者。

COD 测定的国家标准方法《水质　化学需氧量的测定　重铬酸钾法》(HJ 828—2017,代替 GB/T 11914—1989)是一种加热-回流滴定法,即在水样中加入已知量的重铬酸钾溶液,并在强酸介质下以银盐作催化剂,经沸腾回流后,以试亚铁灵为指示剂,用硫酸亚铁铵滴定水样中未被还原的重铬酸钾,由消耗的重铬酸钾的量计算出消耗氧的质量浓度。

国家环境保护总局在回流滴定法的基础上,颁布了环保行业标准《水质　化学需氧量的测定　快速消解分光光度法》(HJ/T 399—2007),该标准中,加入已知量的重铬酸钾溶液,在强硫酸介质中,以硫酸银作为催化剂,经高温消解后,用分光光度法测定 COD 值。当试样中 COD 值为 100 ~ 1 000 mg/L,在(600 ± 20)nm 波长处测定重铬酸钾被还原产生的三价铬(Cr^{3+})的吸光度,试样中 COD 值与三价铬(Cr^{3+})的吸光度的增加值成正比例关系,将三价铬(Cr^{3+})的吸光度换算成试样的 COD 值。当试样中 COD 值为 15 ~ 250 mg/L,在(440 ± 20)nm 波长处测定重铬酸钾未被还原的六价铬(Cr^{6+})和被还原产生的三价铬(Cr^{3+})的两种铬离子的总吸光度;试样中 COD 值与六价铬(Cr^{6+})的吸光度减少值成正比例,与三价铬(Cr^{3+})的吸光度增加值成正比例,与总吸光度减少值成正比例,将总吸光度值换算成试样的 COD 值。

需要注意的是:被测水样中还原性物质的不同,以及测定方法的不同,COD 的测定值也有所不同。我国目前还没有 COD 仪器分析的国家标准,因此仪器分析的结果需要用化学分析法来比对。

工业废水和市政污水处理厂的排放都是连续的。以前,都是采用实验室测量方法测量 COD 值,一般一天只测量一次,并认为这是一天的 COD 平均值。但是,排放污水的 COD 值是不断变化的,一天测量一次,只能了解某一时刻的 COD 值,不能代表其他时刻的 COD 值。所以,需要采用在线仪表进行测量,为环保监测、污水处理工艺调整以及数据统计提供更多的真实数据。

(1)工业排水口监测应用

工业废水由于污染物浓度较高,不能直接排放,表现在 COD 值高,含有一定的重金属,且可能含有有毒物质。不同工业废水由于所含有机物不同,其降解的难易程度也不一样,所以针对不同的工业废水可以采用不同的消解时间。按照规定,工业废水必须经过处理,满足排放标准后才能排放。

图 8.9 某焦化厂污染源监测仪器

为实时监测某焦化厂的废水排放,在其废水排放口安装 COD 在线分析仪,并通过数据采集仪器把数据传送到监测中心。这样,监测中心就可以实时了解该焦化厂的排污情况了。

(2)市政污水处理厂进、出水口监测应用

市政污水处理厂在进、出水口都需要测量 COD 值。出水口的 COD 检测是为了检测经污水处理厂处理后的出水水质情况,进水口的 COD 检测是要了解污水负荷,调整工艺运行参数。

比较进、出水口的 COD 值,可以知道污水处理厂的 COD 处理效率。

某污水处理厂采用 MBR 工艺,工艺流程图,如图 8.10 所示。设计日处理能力为 6 万 t 的 MBR 膜处理工艺,污水经预处理,再进入 MBR 膜生物反应池,去除 COD、BOD、N、P 等污染物。

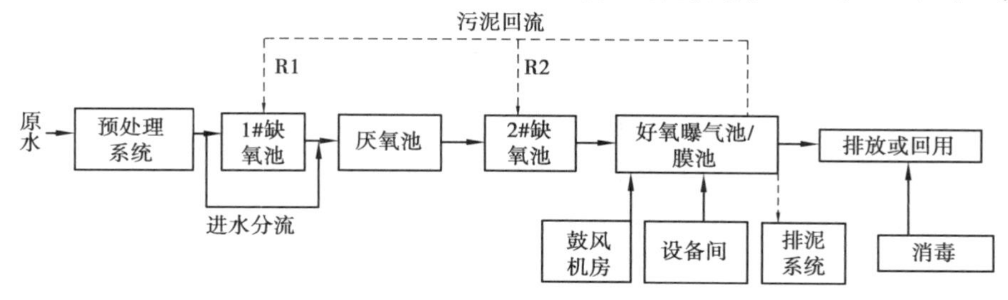

图 8.10 MBR 工艺流程图

在该污水处理厂出水口安装重铬酸钾法 COD 在线分析仪,不仅可以实时监测出水水质,采用国标方法测量 COD_{Cr},还可以作为排水的环保监测。

8.5.2 TOC 在线分析仪

总有机碳 TOC 是英文 Total Organic Carbon 简写,是以碳的含量表示有机物总量的一个指标,常用于环境水质监测或表征制药用水的清洁程度。TOC 和 COD 都是水质有机污染的综合指标之一。由于水中所含的有机物成分复杂,COD 指标不能完全反映水体的有机污染状况,故而引入 TOC 来反映水中有机物的总含量。

典型的 TOC 分析主要有两种方法:

①差减法测定总有机碳:测量水样的总碳(TC),并测量水中的无机碳(IC),总碳与无机碳之间的差值,即为总有机碳 TOC。

②直接法测定总有机碳:将水样酸化后曝气,将无机碳酸盐分解成二氧化碳并去除,然后测量剩余的碳,即可得总有机碳 TOC;由于这种方法在测量前先使用不含二氧化碳的压缩空气或氮气进行酸化水样的吹脱,因此此种方法所得的 TOC,又称为不可吹出有机碳(NPOC)。

不论是差减法还是直接法进行 TOC 测量,分析过程都可以分为 3 个主要步骤:酸化、氧化、检测和定量。常见的氧化方法有燃烧氧化、紫外/过硫酸盐催化氧化、羟基自由基高级氧化等方法。而定量检测目前采用非色散红外检测技术(NDIR)和电导率检测两种技术。其中 NDIR 的应用最成熟、最方便,是探测技术的主流,我国目前国标推荐的就是非色散红外吸收法;电导率检测技术主要应用于纯水的 TOC 检测。

现行的 TOC 测定国家标准方法为 2009 年国家环境保护部颁布的《水质 总有机碳的测定 燃烧氧化-非色散红外吸收法》(HJ 501—2009),代替了原有的国家标准方法 GB 13193—91 和 HJ/T 71—2001,用于测定地表水、地下水、生活污水和工业废水中的总有机碳(TOC)。燃烧氧化法具有高温燃烧、氧化完全的特点,一般应用于有机物含量较高及成分较复杂的工业废水监测。

另外,《生活饮用水标准检验方法 有机物综合指标》(GB/T 5750.7—2006)中,通过向水样中加入适当的氧化剂,或紫外线照射,使水中的有机物转为二氧化碳。紫外/过硫酸盐氧化法具有灵敏度高、量程宽、响应快等特点,一般应用于饮用水及其水源地等较干净的水体监测,以及石化、电力、电子等行业的水处理过程水质监测及工艺控制。

总有机碳分析的应用如下。

(1)环境分析

从20世纪70年代早期,总有机碳(TOC)已被确认并接受成为一个分析技术,用来衡量水质。

水源中的TOC主要来自天然有机物腐烂和人工合成有机物。如腐殖质、黄腐酸、胺类、尿素等是常见的天然有机物;而洗涤剂、农药、肥料、除草剂、工业化学品和含氯化有机物等这一类是常见的人工合成有机物。在给水消毒处理中,TOC有着重要作用,量化的原水中天然有机物的含量。在给水处理中,原水与含有氯消毒剂进行反应。当原水中加氯时,活性氯(Cl_2、HOCl、ClO^-)会与天然有机物反应产生氯消毒副产物(DBPs)。许多研究人员发现,原水中较高水平的天然有机物含量,在给水处理过程中会增加水中致癌物质的含量。

(2)循环冷却用水

在工业生产中,如石油化工生产中,从原料到产品,包括工艺过程中的半成品、中间体、溶剂、添加剂、催化剂、试剂等,具有高温、深冷、高压、真空等特点,在工艺过程中需要通过热量交换进行冷却或加热,需要使用大量的循环冷却水,而且这些介质又多以气体和液体状态存在,具有腐蚀性,极易泄漏和挥发。如果生产工艺热交换过程中发生介质泄漏,一方面这些介质具有易燃、易爆的特点,容易形成爆炸环境,会造成生产设备运行的重大安全隐患;另一方面,循环冷却水受到泄漏介质的污染后,会影响后续水处理设备的运行安全和处理效果,降低循环冷却水的使用频率和效率,增加用水量,以及降低热交换的效率。

在电厂中,汽轮机油是用油量最大的润滑油。润滑油在发电机组中,主要起润滑、冷却散热、调速和氢冷发电机的密封等作用。润滑油冷却过程主要在冷油器中实现热量交换,通常冷油器采用的是循环水冷却。润滑油等都是有机物,可以通过在线监测循环冷却水中TOC浓度,通过在线监测循环水的TOC数值。首先可以连续监测循环水是否受到介质泄漏污染,并及时反馈,及早发现安全隐患;其次,监测了解循环水的水质,可以自动控制补水或加药等处理措施,提高循环水利用率,有利于节能降耗,减少排放。

在石化等特殊行业应用中,有些生产环境比较特殊,有些区域为防爆Ⅰ区或Ⅱ区;要求仪器具有防爆的性能,需要采用一些防爆型号的TOC进行现场监测。

(3)热力(锅炉)和工艺用水

工业生产的热力和工艺系统用水等级和类别较多,可分为锅炉给水、蒸汽、热水、纯水、软化水、脱盐水、去离子水等,各个工艺段的水质要求也不同。高压锅炉对给水的水质要求非常高,补水的成本也很昂贵,如果热交换后产生的高温冷凝水汽中有机物含量(TOC)、油含量等水质指标低于允许值,就可以将高温冷凝水汽直接送回高压锅炉作为补水,这可以节约大量水资源和热能,还可以降低高压锅炉的运行成本。在线TOC分析仪就可以实现在线TOC分析或TC(总碳)痕迹检测。冷凝水回收项目的经济效益极高,是石油、化工、电力等领域节能、减排的优选项目。

对于工艺用水,往往以蒸汽形式参与生产反应,因此工艺用水(蒸汽)的品质影响了生产反应的过程、生产产品(中间体、成品等)的品质,同时也会影响生产设备的运行安全。通过在线测量工艺水(蒸汽)的水质指标,如总碳(TC)、总有机碳(TOC)等水质参数,对产品的生产过程控制有着重要影响作用。

(4)废水监测和其他水监测

总有机碳分析与生物需氧量(BOD)和化学需氧量(COD)分析等传统方法相比较,其更为快速、准确地反映水中有机物的含量。在污水应用中,TOC测量中将有机物全部氧化,比生化需氧量或化学需氧量更能反映有机物的总量。工业行业中,有生产或者使用有机化学品,生产过程中的工业废水中往往含有大量有机污染物,一般都具有毒性、致癌性等环境危害性,如果不经过处理直接排放进入环境,将会引起严重的环境问题。在处理过程中,通过在线TOC测量,可以及时了解水质状况,优化污水处理工艺;在排放口可以监控污水达标排放,有利于减少企业的污染排放量,降低环境污染和危害。

(5)制药行业

进入供水系统的有机物不仅是活的生物体和从原水中带有腐烂的有机物,还有可能从净化和管路系统的材料中带入。内毒素、微生物生长、管壁上生物膜生长和制药管路系统上的生物膜生长之间存在关系。可以确认TOC浓度和内毒素及微生物之间浓度水平之间存在相关性。维持低水平的TOC有利于控制内毒素和微生物的水平,以及生物的生长。美国药典(USP)、欧洲药典(EP)和日本药典(JP)规定TOC需要作为纯水和注射水(WFI)的一个测试指标。基于以上原因,TOC现已在生物制药行业的过程控制中成为一个监控操作的重要指标,包括净化过程和管路系统。由于许多生物制药操作用于药品生产,美国食品和药品管理署(FDA)颁布了许多保护市民健康,以及保障产品质量品质的法律和法规。为了保证不同药物生产中不产生交叉污染,需要进行多种清洗过程。TOC浓度等级用来验证有效的清洗过程,特别是在原位清洗过程中(CIP)。

8.5.3　UV吸收在线分析仪

(1)测量原理介绍

水中的某些有机物,如木质素、丹宁、腐殖质和各种含有芳香烃和双键或羟基的共轭体系的有机化合物,对254 nm的紫外光有很好的特征吸收作用。根据朗伯-比尔定律(Lambert-Beer Law),可以通过测量这种特征吸收值,即SAC 254,然后利用SAC 254与有机物浓度之间的相关性,转换成有机物浓度。

某些特定水体中的组分一般变化不大,因此可以利用SAC 254来考查有机污染物浓度。但是,某些有机污染物,如低级饱和脂肪酸、氨基酸(芳香族氨基酸除外)类等,在紫外光区没有吸收或吸收很好。故而SAC 254仅仅是某些有机物的综合反映。紫外UVCOD在线分析仪就是通过测量SAC 254,然后利用SAC 254与COD之间的相关性,转换成COD值,故又称UVCOD。通过另一个检测器在参照波长下,对样品浊度、悬浮固体进行补偿和修正。该方法符合德国《对水、废水和淤泥的统一检验法 物理和物理化学特性参数(C组) 第3部分:紫外线辐射场中吸收的测定(C3)》(DIN 38404—3—2005)标准。

如图8.11所示,探头中光源发出的光线穿过狭缝,其中部分光线被狭缝中流动的样品所吸收,其他的光线则透过样品,到达探头另一侧的分光器,被一分为二,50%的光线由样品检测器检测,另50%的光线由参比检测器检测。仪器对两个检测器的信号进行运算,就能得出经过补偿的SAC 254值。最后,根据实际水样的特性,也就是SAC 254和COD的相关性,把SAC 254转换成COD,实现COD的测量。

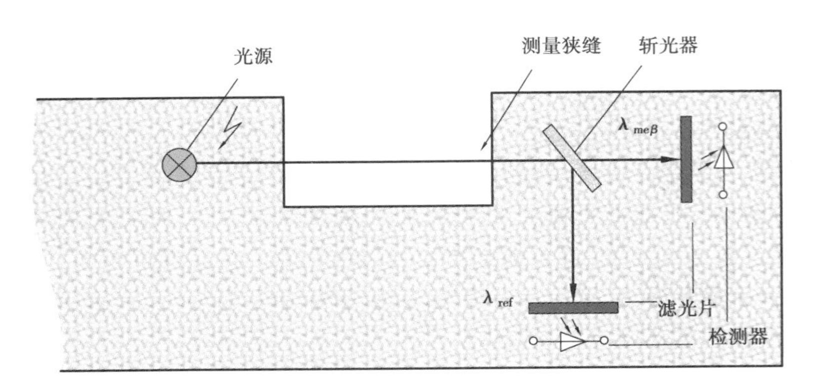

图 8.11　紫外 UVCOD 在线分析仪的测量原理

(2)在线 UVCOD 分析仪的应用

1)污水处理厂进水口应用

某污水处理厂主要处理当地生活污水和食品工业废水,其主要工艺为 SBR 工艺。两个 MSBR 生物反应池交替运行,以实现污水的连续处理。由于食品厂时常有超标排放的现象,造成污水处理厂超负荷工作。如果不及时调整污水处理厂的设备运行状态,最终导致污水处理厂不能达标排放,对环境造成污染。

因此,在污水处理厂的细格栅后安装了紫外 UVCOD 在线分析仪,实时检测进水 COD 负荷,如图 8.12 所示。在实际运行中,由于响应时间快,多次及时检测出进水超标的情况。如图 8.13 所示,为某食品厂超标排放引起的设备检测值的突然升高。根据此测量值,可以及时调整污水处理厂的设备运行状态,尽量使污水处理厂的工艺不受影响。

图 8.12　污水处理厂进水口安装紫外 UVCOD 在线分析仪

2)其他应用

由于紫外 UVCOD 在线分析仪具有响应速度快的特点,可以用于水质比较稳定的地表水和工业循环水上,连续监测有机污染物,实现地表水站的监测要求和工业用水的自动控制等。

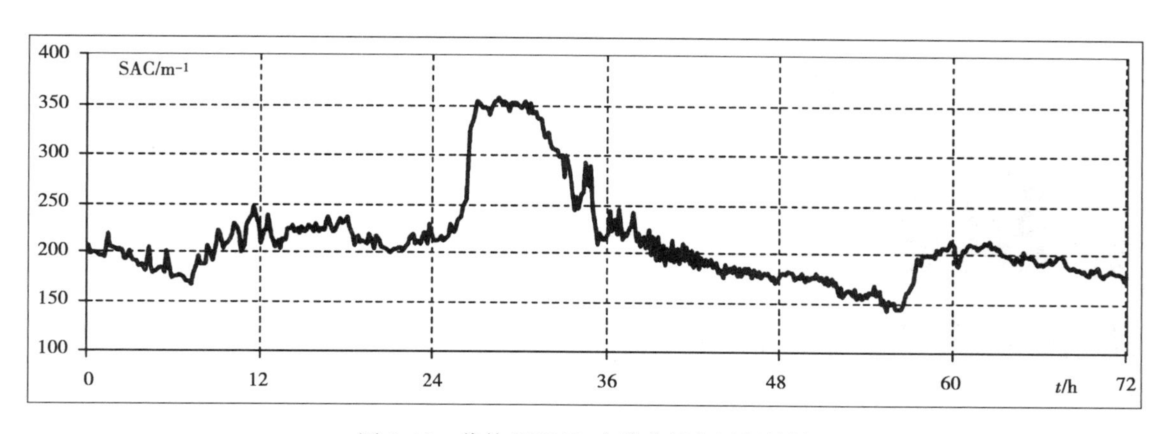

图 8.13　紫外 UVCOD 在线分析仪运行效果

第 9 章 地表水与地下水环境监测

9.1 地表水环境监测

地表水自动监测系统是以在线自动分析仪器为核心、运用现代化技术（传感器技术、自动测量技术、自动控制技术、计算机应用技术）及相关的专用分析软件和通信网络所组成的一个综合性的水质监测系统。相比传统的手工采样分析，地表水自动监测系统可以实现水质的实时连续监测和远程监控，达到及掌握主要流域重点断面水体的水质状况、预警预报重大或流域性水质污染事故、解决跨行政区域的水污染事故纠纷、监督总量控制制度落实情况、排放达标情况等目的。

9.1.1 地表水自动监测系统构成总述

地表水自动监测系统由取水单元、水样预处理及配水单元、辅助单元、分析监测单元、现场系统控制单元、通信单元、中心管理系统等组成（图 9.1）。取水单元、水样预处理、辅助单元完成水质自动监测站的水样采集、水样预处理、管路清洗等采样过程；分析监测单元主要监测水

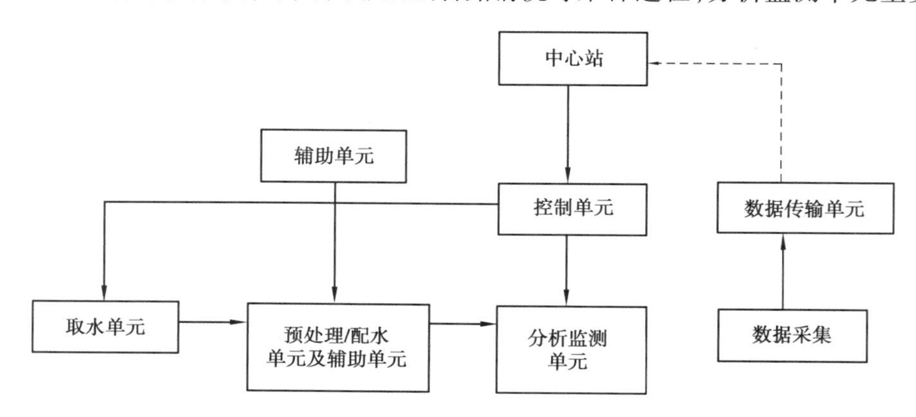

图 9.1 地表水自动监测系统构成示意图

温、电导率、pH、溶解氧、浊度、叶绿素、总磷、氨氮、高锰酸盐9个水质参数，完成监测站水质监测参数的分析过程；现场系统控制单元完成系统的现地监控操作、各类数据的采集等；通信单元实现数据及控制指令的上行及下行传输过程；远程监控中心作为系统的中心站，实时接收数据并进行远程监控操作及数据分析。系统设计应符合国家有关技术标准、规范，满足用户对水质实时监测和远程监控的要求，并为当地水资源实时监控系统的实施提供水质监督手段。

9.1.2　取水系统介绍

取水系统是保证整个系统能够正确运转、数据正确的重要部分，因此对于不同的河流、湖泊的水文状况、地理及周边环境，需要实地考察确定一个可行方案。取水系统的功能主要是在任何情况下都能将采样点的水样引导至站房仪器内，其水量和水压满足预处理和监测仪器的分析使用，并保证采集到具有代表性的水样，而且水样在运输过程中不变质。取水系统包括取水构筑物、取水泵、取水管路、清洗配置装置、保温配套装置、防堵塞装置等，有些特殊采样点还需要设计除藻单元，主要构成如图9.2所示。取水管路应具有较强的机械性能，抗压、耐磨、防裂、耐腐蚀等，还具有良好的化学稳定性，避免了对水样可能产生的污染。取水水泵的选择多取决于用水量和位差。采样点随水位的变化而上下移动，与水面的距离为0.5～1 m，与水体底部的距离应大于1 m（枯水期），确保取样口不会受到水体底部泥沙的影响。

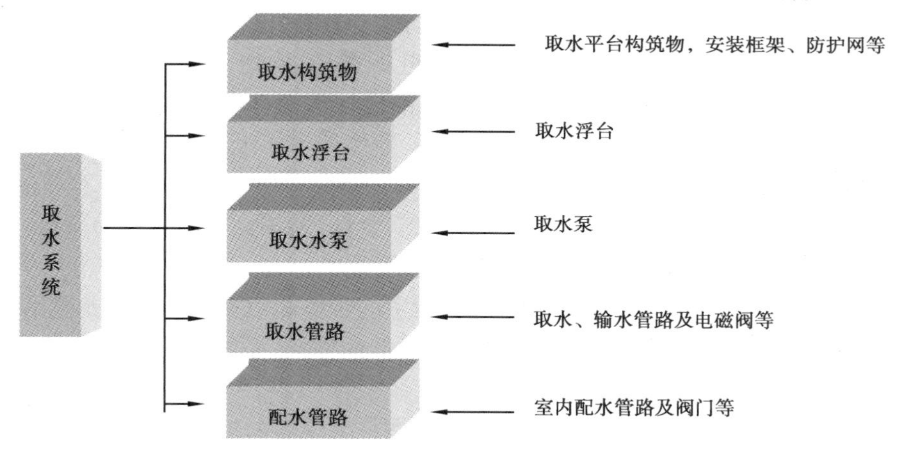

图9.2　取水系统构成图

9.1.3　预处理系统介绍

水质自动监测系统中的水样预处理系统运行是否可靠、合理，是衡量一个在线水质自动监测站能否在现场连续、正常、可靠运行的关键所在，同时也是系统可靠性的重要技术指标。

地表水水质自动监测系统运行过程中，遇到最多的问题是管路阻塞、管路及分析仪器的检测系统被污染、微生物滋生，造成系统经常停机或数据异常等问题。水样的预处理是为了保证除去水中的较大颗粒杂质和泥沙，并且保证进入分析仪器的水样中的被测成分不变。预处理的方法有过滤、粉碎、乳化等，对地表水的监测，采用的预处理方法多为过滤。其中，对水质五参数的测量，水样不需要经过任何处理，采用直接进入仪器的进样方式，以保证水样浊度、DO、电导率、pH及温度测量的真实性和准确性。对其他参数的测量，预处理系统的主要组成为预沉淀、过滤、稀释、清洗、系统清洗等。

预处理系统的设计,需要注意如下事项:

①由于每种仪器对过滤精度的要求不同,在设计过程中根据仪器分别采取恰当的过滤方式,过滤精度符合仪器要求,避免了由过滤精度偏差对水质检测的影响和维护工作量的增加,从而实现了设计和应用的合理性、实用性。

②降低过滤水样量,根据仪器分析所需要的水样量,用多少,过滤多少,尽量减轻过滤装置的负荷,减小故障概率和维护工作量。

③采用具有自清洗功能和无拦截式流路设计的过滤器。

④粒径较大的砂粒通过旋流除砂装置进行处理。粒径较小的泥沙则通过带自清洗的过滤装置进行处理,并通过管路布置、液流速度和系统反清洗功能的辅助最大限度地降低泥沙对系统造成的不良影响。

⑤根据分析仪器和标准分析方法的要求,适当选用静置时间,以达到预处理效果。

9.1.4 自动监测系统介绍

自动监测系统是地表水环境监测的核心部分,其他系统都是为这个自动监测系统的工作而工作。自动监测系统负责完成水样的监测分析工作,它由满足各检测项目要求的自动检测仪器及辅助设备组成,其中,水质自动监测仪器是水质自动监测系统中最重要、最昂贵的部分。

自动监测系统的主要监测的参数项目有水温、pH 值、电导率、溶解氧、浊度、COD_{Mn}、COD_{Cr}、氨氮、硝酸氮、亚硝酸氮、总氮、总磷、TOC、叶绿素、氰化物、氟化物、水中油、六价铬、挥发酚、重金属、总砷、流量等。通常标准监测的项目包括水温、pH 值、电导率、溶解氧、浊度、COD_{Mn}、氨氮、总氮、总磷、TOC。

自动监测仪器的选型,从性能要求上应考虑如下几点:

①系统总体设计具有实用性、先进性、开放性、安全性、适用性和经济性的特点。

②总体设计符合国家、行业有关技术标准和规范。

③水质数据准确度和精密度满足要求,与实验室同步监测数据在允许误差范围内。

④所选用的设备符合结构简单、性能可靠、能耗低的原则,系统可在无人值守的条件下长期工作。

⑤系统具有良好的兼容性和可扩展性,充分考虑将来仪表的扩充要求,相关设备保留相应的余量和接口。

⑥取样方式设计合理,不影响水质参数的检测结果,在恶劣气候下可稳定运行。

⑦系统具备断电、断水自动保护和恢复功能,系统自身可维持运转 12 h。

⑧能够判断故障部位和原因,具备故障以及状态异常自动报警功能;在线故障诊断,具备监测频次设置功能。

⑨每个检测过程前对分析仪表自动进行校准,监测后对系统内部管路进行反吹清洗。

⑩具备远程显示仪器状态、远程校准和远程清洗功能。

⑪仪器输出信号采用 4 ~ 20 mA 或 RS232/RS485 接口供选择,以便与有关计算机网络系统进行系统数据通信。

⑫系统控制软件界面设计前卫、简洁、美观、实用、功能全面且操作方便,适合监测技术人员和其他人员解读,数据库具备管理、分析、查询和二次开发功能。

⑬废液排放安全,避免二次污染。

⑭具备可靠的防雷、防冻、防盗、防潮等保护措施。

⑮监测数据能贮存于硬件系统，并能进行检查、统计、显示及打印。系统可存储数据及设备的各种运行状态。

9.1.5　数据采集系统介绍

数据采集和传输是将各个分析仪器输出的信号通过转化、采集到现场工控机或内置储存器内，按设计要求进行数据处理、生成各种报表，发送到远程数据管理中心；同时，自动监测系统的一切状态参数和报警记录也可以传输到远程数据管理中心，便于中心了解系统工作状态。

(1)现场采集单元

数据采集单元采用总线通信与模拟量采集相结合的方式，能自动采集4～20 mA模拟信号及RS232/RS485/MODUBUS数据信号，其中PLC主要采集各设备信号(开关量)、模拟信号，同时与现场工控机进行双向通信(汇报采集的数据，接收参数设置及上位机指令)，对各执行机构进行控制。

PLC具有掉电保护功能，各时间参数的设置值不会因掉电而丢失，上电后系统自动恢复工作。PLC控制系统具有独立工作能力，当出现故障或检修时不会影响整个系统正常运转。具有手动、自动、远程命令等多种工作模式。可由现场工控机进行参数设置，可以由中心站计算机通过网络进行远程设置。

系统出现故障时，可进行自诊断自恢复，并将故障信息在第一时间内做出通知。

(2)通信单元

通信单元负责完成监测数据从监测站到水环境监测中心的传输工作，并将中心的控制命令发送回监测站，主要包括通信终端设备、远程输出设备及相关应用软件构成。由于水质自动站数据量不大，对通信线路的质量要求比较高，故通过有线电话进行数据传输是一种比较可靠的方式。而GSM/GPRS无线通信方式受通信基站、地域及天气的影响比较大，可靠性次之。

基本功能要求：

①实现测站与监测中心之间的双向传输。

②传输方式：以有线电话网为主、GSM/GPRS无线传输为辅作为传输方式。

③在环境监测中心接收平台可以监测监测站水质数据及远程控制。

(3)现场控制单元

现场控制与采集单元主要完成水质自动监测系统的控制、数据采集、存储、处理等工作。主要由控制柜、PLC以及一些控制元件等部分组成。控制柜系统按照预先设定的程序负责完成系统采水配水控制、启动测试、清洗、除藻、反吹等一系列的动作，同时可以监测系统状态，并根据系统状态对系统动作做相应的调整。

系统控制支持自动模式、手动模式。自动模式下系统按照预设的程序自动运行，无须人工干预。现场维护时启动手动模式，此时系统只有在现场维护人员手动启动下才进行相关操作。系统还可接受远程启动命令，启动一些维护操作。

9.1.6　站房集成系统等介绍

站房的组成应按所选配的分析仪器、系统设备的具体要求及它们的运行特点确定，一般由仪器间和辅助仪器间组成。

(1)确定站房位置

站房选址时应考虑:

①站房地址应保证供水(自来水)、供电(附近的企业、村庄)道路畅通的合理距离,不适合供水、供电、道路太远的位置,应方便供水、供电。

②确定站点的河流断面的代表意义,市—市交界、县—县交界、省界等。

③确定2个备选建站地址并确定其地理名称,在地图中标出其比较准确的位置。

④确定托管站的名称。

⑤考虑城市、农村、水利等建设发展的影响,有稳定的水深和河流宽度,保证点位水质水位数据的长期连续。

(2)站房主体

①站房仪器间面积:根据仪器和辅助设备的外形尺寸布置以及操作空间确定。

②辅助仪器间面积:具备休息室、卫生间等。

③站房结构:砖混结构。可以建成平房或者二层楼房机构,用防滑瓷砖铺地。

④站房地面的高度:根据当地水位变化情况而定,站房地面标高应能够抵御50年一遇的洪水。易受洪水浸入的地方可以考虑采用高架式站房。

⑤站房内净空高度应大于2.7 m。

⑥辅助设施:站房的避雷系统和地线系统以及采水设施和给水、排水等应与站房建设同步进行。

⑦站房式样:外观美观大方,结构经济实用。

(3)站房仪器间

①室内地面防水、防滑,铺设地面砖,站房地面向有排水孔的方面有一定的坡度。同时仪器固定架附近设有排水沟(深度150 mm,宽度150 mm)和地漏,可使室内积水排出。

②仪器间内清洁水源采用自来水,管道接口,并装有截止阀。不具备自来水的地方将考虑打井(加过滤设备)或增设水处理装置。

③房内有实验工作台(桌),台上用于日常摆放便携仪器等功能,台下有工作柜,便于放置试剂。房内备有上下水、洗手池等。

④站房接地:在站房建设时同步考虑站房接地系统,在站房内设有接地的地线端子排。

(4)站房基础及外环境

①站房根据当地地质情况建设,做好地基处理。

②站房外地面将做相应的平整,使周围干净整洁,有利于排水,并适当绿化。

③站房设置排水系统,排水排入采水点的下游,排水点与采水点间的距离大于10 m。

④站房有防鼠害能力。

⑤站房暖通:仪器间内有冷暖空调设备,室内温度可保持在18~28 ℃,湿度在60%以内。能够保证室内环境温度、相对湿度等符合ZBY 120—83工业自动化仪表工作条件的要求。空调具有来电自动复位功能和除湿功能。因站房为全封闭式结构,为了防止夏季因停电或空调故障而导致室内温度过高,应在站房侧壁增加换气扇,以减少仪器受高温的影响。

(5)配套设施

配套设施主要考虑供电、给排水、办公用品、防雷接地系统、防火和防盗设施等。

9.2　地下水自动监测系统

地下水作为人类生存空间的重要组成部分，为人类提供了优质的淡水资源。但是，随着我国环境污染的日趋严重，人类活动导致地下水污染已从点状扩展到面状污染。除地下水自身受污染外，又成为土地污染的重要媒介。对地下水尤其是城市地下水的水文水质进行全方位的在线监测，全面掌握城市地下水的分布情况、变化规律、水量、水质等相关指标。为科学用水、科学节水提供可靠的监测数据，为地下水资源的开发利用决策提供支持。

地下水自动监测系统包括采用系统、自动监测系统和数据采集系统。

采用系统主要是水样采集单元，地下水的采样设备分为采样泵和采样器2类。地下水采样泵将地下水抽出地面，一般都具有大扬程、流量小的特点。地下水的采样器放入地下水面以下，取得某一指定深度的水样，在提升到水面的过程中不能与地下水体发生水的交换。

自动监测系统主要指水质水文指标传感监测单元。水文监测主要是地下水位、水量的监测分析，水质主要是水温\pH\电导率等参数的分析，一般采用电极法的多参数分析仪进行自动分析。

数据采集系统包括数据采集及无线/有线传输单元、数据分析单元。

自动监测系统结构如图9.3所示：

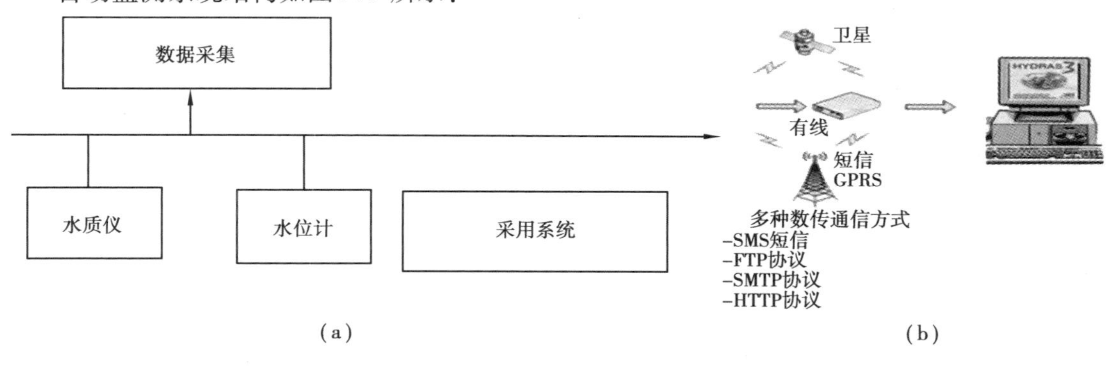

(a)　　(b)

图9.3　地下水自动监测系统结构图

9.2.1　水位

地下水水位是最普遍、最重要的地下水监测要素，地下水水位一般都以“埋深”进行观测，再得到水位。

按《地下水监测规范》(SL 183—2005)要求，水位的“允许精度误差为±0.01 m”，在《地下水监测站建设技术规范》(SL 360—2006)中规定“水位误差应为±0.02 m”。

对地下水水位进行监测时，由于地下水的水体地下环境比较稳定，水位变幅较慢，但是埋深可能很深，测井管可能很小。

自动测量地下水位的仪器主要有浮子式和压力式的2种地下水位计。

(1)压力水位计采用压力原理

通过干式陶瓷电容传感器测量水压，再把测得的压力转换成水位输出。陶瓷电容传感器坚固耐用，长期稳定性好，比传统的扩散硅电极具有明显的优势，长期使用无漂移。

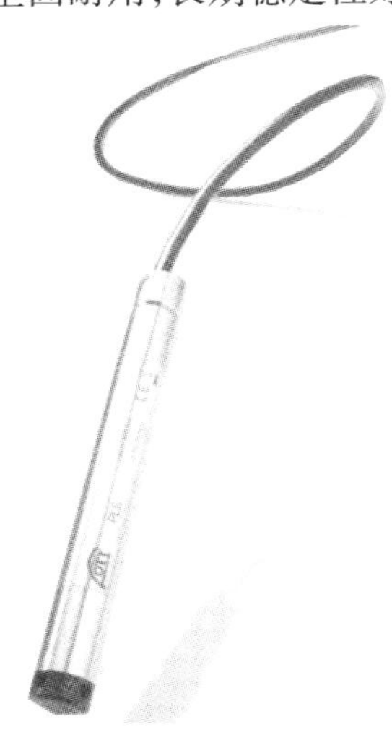

图 9.4　压力水位计

仪器自带导气管，通过导气管连接外界大气，另外一端与压力传感器连接。压力传感器同时测量水压和外界大气压，直接通过压差法得到实际水压，再换算为对应的水柱高度，以水深或水位形式输出至外部数采仪。

测量单元中内置的微处理器可消除水中温度或密度变化所带来的影响，还可补偿不同海拔及纬度下重力加速度变化所带来的影响。

传感器可过载能力为满量程的 10 倍，保护管采用激光焊接可确保防水效果。同时具有卓越的性价比。

(2)性能特点

压力水位计的主要性能特点为：

①水位数值真实稳定，不受外界气压变化、海拔高度变化及气象条件变化影响。

②传感器长期使用无零点漂移。

③自带导气管实现自动气压补偿，压差法测量。

④自动密度补偿。

⑤自动海拔补偿。

⑥自动温度补偿。

⑦传感器内部完全密封，坚固防腐。

⑧电缆防水性能优越，长期使用无形变。

⑨安装操作简单方便。

⑩10 倍过载能力。

⑪4 ~ 20 mA 信号或 SDI-12 接口。

⑫可同时读取水位和温度数据。

(3)技术指标

压力水位计的主要技术指标为：

①量程：0 ~ 5 m、0 ~ 10 m、0 ~ 20 m、0 ~ 40 m、0 ~ 100 m 等多个量程范围。

②长期稳定性：± 0.05% F.S. 每年。

③分辨率：0.05% F.S. 。

④线性度，重复性 < 0.03% F.S. 。

⑤输出：SDI-12，或 4 ~ 20 mA。

9.2.2　水质分析

(1)地下水水质监测指标的选择

根据《中华人民共和国地下水质量标准》(GB/T 14848—2017)要求，重点监测指标为：pH、氨氮、硝酸盐、亚硝酸盐、挥发性酚类、氰化物、砷、汞、铬(六价)、总硬度、铅、氟、镉、铁、锰、溶解性总固体、高锰酸盐指数、硫酸盐、氯化物、大肠菌群，以及反映当地主要水质问题的其他项目。其中硫酸盐及大肠杆菌，由于技术发展限制，当前暂时无法实现在线监测，其他指标均可实现在线监测。

根据中国地下水水质状况，地下水在线水质监测指标分为两类：

①基础核心指标：pH、溶解性固体（电导率）、浊度。

②特定污染风险性指标：氨氮、硝酸盐、亚硝酸盐、挥发性酚类、氰化物、砷、汞、铬（六价）、总硬度、铅、氟、镉、铁、锰、溶解性总固体、高锰酸盐指数、氯化物。

特定污染风险性指标监测仪表的投资较大，对大面积地下水水源井的水质监测，一般仅针对基础核心指标进行在线监测，特定污染风险性指标只在后续水处理设施进水口处，根据当地地区主要水质问题选择性进行监测。

（2）多参数水质分析仪

多参数水质分析仪一般采用高度集成化的多参数探头设备，将许多常规水质参数如DO、pH、浊度、电导率（盐度）、温度、水深等参数集成在一台主机上进行测量，方便使用（图9.5）。

探头只需放入水中即可读数，使用十分简单。配有随机软件，软件具有查看实时监测读数、设置探头参数、探头校准等功能。软件操作简单方便。

主机自带内存，可储存多条数据，配合软件的设置功能，可以独立在野外形成小型自动监测站，定时监测水质并记录到主机内存中。主机可使用干电池供电，也可以使用外接电源或蓄电池供电。

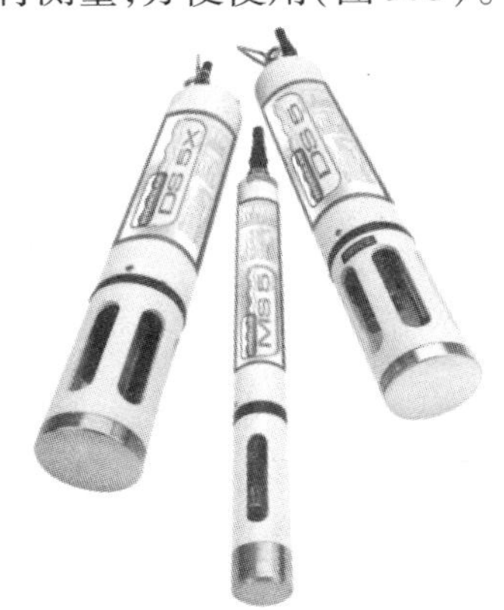

图9.5　多参数水质分析仪

1）多参数水质分析仪的测量原理

多参数水质分析仪是一种高度集成化的设备，所有监测传感器直接安装在主机上，与主机主板通信，主机主板处理来自各个传感器的原始电压、电流值并将其进行模数转换，转换后的数据通过数字输出（RS232、RS485或SDI12等数字接口）传输到外部手持终端或电脑及其他数据采集装置。

①温度：温度传感器测量原理为热敏电阻法，根据温度上升阻值下降的原理测量环境温度，使用寿命高于5年。符合EPA170.1/SM2550B方法。

②pH：采用玻璃电极法应符合《水和废水监测分析方法（第四版）》，等效《水质 pH值的测定　玻璃电极法》（GB/T 6920—1986），符合EPA150.1/ SM4500-H + B方法等，利用玻璃电极和参比电极之间的电位差衡量水样的pH值。

③电导率：采用电极法符合《水和废水监测分析方法（第四版）》，符合EPA120.1和SM2510B方法，利用水流通过时电极间的电流强度计算水样的电导率。可通过随机软件自动换算为盐度、总溶解固体、电阻。

2）多参数水质分析仪的技术指标

①温度：

- 量程：−5～50 ℃。
- 精度：±0.10 ℃。
- 分辨率：0.01 ℃。

②pH：

- 量程：0～14。

- 精度：±0.2。
- 分辨率:0.01。
- 方法:玻璃电极法。

③电导率:

- 量程:0～100 mS/cm。
- 精度:读数的±1 %或±0.001 mS/cm。
- 分辨率:0.000 1 个单位。
- 方法:电极法。

④盐度:

- 量程:0～70 ppt。
- 精度：±0.2 ppt。
- 分辨率:1 mV。
- 方法:电导率换算。

9.3 水质五参数在线分析仪

水质分析单元负责完成水样的监测分析工作。水质自动监测仪器是水质自动监测系统中最重要、最昂贵的部分,是自动监测系统的核心部分。

(1)五参数监测意义

1)pH

pH 表征水体酸碱性的指标,pH 值为 7 时表示为中性,小于 7 为酸性,大于 7 为碱性。天然地表水的 pH 值一般为 6～9,水的酸化或碱化都可能是由于污染物侵入的缘故。水体中藻类生长时由光合作用而吸收二氧化碳,会造成表层 pH 值升高。

2)溶解氧

溶解氧代表溶解于水中的分子态氧。水中溶解氧指标是反映水体质量的重要指标之一,在流动性好(与空气交换好)的自然水体中,溶解氧饱和浓度与温度、气压有关,零度时水中饱和氧气含量可达 14.6 mg/L,25 ℃为 8.25 mg/L。水体中藻类生长时由光合作用而产生氧气,会造成表层溶解氧异常升高而超过饱和值。含有有机物污染的地表水,在细菌的作用下有机污染物质分解时,会消耗水中的溶解氧,使水体发黑发臭,会造成鱼类、虾类等水生生物死亡。因此,溶解氧对于维持水体生态平衡十分重要。

3)电导

电导的变化可以反映水中离子含量的变化,这可能是由于重金属离子侵入的缘故。

4)浊度

浊度的变化可能是由于污染或仅仅由于泥沙含量增加的缘故。

5)水温

水温可间接表征水体的部分物理性质和化学性质,并对水中进行的化学和生物化学反应速度有显著影响,同时影响水中生物和微生物的活性。此外,水温变化还可以反映水流、水体的稳定性,以及水体生态环境是否正常。

(2)五参数分析仪选型原则

选购水质五参数分析仪时,应遵守以下原则:

①选择国外生产的技术成熟的产品,具有一定的知名度、较好的信誉和成功的范例。

②具有良好的防水性,具有内置式扩展端口,对增加监测项目留有可扩展性。

③适用于连续在线,数据准确。

④易于清洗和维护,要可靠耐用。

⑤接口在任何环境下都受到良好保护。

⑥输出方式:4~20 mA 输出,或者仪表有 RS232/RS485 接口,支持数字通信方式(MODBUS 协议)。

⑦供电电源:220 V ±10%,50 Hz ±10%。

⑧常规五项参数分析仪的灵敏度、准确度必须满足监测要求。

⑨五参数仪器应为一体化设计的集成化仪器,五个参数采用独立电极,其中温度电极可以作为 pH 或电导率的补偿电极。

(3)五参数的分析方法

五参数的分析方法应符合我国《地表水环境质量标准》《水和废水监测方法(第四版)》中所列的方法、环境保护行业标准中对水质在线自动监测仪的要求,或者为国际等效方法,行业内公认的先进分析方法等。

表9.1　水质五参数主要分析方法与标准

序号	项目	分析方法	参照标准
1	温度	温度传感器法	GB/T 13195—1991
2	pH	玻璃电极法(带温度补偿)	GB/T 6920—1986
3	溶解氧	膜电极法/荧光法(带温度补偿)	HJ 506—2009/EPA 推荐方法
4	电导率	电导池法(带温度补偿)/电磁感应法	HJ/T 97—2003
5	浊度	90°散色光比浊法	GB/T 13200—1991

(4)五参数的工作环境条件

五参数的各个测量电极和控制器能够在以下的工作环境和储存环境中正常运行:

- 工作环境:-20~55 ℃。
- 存储温度:-20~70 ℃。
- 相对湿度:0~90%。

9.3.1　pH 在线分析仪

pH 是最常见的水质检测项目之一,在饮用水厂和污水厂中,pH 检测涵盖了进水、出厂水及工艺过程检测,具有极大的普遍性。

在饮用水厂的每一个工艺段都要求测量 pH 值:

①检测进厂水 pH 值,可以快速检测出水源地人为或非人为因素引发的安全事故。

②pH 数据可以帮助水厂运行人员确定工艺过程中的参数调整范围,如混凝沉淀工艺中的参数调整。

③要求在饮用水厂出厂水和给水管网中检测 pH。

对于采用生物处理工艺的污水处理厂,由于微生物对 pH 变化的高敏感度,因此 pH 是生物法污水处理的关键检测指标之一:

①在曝气池中,如果 pH 值过高或过低,对水中污染物起降解作用的微生物在将“食物”(即水中污染物)转化为能量和“原材料”(即污染物被微生物降解后,其生长和繁殖可利用的小分子物质)的过程中受到抑制。

②如果硝化池中 pH 值下降过快,导致 pH 值偏低,在工艺中起硝化作用的硝化细菌就会受到抑制,进而影响硝化反应的效果。

③厌氧消化必须维持多个微生物种群数量的平衡,如果 pH 值超过了可接受的范围,那么甲醇的生成过程停止进而导致消化系统失效。

④每一座污水厂都要遵守统一的排放标准,pH 是其中的一项重要的排放指标。

(1)pH 在线检测方法及原理

在中性环境中,水分子发生电离反应,生成氢离子(H^+)和氢氧根离子(OH^-),二者浓度相等。

$$H_2O \longleftrightarrow H^+ + OH^-$$

该反应是一个可逆反应,根据质量作用定律,对于纯水的电离可以找到一平衡常数 K 加以表示。

$$K = \frac{[H^+] \times [OH^-]}{[H_2O]} \tag{9.1}$$

式中 $[H^+]$——氢离子浓度,mol/L;

$[OH^-]$——氢氧根离子浓度,mol/L;

$[H_2O]$——未离解水的浓度,mol/L;因水的电离度很小,$[H_2O] = 55.5$ mol/L

水的电离受温度影响,加酸加碱都能抑制水的电离。水的电离是水分子与水分子之间的相互作用而引起的,因此极难发生。在一定温度下,K 是常数,如 25 ℃时 $K = 1.8 \times 10^{-16}$,所以 $K_{[H_2O]}$ 也是常数,称为水的离子积,以 K_W 表示。在 25 ℃时:

$$K_W = K \times [H_2O] = [H^+] \times [OH^-] = 10^{-7} \times 10^{-7} = 10^{-14} \text{ mol/L}$$

水的离子积 K_W 只随温度变化而变化,是温度常数。在 15 ~ 25 ℃,因变化很小通常认为是常数,即 $K_W = 10^{-14}$ mol/L,但当水的温度升高到 100 ℃时,$K_W \approx 1 \times 10^{-12}$ mol/L。

在水中逐渐滴加酸性溶液,氢离子浓度不断增加,同时氢氧根离子浓度不断降低;在水中逐渐滴加碱性溶液时,情况正好相反:氢离子浓度不断降低,而氢氧根离子浓度不断增加。

pH 是氢离子浓度的测量值,pH 的定义是:pH 是水溶液中氢离子摩尔浓度的负对数。

$$pH = -\log[H^+]$$

Log 是数学概念中的“对数”术语,pH 数值的计算采用以 10 为底的常用对数,这也表明:pH 每改变 1 个单位,氢离子浓度则改变了 10 倍。

典型的 pH 测量范围在 0 ~ 14。

①pH = 7 表明溶液中氢离子浓度和氢氧根离子浓度相等,溶液的酸碱性呈中性。

②pH < 7 表明溶液中氢离子浓度高于氢氧根离子浓度,溶液酸碱性呈现酸性。

③pH > 7 表明溶液中氢氧根离子浓度高于氢离子浓度,溶液酸碱性呈碱性。

④pH <0 和 pH >14 的情况时，溶液为强酸或强碱溶液，此时不用 pH 来表征。

由于 pH 是 Log 对数函数，所以溶液每改变 1 个 pH 单位，溶液中氢离子浓度就会有 10 倍的改变。pH 值与氢离子浓度的关系如图 9.6 所示。

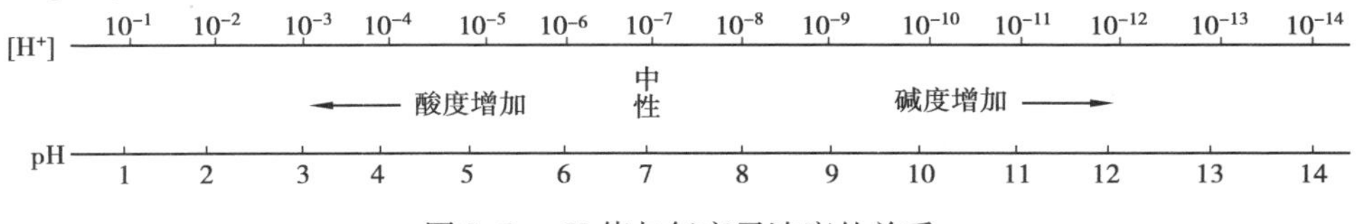

图 9.6　pH 值与氢离子浓度的关系

pH 的测量主要依据能斯特方程，将化学能转换为电能的原电池或电解池相关的计算公式。能斯特（NERNST）方程可以用如下的计算式表达：

$$E = 2.3\frac{RT}{nF}\log(a_i) - E_0 \tag{9.2}$$

式中　E——电动势，mV，指在真实条件下两个电极之间的电位差；

E_0——标准电极电位，mV，指在标准温度、压力和浓度下两个电极之间的电位差；

R——通用气体常数，J/（mol・K）；

T——绝对温度，单位是开尔文，开尔文温度与摄氏度之间的换算关系为：开尔文温度 = 273 + 摄氏度；

n—— 离子价态数；

F——法拉第常数，C/mol；

a_i——离子活度。

（2）pH 在线仪表结构

尽管 pH 值可以通过多种方法测量得出，对于 pH 电极而言，为了产生电势差，必须形成完整的电流回路。完整的电流回路是由插入同一溶液中的指示电极和参比电极构成，图 9.7 所示为参比电极和指示电极集成在一起的复合电极的结构。

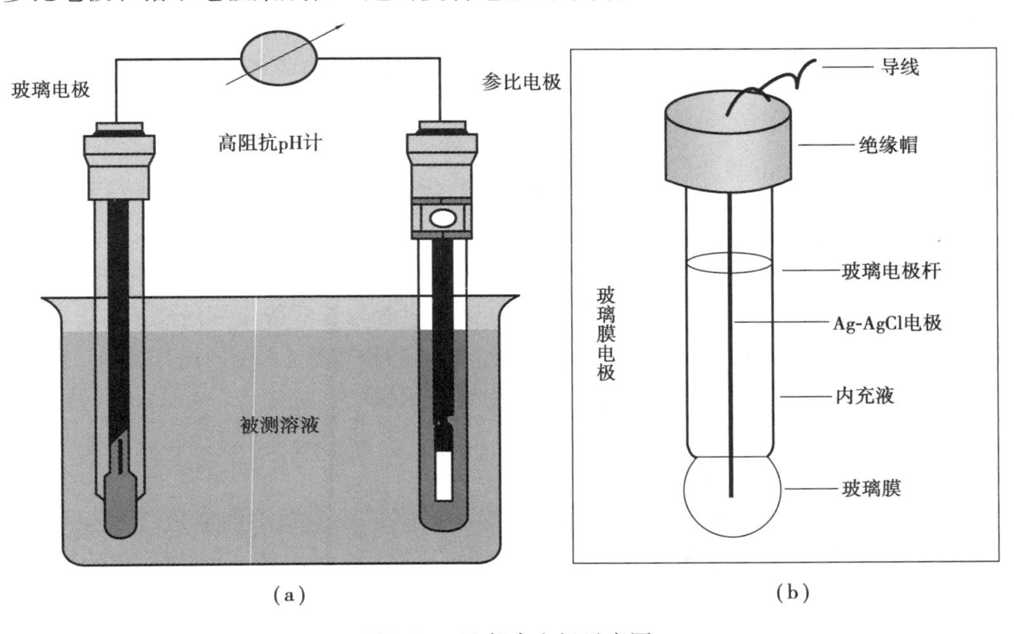

图 9.7　pH 复合电极示意图

无论待测溶液的组成如何,参比电极的功能主要是提供恒定电位;指示电极对氢离子敏感度高,主要功能是测量由于溶液中氢离子的存在而引起的电位变化(图9.8)。通过pH和电位关系的校准曲线,可以将两个电极之间的电位差转化为溶液的pH值。

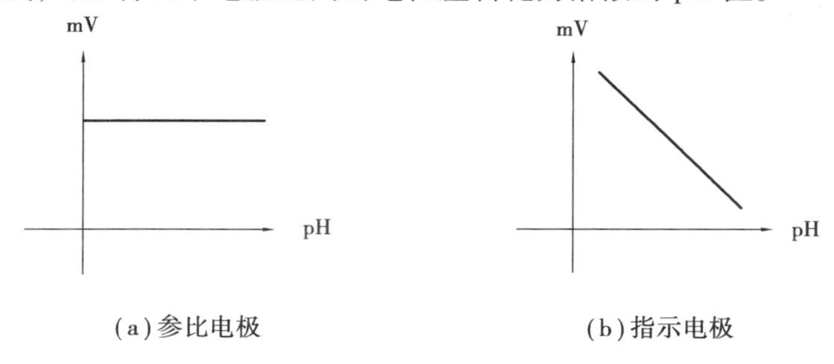

图9.8 参比电极与指示电极信号

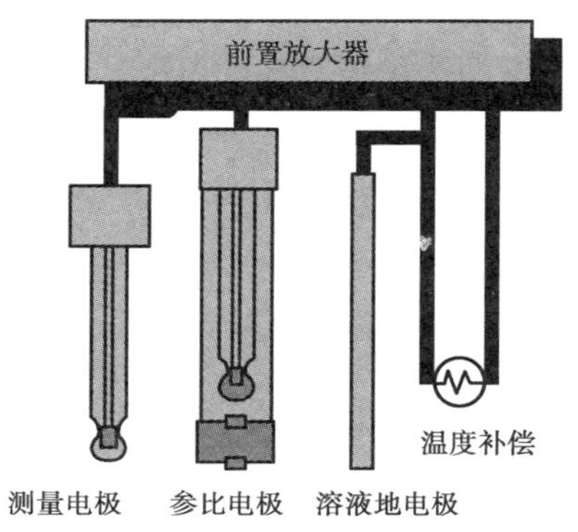

图9.9 pH电极结构

在能斯特公式中温度"T"作为变量,作用很大。随着温度的上升,电位值将随之增大。对于每1 ℃的温度变化,将引起电位0.2 mV/pH变化。则每1 ℃每1 pH变化0.003 3 pH值。这也就是说:对于20~30 ℃和pH=7左右的测量来讲,不需要对温度变化进行补偿;而对于温度高于30 ℃或低于20 ℃和pH>8或pH<6的应用场合,则必须对温度变化进行补偿。

现代的pH值检测采用差分传感器技术,使用三个电极取代传统的pH传感器中的双电极。测量电极和标准电极都与第三个地电极测量电位,最终测出的pH值是测量电极和标准电极之间电位差值。该技术大大提高了准确性,消除了参比电极的结点污染后造成的电位漂移,如图9.9所示pH电极结构。

最常用的pH电极称为复合电极,即参比电极和指示电极集成在一个电极上,其各个组成部分及作用如下。

1)参比电极

参比电极包含一个浸入参比电解质溶液中的参比单元,这个参比单元与待测溶液中的电解质构成一个电路连接。

参比电解质溶液通过一个多孔介质或者隔膜(有时称为"盐桥")与待测溶液构成电路连接,该多孔介质或"盐桥"可以从物理上将内部电解质溶液与外部待测溶液隔离开。

最常用的参比电极是表面涂有固体氯化银($AgCl$)的银电极(Ag)。选用银作电极的金属材料,原因在于:在所有金属中,银的导电性能最佳,电阻最小;氯化银($AgCl$)的作用是提供一个稳定的参比电压。

2)盐桥或多孔介质

多孔介质或盐桥为参比电解液和待测溶液接触提供了一个微小的通道,但是不允许参比电解液和待测溶液相互混合。多孔介质或盐桥的作用是为参比电解液和待测溶液创造一个理想的接触条件。

3)参比电解液

参比电解液的主要作用是连接待测样品和 pH 计,其浓度必须非常高以减小电极电阻,保证在一定的温度范围内保持一个稳定的参比电极电位,从而不影响待测溶液的 pH 测量。最常用的参比电解液为饱和氯化钾(KCl)溶液。

氯化钾在 20 ℃的溶解度是 34 g,故 20 ℃下饱和氯化钾溶液的浓度为 25.37%。

4)温度传感器

为获得准确的测量值,pH 传感器必须补偿因能斯特方程中温度变化造成的影响。

5)指示电极

指示电极是一种由特殊的玻璃材料烧结而成,该玻璃材料对氢离子浓度响应敏感,这种玻璃的主要成分为非结晶态的二氧化硅,掺入了一些碱金属氧化物,主要是金属钠的氧化物,即氧化钠(Na_2O)。

当玻璃表面与水接触后,玻璃中的碱金属离子(Na^+)以及溶液中的氢离子(H^+)之间发生离子交换反应。一层非常薄的水合凝胶层在玻璃外表面形成,同时在玻璃泡内侧与内部缓冲溶液接触的表面也形成薄薄的一层水合凝胶层。

氢离子迁出或迁入水合凝胶层取决于待测溶液中氢离子的浓度。在碱性待测溶液中,氢离子从水合硅凝胶层中迁出,因此在水和硅胶层的外层产生负电荷;在酸性待测溶液中,氢离子迁入水合硅胶层,因此,在水合硅胶层中的外表面产生正电荷。

9.3.2　ORP 在线分析仪

氧化还原电位,也称 ORP,定义为在液接电势已消除的前提下,由某个氧化还原电对和标准氢电极组成原电池,在电极反应达到平衡时的电动势。

氧化还原电位(ORP)是多种氧化物质和还原物质发生氧化还原反应的综合结果,反映了体系中所有物质表现出来的宏观氧化-还原性,它表征介质氧化性或还原性的相对强弱,可以作为评价水质优劣程度的一个标准,在污水处理过程中,进行 ORP 值的监测可以直观了解处理过程进行得是否充分,有利于对整个污水处理流程的实时控制。近年来,在污泥的硝化工艺中,ORP 也被引入进行监测,用来考察工艺中各因素与 ORP 的相关性。另外,在传统的活性污泥法厌氧池,也常用 ORP 值来表征是否处于厌氧状态。

(1)ORP 在线检测方法及原理

氧化还原电位的测定方法如下:将铂电极和参比电极放入水溶液中,金属表面便会产生电子转移反应,电极与溶液之间产生电位差,电极反应达到平衡时相对于氢标准电极的电位差为氧化还原电位。参比电极通常采用甘汞电极和银-氯化银电极。不同的氧化还原电对具有不同的 ORP 值,同一电对在不同温度或浓度下的 ORP 值也不同。当具有不同 ORP 值的两个或两个以上氧化还原电对共存于一个系统中时,电子会自发地由 ORP 值低的电对流向 ORP 值高的电对,最后达到平衡时测试的电势并扣除参比电极电势即为氧化还原电位值。

ORP 尽管不能作为某种氧化物或还原物的浓度指标,却可以反映系统氧化还原能力的相对强弱程度,有助于我们了解系统的电化学特征。同时,系统中化合物的组成、pH 和温度对系统氧化还原能力的影响度可以通过 ORP 值的变化体现出来。

(2)ORP 探头

ORP 探头在结构上与 pH 电极基本一致,除了测量电极的材料不同。pH 电极一般使用玻璃电极，而ORP电极则需要使用惰性贵金属材料，通常为铂电极和金电极。由于pH和ORP探头的外形结构基本一致，故pH探头的各种安装方式也完全适合于ORP探头的安装。ORP探头也是用其标准试剂来进行校准，方法同pH校准一致。

9.3.3 溶解氧在线分析仪

氧在自然界的存在形式较为广泛，其中以分子形式存在水介质里，称为水中的溶解氧(Dissolved Oxygen，DO)。未受污染的水中溶解氧呈饱和状态，在1 atm、20 ℃时的饱和溶解氧的含量约为9 mg/L。水中溶解氧含量及其测量与人们的生产生活息息相关，是很多部门至关重要的常规检测项目之一。例如，在水质监测系统中，水中溶解氧的含量是评价水体受污染情况的重要指标之一。如水中溶氧量过低时，厌氧细菌活跃繁殖，造成有机物腐败和水体变质。在水产养殖业，水中溶氧量过低，鱼虾类运动量下降，摄食减少，抵抗力下降。但是溶氧量过高，可能导致鱼虾类得气泡病甚至氧气中毒，致使鱼虾大量死亡。在污水处理系统中，应用最广泛的活性污泥法就是利用细菌把悬浮性固体等沉降，而系统中溶解氧含量的高低是细菌存活的关键因素之一。此外，在诸如生物技术、药物开发、食品与饮料等生产工艺过程中，需要实时监控工艺过程中溶解氧的状况，使溶解氧确保在最合适浓度范围，对溶解氧的监测和控制最终可确保反应效率和产品质量，降低成本并使产品合格率达到最高。氧气是一种氧化性的气体，在锅炉给水，尤其是大型锅炉给水中要严格控制溶解氧的含量，以防止在高温高压工况下造成设备管道发生氧化反应产生腐蚀。因此，在锅炉除氧工序后监测微滤溶解氧(PPb级)，以确保锅炉设备免受溶解氧腐蚀。

目前，溶解氧的测定方法种类繁多，主要有碘量法、电化学法、分光光度法和荧光分析法。其中，碘量法即Winkler法，是应用最早的测量溶氧量的国标法之一。其原理是利用硫酸锰在碱性条件下生成不稳定的氢氧化锰沉淀，氢氧化锰迅速与水中的溶解氧生成稳定的锰酸锰。然后锰酸锰与加入的浓硫酸及碘化钾反应，使单质碘析出。再用硫代硫酸钠标准液滴定碘，以此来计算水中的溶氧量。由此可知，碘量法虽然测量结果较为准确，但是程序烦琐，耗时长且只能离线分析。

电化学法(Clark电极法)也称薄膜法，主要有电流法和极谱法两种方式。电流法是将阴阳两种电极浸没在电解液中作为测量池，当氧透过薄膜进入测量池后，被阴极还原成氢氧根离子。氧在还原过程中释放出的电子形成扩散电流，其大小与电解池中氧气的浓度成正比。这种方法可以在线测量，但是由于测量过程氧被还原，即氧不断地被消耗，因此在测量时要不停地对样品进行搅拌。此外，透氧膜易老化以及电极和电解液易受污染等问题使其测量精度和响应时间受到严重限制。极谱法是在两电极上加一个极化电压，氧分子在阴极被还原，产生的电流与氧浓度成正比。这种方法同样存在着透氧膜易破损、电解液易污染和电极需定期再生等问题。

分光光度法是通过还原态的指示剂与氧分子发生氧化反应，根据其吸光度的变化来判断氧浓度的大小。例如在食品包装工业中用于测定集装箱顶空气体的氧含量以防止食物腐败。分光光度法操作简便、成本低。

荧光分析法主要是利用氧对某些荧光物质的荧光有猝灭作用，根据荧光强度或者猝灭时间判定氧气浓度的大小。荧光法克服了纯化学法-碘量法不能在线测量的缺点。与电化学氧传感器相比，荧光法不消耗氧气，氧只需和含有荧光物质的氧敏感膜接触，即可通过荧光强度或荧光寿命的变化来判断水中溶解氧的含量。并且荧光法灵敏度高,检测限低,因此利用荧光法测量溶解氧含量已成为当前溶解氧在线分析器普遍使用的方法,本章内容也主要基于荧光法测量溶解氧在线分析仪。

下面主要介绍荧光法和电极法。

(1)荧光法

1)荧光分子发光机理

当物质受到光的照射时,物质分子由于获得了光子的能量而从较低的能级跃迁到较高的能级,成为激发态分子。激发态分子是不稳定的,它需要通过去活化过程损失多余的能量返回到稳定的基态。去活化过程有两种方式,其中一种过程为非辐射跃迁,多余的能量最终转化成热能释放出来;而另一种过程是激发态分子通过辐射跃迁回到基态,多余的能量以发射光子的形式释放,即表现为荧光或磷光。斯托克斯位移、荧光寿命和量子产率是荧光物质3个重要的发光参数。斯托克斯位移受荧光分子结构和溶剂效应等因素影响。一般来讲,大的斯托克斯位移有利于发射出强的荧光信号。荧光寿命是指切断激发光源后,分子的荧光强度衰减到原强度的1/e时所经历的时间。荧光寿命是荧光分子本身所具有的属性,不易受外界因素干扰。荧光量子产率为荧光分子所发射的荧光光子数与所吸收的激发光光子数的比值。一般荧光分子的量子产率与荧光物质的结构或者所处的环境有关。

2)荧光猝灭效应

荧光猝灭效应是指猝灭剂与荧光物质作用使荧光分子的荧光强度下降的现象。现发现的猝灭剂主要有卤素化合物、硝基化合物、重金属离子以及氧分子等。其中氧是非常重要的一类猝灭剂,氧对荧光物质的猝灭过程被证明是动态猝灭过程。其原理是氧在扩散过程中,与处于激发态的荧光物质发生碰撞,激发态的荧光物质将能量转移给氧后回到基态,从而造成荧光强度下降。但是,碰撞后两者立即分开,荧光分子并没有发生化学变化,因此氧对荧光分子的猝灭是可逆的。这种动态猝灭过程可用 Stern-Volmer 方程来描述:

$$I_0/I = \tau_0/\tau = l + K_{SV}[O_2] \tag{9.3}$$

式中　I_0 和 I——无氧和有氧时的荧光强度;

τ_0 和 τ——无氧和有氧时的荧光寿命;

K_{SV}——猝灭剂的猝灭常数;

$[O_2]$——溶解氧浓度。

由式(9.3)可知,通过测量荧光强度或者荧光寿命,就可以计算出溶解氧的浓度。荧光寿命是荧光物质的固有属性,不易受外界干扰,但其测量较为复杂。因此常通过测量荧光强度来检测溶解氧的含量。

3)荧光法溶解氧分析仪的特点

荧光法溶解氧分析仪的特点如下:

①无须标定:荧光法设计,所以不需要进行标定。

②测量结果稳定:测量过程中不会消耗任何物质,也不会消耗水中的溶解氧。

③减少清洗频率:传统膜法需要经常清洗,否则就会严重影响氧气的透过从而影响测量,荧光法对探头的清洁要求不高,定期擦一下荧光帽即可。

④维护量低:每两年只需更换一个荧光帽。

⑤无干扰:pH 的变化、污水中含有的化学物质、H_2S、重金属等不会对测量造成干扰。

⑥响应速度快：荧光法溶解氧在与水接触的同时即可响应，其时间非常短。

⑦不需要极化时间：因为不使用电极，所以不存在极化的问题。

(2)电极法

电极法的溶解氧分析仪中有原电池法和极谱法(膜法)。

1)原电池法

原电池法使用极谱克拉克电池技术，由一个三电极系统组成：金阴极、银阳极和银参考电极。对银参考电极采用恒定的电压进行极化以起到稳压作用，这样处理后的电极要比传统的双电极系统中具有更加稳定的电势，因为它不会产生足以干扰溶解氧测定的电流。参考电极的稳压设计使其在使用寿命内保持长期的极化稳定性，使得传感器具有更高的精度和稳定性。传感器结构及原理图如图9.10所示。

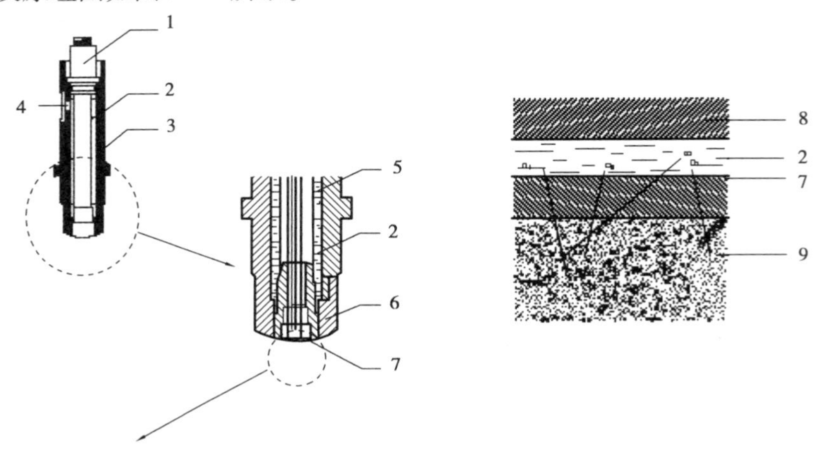

图9.10 溶解氧传感器结构

1—电极主体；2—电解液；3—电极外壳；4—填充孔；5—阳极；
6—氧膜帽；7—渗氧膜；8—阴极；9—样水

阴极：$O_2 + 2H_2O + 4e^- \longrightarrow 4OH^-$

阳极：$2Pb + 4OH^- \longrightarrow 2PbO + 2H_2O + 4e^-$

在阴极消耗氧气，在阳极释放电子，电极产生的扩散电流为：

$$I_s = nFAC_sP_m/L \tag{9.4}$$

式中 I_s——稳定状态下扩散电流；

n——与电极反应有关的电子数；

F——法拉第常数；

A——阴极的表面积；

L——膜厚度；

C_s——被测水中溶解氧的浓度；

P_m——膜的透过系数。

该种测量方法需要消耗被测溶液中的溶解氧，为保证测量的精度和准确性，必须不断有溶液流过传感器，同时对流速也有一定的要求。阳极在测量过程中会发生电化学反应并造成电极表面形成金属氧化物，这层金属氧化物会随反应的进行而逐渐积聚从而影响阳极的性能，即常说的电极响应迟钝。当阳极在使用过程中产生迟钝现象后，就需要对电极进行活化处理，即采用对电极重新打磨抛光的方式使阳极表面露出新的活性表面，以保证检测过程灵敏的响应速度。

原电池法的溶解氧传感器即使不使用时也会由大气中氧的浸入而有电流流过，从而导致传感器的使用寿命降低。

隔膜的透气性与抗污染能力亦会对溶解氧的测量产生影响。随着温度的升高膜的透过系数(P_m)按指数规律增加，将扩散电流(I_s)将随之成比例增加，直接影响溶解氧的测量结果，因此，仪器电路中多有热敏电阻温度补偿环节。对溶解氧探头隔膜的维护情况也会对测量结果有一定影响。原电池法溶解氧探头适用于较干净的水体，且水中溶解氧的浓度不宜太低。

原电池法溶解氧传感器也有一种属于无膜型结构，抗污染能力很强的无膜传感器(Zullig型)。阴极由铁汞合金制成，阳极由铁或锌制成。电极制成圆柱状，与旋转的磨石刮刀安装在一根同心轴上，磨石和刮刀切面匀速划过线带状的电极表面以去除结垢物和氧化物，使电极表面上各部分都能与工作介质保持一致的接触面积。此外，传感器的颈部还同轴装有一个杯形附件，它能沿轴做上下振动，不断将被测溶液泵入测量腔室。由于氧分子无须通过隔膜进行渗透扩散，因此响应速度要比幽默型溶氧传感器快得多。又由于设计有机械式自动清理机构，因此传感器具有很强的抗污染能力，甚至可以在具有油脂的污水中工作，且维护工作量较小，校准周期也较长。但这种探头结构较复杂，价格也较高。

2)极谱法

极谱法溶解氧电极的结构与原电池法的基本类似，不同的是在阴极和阳极间外加了一个恒定的偏置电压(一般为0.5~0.8 V)，使阴极和阳极之间产生一个极化电流，这个电流与溶解氧的浓度成正比。

极谱法溶解氧传感器可以通过选择不同的隔膜材质及其厚度，以适用不同的介质和高温、高压等特殊工况，甚至可以选择耐油的隔膜用于液态烃中微量溶解氧的监测。随着电极技术的发展，极谱法溶解氧从两电极的结构基础上开发出了三电极的结构，采用一个阴极和两个阳极，其中多出的阳作为检测系统中的参考电极，参比电极的存在大大提高了测量系统的稳定性。此外，极谱法溶解氧电极普遍采用先进的表面封装技术将前置放大器封装在溶解氧探头内，使电极感测信号经放大后以低阻抗输出，或采用数字存储技术，将电极的参数存储在传感器头部的芯片内，采用非接触的感应式信号方式从而实现了远距离传输不受干扰，传输距离可达100 m以上。

9.3.4　悬浮物浓度在线分析仪

悬浮物是最常见的污水水质检测项目之一，在污水厂中，对悬浮物的检测涵盖了进水、出水及工艺过程检测，具有极大的普遍性；对于工艺工程的悬浮物浓度，如活性污泥法污水处理工艺，通常将悬浮物浓度称为污泥浓度，两者在检测方法上是一致的，所用的在线检测仪表也相同，主要区别在于污泥浓度的差别；另外，在污泥处理领域，如污泥浓缩、污泥消化、污泥脱水等过程中，也需要检测污泥浓度。

①进水悬浮物浓度，是污水处理厂进水水质指标之一。

②在曝气池中，污泥浓度的高低在一定程度上反映了反应池中的微生物量，在其他条件相同的情况下，较高的污泥浓度代表了反应池中较低的污染物污泥负荷，对污染物的降解效果也相对较好。

③出水悬浮物浓度,是污水处理厂排放标准中的一个重要指标,是水质检测是一个常规指标。

④在污泥浓缩和污泥脱水过程中,通过检测浓缩和脱水后的污泥浓度来表征污泥含固率,以确保处理后的污泥含固率达到要求。

⑤在污泥消化处理工艺中,对污泥浓度的检测是为了确保反应罐内的污泥浓度在一定的范围内,以保障污泥消化系统的高效运行。

(1)悬浮物浓度在线检测方法及原理

在线悬浮物浓度分析仪的检测一般采用光学法,根据仪表探头上检测器的位置不同,分为悬浮物浓度检测和浊度检测,很多悬浮物浓度在线分析仪也具备对浊度的检测功能。

红外光在污泥和悬浮物中透射和散射的衰减与液体中的悬浮物浓度有关为基础。传感器上发射器发送的红外光在传输过程中经过被测物的吸收、反射和散射后仅有一小部分光线能照射到检测器上,透射光的透射率与被测污水的浓度有一定的关系,因此通过测量透射光的透射率就可以计算出污水的浓度。

以典型的浊度/污泥浓度在线分析仪为例,在测量探头内部,位于45°有一个内置的LED光源,可以向样品发射880 nm的近红外光,该光束经过样品中悬浮颗粒的散射后,位于与入射光成90°的散射光由该方面的检测器检测,并经过计算,从而得到样品的浊度。当测量污泥浓度时,位于与入射光成140°的散射光由该方面的后检测器检测,然后仪器计算前、后检测器检测到的信号强度,从而给出污泥浓度值。

由于LED发出的是880 nm的近红外光,而非可见光,故样品固有的颜色不会影响测量结果。

(2)悬浮物在线分析仪结构

悬浮物在线分析仪一般由变送器和传感器组成,其检测的核心为传感器,变送器主要用来完成参数设置、校准、观察检测结果、信号输出等;悬浮物在线分析仪采用光学法原理,分析仪采用探头式外形结构,其主要有LED光源和检测器,根据现场使用环境,也可配备自清洗刷子;图9.11为较为典型的悬浮物在线分析仪结构示意图,内含两个检测器,分别与光源呈90°和140°,可完成对浊度或悬浮物浓度的检测。

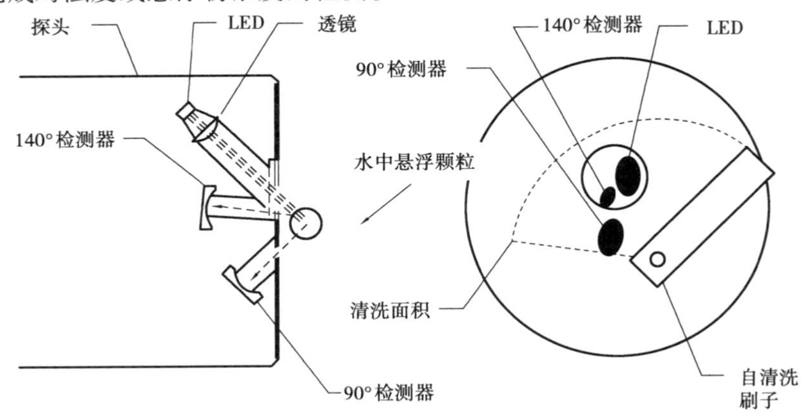

图9.11　悬浮物在线分析仪结构

探头式浊度\悬浮固体浓度分析仪由于长期浸没在水中,水中的污泥是最大的干扰因素。所以,自动清洗装置是非常重要的。一般的自动清洗装置包括:自动喷水冲洗、自动高压气体吹洗、自动机械毛刷擦洗和自动塑胶刮片定期刮擦。采用塑胶刮片在每次测量之前刮擦掉覆盖在探头表面的污泥，是最好的自动清洗方法之一。尤其是在很脏的地表水，需要维护工作量比较小中的尤为明显。参考图9.12带自清洗刷的探头式浊度分析仪外形。

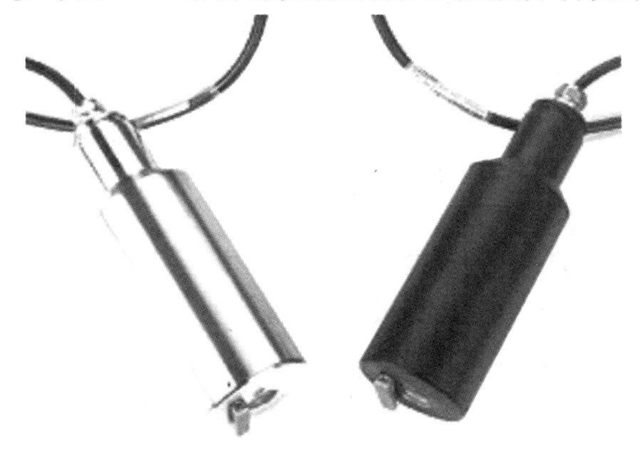

图9.12　带自清洗刷的探头式浊度分析仪外形

9.3.5　电导率分析仪

液体介质的电导率是衡量其导电能力的指标。当液体介质中含有能离解成正负离子的电解质或一些可以在电场作用下产生向电极迁移的粒子或基团存在时，该液体介质就具备一定的导电能力。水溶液的电导率取决于离子的性质和浓度、溶液的温度和黏度等，电导率代表水的纯净程度，测定水和溶液的电导，可以了解水被杂质污染的程度和溶液中所含盐分或其他离子的量。电导率是水质监测的常规项目之一。在工业用水过程中，可以表征水质污染情况，故被广泛地应用于各行各业的水处理过程中。

电导率的标准单位是S/m（西门子/米），但对于常见溶液而言，S/m这个单位显得太大，一般实际使用的单位为μS/cm（微西门子/厘米），其他单位有：S/cm，mS/cm。电导率单位间的换算为：

$$1\ S/m = 10\ mS/cm = 10^3\ mS/m = 10^4\ \mu S/cm = 10^6\ \mu S/m \tag{9.5}$$

电解质溶液的电导率的大小主要受离子的数量和离子的运动速度两方面因素的影响。

电导率分析仪的测量原理有电极法和电磁感应法两种。

水和溶液的电导率差别非常大，为适应不同的电导率溶液的检测，人们开发出两种适应不同量程范围的电导率电极，接触式电导率和感应式电导率。

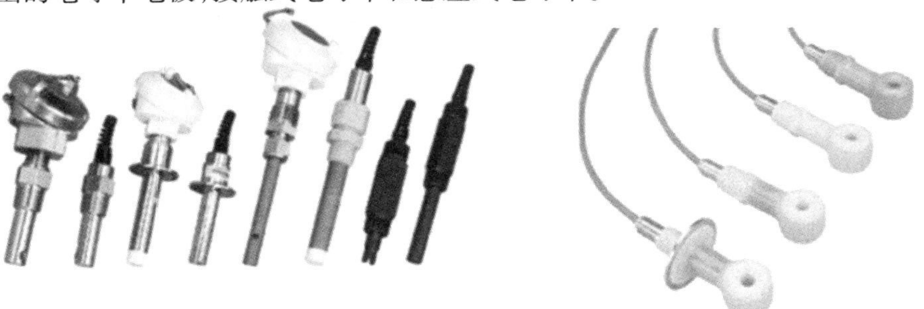

(a)接触式电导率电极　　(b)感应式电导率电极

图9.13　电导率电极

接触式电导率分析仪主要应用于检测中低电导率的较洁净的溶液，包括地表水、自来水、高纯水等。这类电导率的电极材质一般是SS316不锈钢、钛合金、石墨，只有少数厂家会采用贵金属铂作为电极。电极的绝缘隔离材料经常选用含氟或全氟的耐腐蚀的高分子材料。同时电导率的测量是和温度有关的，电极内部一般都会设计一个测量温度的元件，用于对电导率进行温度补偿。

接触式电导率的选择一般会根据被测溶液介质的电导率范围而选择相应电极常数的传感器，市面上接触式电导率电极的电极常数常设计成0.01、0.05、0.1、0.5、1、5、10。电极常数小的电导率电极适用于电导率低的溶液，电极常数大的电导率电极适用于电导率高的溶液。如电极常数为0.01的电导率电极可以检测工业纯水、超纯水的电导率。HACH接触式电导率电导常数与电导率测定范围见表9.2。

表9.2 HACH接触式电导率电导常数与电导率测定范围

传感器电极常数及其测定范围		
传感器电极常数	本身的测量范围	
	电导率/($\mu S \cdot cm^{-1}$)	电阻率/($M\Omega \cdot cm$)
0.05	0~100	0.002~20
0.5	0~1 000	0.001~20
1	0~2 000	—
5	0~10 000	—
10	0~20 000	—

接触式电导率一般设计成二电极形式，在高电导率溶液的测量过程中，有时会将电极设计成四电极形式，以减少因导电离子在电极间定向迁移引起的极化作用而带来的测量误差。但是四电极形式的电导率电极的内部结构可能会较为复杂，一旦污染物进入电极会难以清洗去除，容易造成电极的故障。

感应式电导率的测量原理是基于法拉第电磁感应定律设计的。电磁感应式电导率传感器在溶液中封闭回路中，产生一个感应电流，通过测量电流的大小得到溶液的电导率。电导率分析仪驱动初级线圈，在被测介质中产生一个交变电流，封闭回路中这一电流信号通过传感器的内径孔和周围的介质。次级线圈产生的感应电流的大小正比于被测介质的电导率。

9.4 水中营养盐在线分析仪

9.4.1 氨氮在线分析仪

氨氮是指水中以游离氨(NH_3)和铵离子(NH_4^+)形式存在的氮。当氨溶于水时，其中一部分氨与水反应生成铵离子，一部分形成水合氨，也称非离子氨。非离子氨是引起水生生物毒害的主要因子。氨氮超标将导致水体出现富营养化，藻类水生物疯狂生长，覆盖水体表面，大量藻类死亡后腐烂分解,不仅产生硫化氢等有害气体,同时也会大量消耗水体中的溶解氧,使水体成为缺氧,甚至厌氧状态,严重影响水中鱼类的生长。自来水的源水中氨氮含量较高也会导致自来水出水的水质下降,可能导致对人体健康的损害,氨氮超标还会增加给水消毒杀菌处理的用氯量。

氨氮废水的超标排放是水体富营养化的主要原因,因此,从自来水水源到地表水,再到污水厂的排放口,都需要氨氮在线监测仪进行监测,严格控制氨氮的排放。

常见的氨氮在线分析仪按照采用的测量原理不同,可分为比色法、气敏电极法,离子选择电极法。这些氨氮在线分析仪都有各自的特点以及应用领域,一般来说,比色法多用于检测较为干净的水体,而离子选择电极法则用于生物反应池中氨氮的过程控制。

氨氮测定的国家标准方法主要有两种:《水质　氨氮的测定　水杨酸分光光度法》(HJ 536—2009)和《水质　氨氮的测定　纳氏试剂分光光度法》(HJ 535—2009)。其原理分别为:

《水质　氨氮的测定　水杨酸分光光度法》(HJ 536—2009):在碱性介质(pH = 11.7)和亚硝基铁氰化钠存在下,水中的氨、铵离子与水杨酸盐和次氯酸离子反应生成蓝色化合物,在697 nm处用分光光度计测量吸光度。

《水质　氨氮的测定　纳氏试剂分光光度法》(HJ 535—2009):以游离态的氨或铵离子等形式存在的氨氮与纳氏试剂反应生成黄棕色络合物,该络合物颜色的深浅与氨氮的含量成正比,于波长420 nm处测量吸光度。

纳氏试剂中所含有的氯化汞($HgCl_2$)和碘化汞(HgI_2)为剧毒物质,一般推荐使用水杨酸分光光度法测定水中的氨氮浓度。

(1)测量原理

比色法氨氮在线分析仪基于的国标《水质　氨氮的测定　水杨酸分光光度法》(HJ 536—2009)的原理,为防止样品浊度的干扰,一般同时还将测量光与波长为880 nm的散色光进行参比。基于这种测量原理的在线氨氮分析仪具有检出限低的优点,在测量较为干净的地表水或饮用水时,是非常适用的。

但是同时在测量污水时也会遇到麻烦:污水的浊度和色度会对分光光度法的测量产生严重的干扰,污水中的某些成分也可能与试剂产生显色反应,影响了测量的准确度。为了满足在线测量污水中氨氮的需要,市场上出现了一些改良的比色法氨氮分析仪,如"逐出比色法"在线氨氮分析仪。仪器采用"逐出法"对污水样品进行处理后,进行比色测量。

其测量原理是:将少量的浓氢氧化钠溶液(逐出液)加到被测液体中,当pH值大于11时,将样品中的铵根离子转换成NH_3气而被逐出再进行测量,便可获得样品中氨氮的含量。而溶解性的氨氮低于氨氮总量的0.1%,是可以忽略不计的。

这种方法与传统的方法相比,具有维护量小、量程宽、运行费用低、色度和浊度干扰小、无须频繁校准等优点。

(2)主要结构

下面以美国HACH公司,Amtax Compact Ⅱ氨氮分析仪为例加以介绍。其采用先进的气、液分离技术和比色测量方法,可以提供准确的氨氮测量结果,如图9.14所示。

其测量氨氮主要是靠两个反应瓶中的两步反应来实现的。

逐出瓶反应:$NH_4^+ + OH^- \longrightarrow NH_3 + H_2O$

比色池反应:$NH_3 + H^+ \longrightarrow NH_4^+$

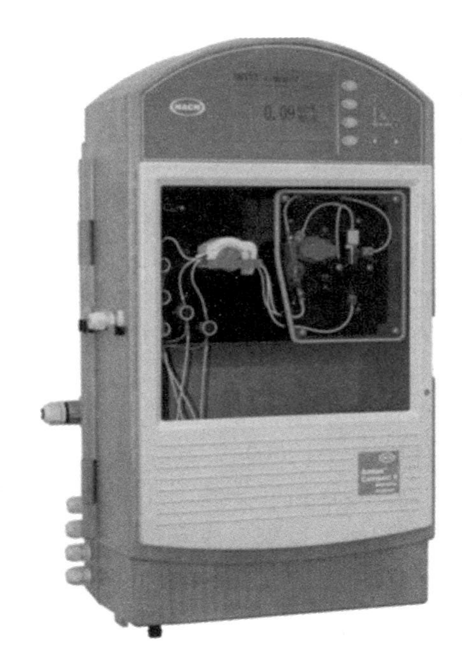

图 9.14　HACH 公司 Amtax Compact Ⅱ 氨氮分析仪

在逐出瓶中，经过预处理的样品首先和逐出溶液混合，从而将样品中的铵根离子转换成碱性的 NH_3。然后在隔膜泵的作用下，氨气被传送到比色池中，与比色池中的指示剂反应，以改变指示剂的颜色。在测量范围内，其颜色改变程度与样品中的氨浓度成正比，因此通过测量颜色变化的程度，就可以计算出样品中氨的浓度。

(3)氨氮在线分析仪的应用

1)污水处理工艺中生物脱氮优化控制

由于水体富营养化的日益严重，污水处理厂对脱氮除磷的要求越来越严格，生物脱氮除磷已经成为市政污水处理厂工艺中首要考虑的问题之一。

生物脱氮的基本原理是通过活性污泥中的某些特定的微生物群体，在特点的环境下将水中的有机氮和氨氮转换成氮气逸出最终达到脱氮的目的。生物脱氮包括 3 个阶段，首先，氨化细菌将水中的有机氮转化为氨氮，这个过程称为氨化过程。其次，由硝化细菌在好氧的条件下将氨氮转化为硝氮，称为硝化过程。最后，在反硝化过程中，反硝化细菌在缺氧的条件将硝氮转化为氮气，使其从水中逸出，达到脱氮的目的。

硝化过程由于需要好氧的条件，因此在一般的活性污泥工艺中，都设置了好氧池或好氧区，通过曝气设备向水中充入大量空气或氧气，保证硝化过程的进行。在早期，污水处理厂对曝气量的控制调整通常依据设计时的参数或经验，这样常常导致硝化的效率不稳定，时而不能达到要求，时而又曝气过量。由于曝气所需的电能占污水厂日常运行费用的很大部分，因此这种粗放型的控制方式会导致运行费用较高。当自动化控制逐渐被引入污水厂日常运行管理系统中后，逐渐出现了使用溶解氧在线分析仪在曝气区域对曝气量进行反馈控制，根据经验值一般将水中溶解氧控制在 2 mg/L 左右可以基本保证硝化反应的正常进行。但是，水中的溶解氧浓度只是保证硝化反应可以正常进行的一个外部条件，影响硝化反应的因素还有很多，包括 pH、温度、有机物浓度、水力停留时间和污泥龄等，只通过溶解氧进行控制还是不能达到非常理想的效果。因此，为了进一步对硝化反应区的曝气量作精细控制，又引入了氨氮在线分析仪与溶解氧在线分析仪进行联合控制的理论。

2)硝化过程优化控制策略：由氨氮的浓度确定曝气区域的溶解氧浓度

大多数城市污水处理厂主要的曝气能耗是氨氮的硝化，因为大部分的可降解有机物已在反硝化过程中去除。氨氮在溶解氧的作用下转化为硝氮的过程是整个脱氮工艺的限速步骤，污水中氨氮对溶解氧的需求直接反映系统对溶解氧的需求。如图 9.15 所示，通过测得的氨氮浓度和溶解氧浓度，进行叠加控制。调节曝气池总管上的空气阀开启度，控制供氧强度。浓度一般控制在 2 mg/L 左右，以免浪费能量。同时也避免由溶解氧浓度过高而使大量溶解氧通过内回流带入缺氧区。

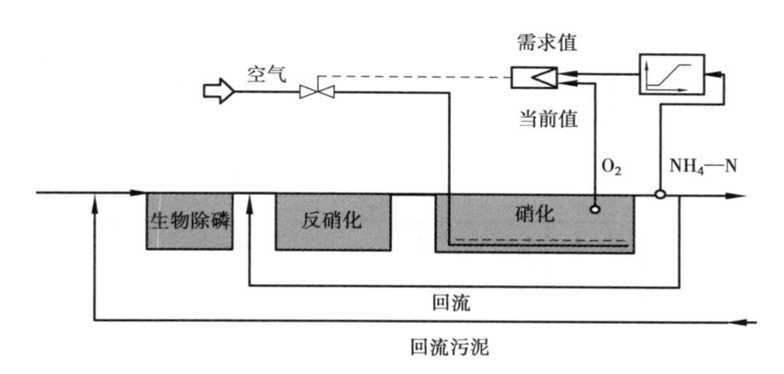

图9.15　氨氮和溶解氧联合控制曝气

如图9.16所示,在硝化池末端安装溶解氧和氨氮分析仪,对溶解氧和氨氮进行实时监控。当溶解氧浓度高于2 mg/L时,鼓风机关闭节约能耗,其中氨氮浓度维持在一个相对稳定的水平上。

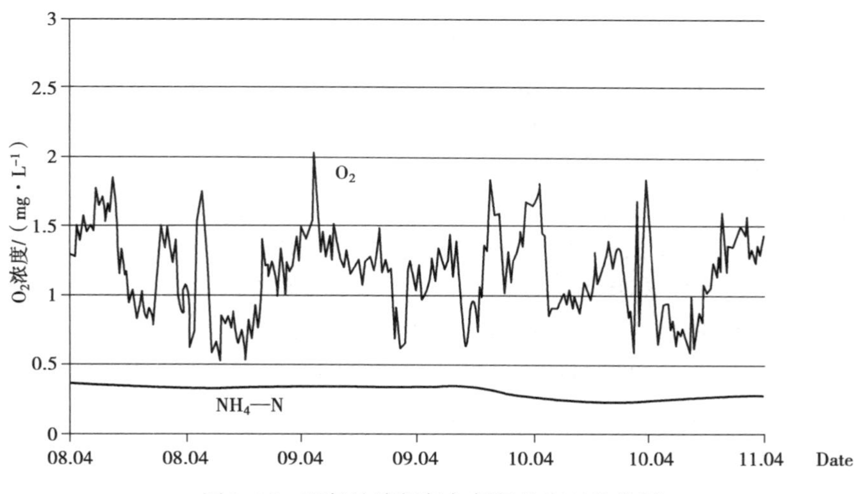

图9.16　曝气池溶解氧与氨氮的实时监控图

3)硝化过程优化控制策略:通过氨氮在线分析仪控制好氧过渡区的体积

通过在线监测氨氮的浓度值来选择过渡区的运行状态(曝气还是搅拌)。比如北方地区冬季温度较低,硝化过程受抑制,即使在增加硝化区容积条件下,仍不能有效地降低出水氨氮的浓度,而曝气池中的溶解氧浓度已经超过2 mg/L。此时应通过溶解氧浓度的在线测定限制供氧强度,使溶解氧浓度控制在2 mg/L左右;当氨氮浓度出现下降时,供氧强度再转换到由氨氮浓度进行控制。

如图9.17所示,当溶解氧浓度足够,但氨氮浓度仍不能满足出水要求时,应增加硝化区的容积,此时好氧过渡区应作为硝化用;如氨氮浓度已经很低,则好氧过渡区应作为反硝化用,以尽可能多地进行反硝化。通过这种控制措施,可以根据不同的进水负荷和条件,自动地改变硝化区和反硝化区的容积比例,以最大限度地满足硝化和反硝化的要求。

9.4.2　总氮在线分析仪

总氮包括溶液中所有含氮化合物,即亚硝酸盐氮、硝酸盐氮、无机盐氮、溶解态氮及大部分有机含氮化合物中的氮的总和。大量的生活污水、农田排水或含氮工业废水排入天然水体中,

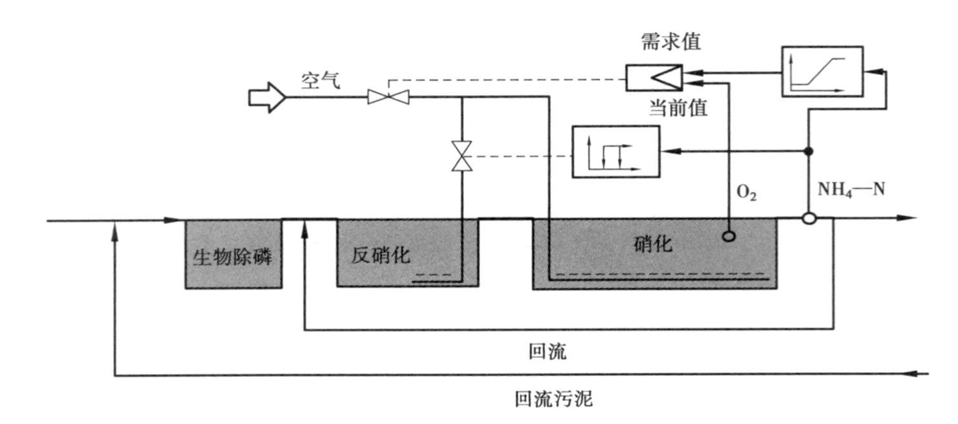

图 9.17　通过氨氮在线分析仪控制好氧过渡区的运行状态

使水中有机氮和各种无机氮化物的含量增加,生物和微生物大量繁殖,消耗水中的溶解氧,使水体质量恶化。若湖泊、水库中的氮含量超标,会造成浮游植物繁殖旺盛,出现水体富营养化状态。因此,总氮是湖泊富营养化的关键限制因子之一,也是衡量水质的重要指标之一。目前,我国为了防止湖泊、水库和近岸海域等的富营养化,实施了总氮的排放控制。因此在线的总氮分析仪是对水体中总氮监测的最佳选择。目前主要应用的领域有地表水监测、污水处理达标排放和工业循环水控制等。

测量总氮的国家标准方法为2012 年颁布的《水质　总氮的测定　碱性过硫酸钾消解紫外分光光度法》(HJ 636—2012),代替原有的国标方法 GB 11894—89。具体原理为:在 60 ℃以上水溶液中,过硫酸钾可分解产生硫酸氢钾和原子态氧,硫酸氢钾在溶液中解离而产生氢离子,故在氢氧化钠的碱性介质中,可促使过硫酸钾分解过程趋于完全,并持续分解出的原子态氧。在 120 ~124 ℃条件下,可使水样中含氮化合物中的氮元素转化为硝酸盐,并且在此过程中有机物同时被氧化分解。可用紫外分光光度法于波长 220 和 275 nm 处,分别测出吸光度 A_{220}及 A_{275}, 按式(9.6)求出校正吸光度 A:

$$A = A_{220} - 2A_{275} \tag{9.6}$$

式中　A_{275}——浊度补偿。

再按 A 的值查校准曲线并计算总氮含量。

该方法适用于地表水、地下水、工业废水和生活污水中总氮的测定。值得注意的是,该方法易受溴化物和碘化物的干扰。

(1)测量原理

在线监测总氮的方法就是碱性过硫酸钾消解紫外分光光度法。其主要过程是:在样品中加入过硫酸钾溶液,在 120 ℃条件下,加热 30 min 消解,将氮转变成硝酸根离子,然后把样品放到酸性溶液(pH 值为 2 ~3)中,测量波长为 220 nm 下,硝酸根离子在紫外光区的吸收值。此外,由于试样中或多或少含有有机物和悬浮物质,为了扣除这些干扰因素,利用双波长法对试样进行浊度补偿,测量干扰物质在 275 nm 光波下的吸收,计算出总氮的含量。此方法完全符合国家标准方法。

(2)仪器结构

下面以日本 DKK 公司 NPW-160 总氮在线分析仪为例,简单介绍基于国标碱性过硫酸钾分光光度法的总氮在线分析仪的结构。仪器的内部结构如图 9.18 所示。

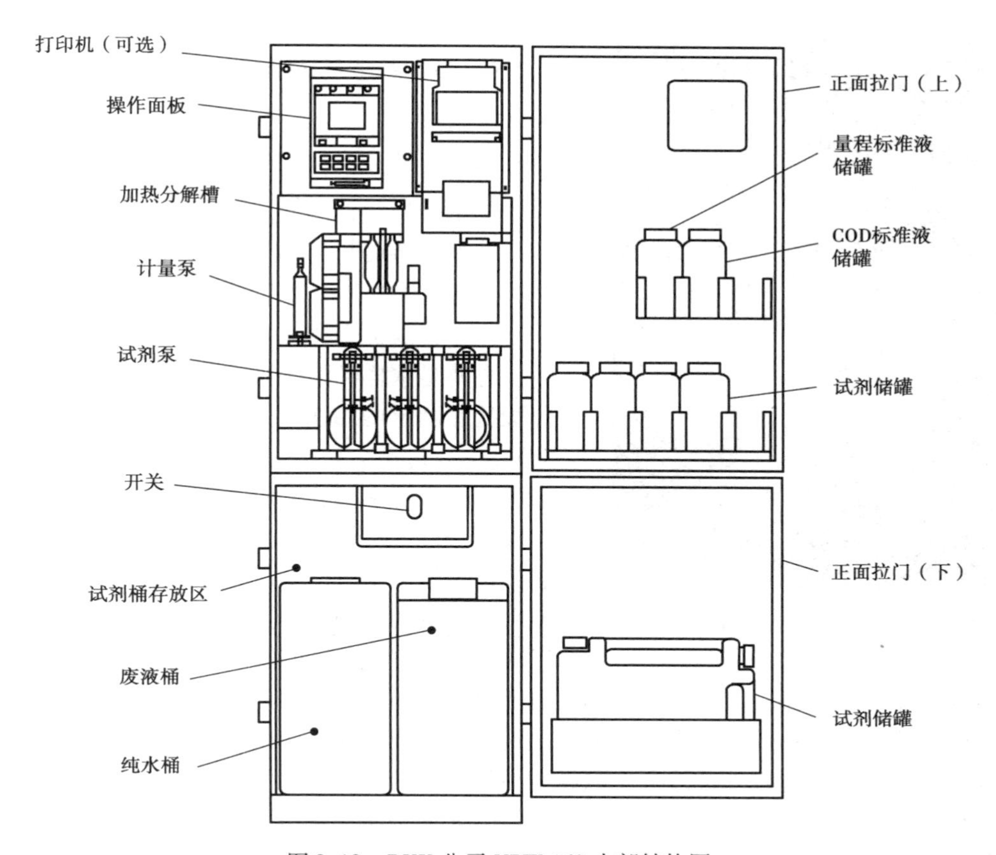

图9.18　DKK公司NPW-160内部结构图

除了符合国标碱性过硫酸钾分光光度法的在线总氮分析仪之外，市场上也存在一些原理上稍有差异的总氮在线分析设备，比较主流的有聚光科技TN-2000等。

聚光TN-2000在线总氮分析仪基于碱性过硫酸钾氧化-紫外分光光度法，采用其专利的顺序注射平台，拥有试剂消耗量小，样品和试剂体积定量精确，重复性好等优点，与手工分析具有很好的相关性。

除此之外，市面上也存在一些在线总氮分析仪使用非国标方法，如过硫酸钾在低温下(60 ℃或80 ℃)紫外线照射下进行消解，或高温氧化-化学发光法。由于其方法与国标方法有所差别，并不是主流的在线总氮分析仪采用的方法，故而在这里就不一一累述。

(3)在线总氮分析仪的应用

环境监测中心的水质自动监测站主要监测项目为五参数、高锰酸盐指数、氨氮、总磷、总氮等参数。远程监控水质自动监测站运行状况，进行实时监测数据、报警记录和数据报表等。遇到污染时，可及时起到预警作用。如图9.19所示在某监测站的水质分析小屋中安装了总氮在线分析仪，对水中的总氮进行在线监测。保证水体中总氮含量符合标准，起到及时预警水体富营养化及趋势的作用。

总氮分析仪能够长期无人值守地自动监测各种水质中的总氮，可广泛应用于水质自动监测站、自来水厂、排污监控点、地区水界点、水质分析室以及各级环境监管机构对水环境的监测。

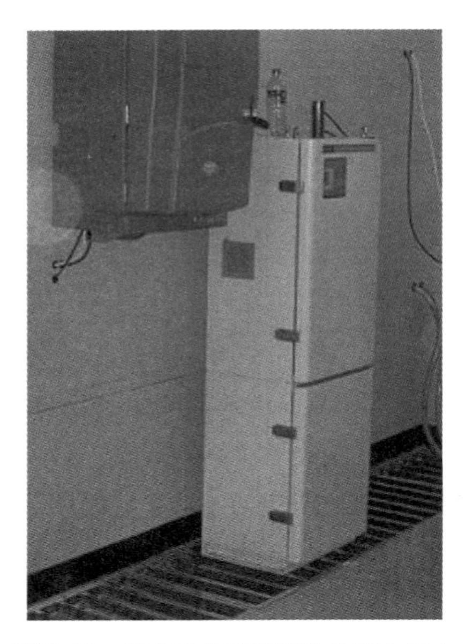

图 9.19 某水质自动监测站分析小屋中的总氮在线分析仪

9.4.3 总磷及正磷酸盐在线分析仪

水中磷绝大多数以各种形式的磷酸盐存在，主要分为以下几类：

①正磷酸盐，即 PO_4^{3-}、HPO_4^{2-}、$H_2PO_4^-$。

②缩合磷酸盐，包括焦磷酸盐、偏磷酸盐、聚合磷酸盐等，如 $P_2O_7^{4-}$、$P_3O_{10}^{5-}$、$HP_3O_9^{2-}$、$(PO_3)_6^{3-}$ 等。

③有机磷化合物。

总磷是水样经消解后将各种形态的磷转变成正磷酸盐后测定的结果。在水中，磷是主要的营养盐物质之一，过多会使水体出现富营养化现象，其主要来源为生活污水、化肥、农药等。因此必须控制磷的排放，缓解水体富营养化的程度。在线总磷、正磷酸盐分析仪是主要可以应用于地表水、生活污水、工业废水磷含量的监测，还可以用于水工业循环水总磷、正磷、有机磷连续自动监测，不仅在工业过程中能够控制缓蚀阻垢剂自动添加，节省药剂，同时也起到对水体中磷的控制作用。

总磷在线分析仪一般有两大领域的应用：污水处理达标排放和工业循环水控制。在线的正磷分析仪表则用于污水处理过程中除磷的控制。

现行的总磷测量的国家标准方法为钼酸铵分光光度法（GB/T 11893—1989），其原理为在中性条件下用过硫酸钾（或硝酸-高氯酸）使试样消解，将所含磷全部氧化为正磷酸盐。在酸性介质中，正磷酸盐与钼酸铵[$(NH_4)_6Mo_7O_{24} \cdot 4H_2O$]反应，在锑盐存在下生成磷钼杂多酸后，立即被抗坏血酸（$C_6H_8O_6$）还原，生成蓝色的络合物。将反应后的水样通过分光光度计测得其吸光度，在工作曲线中查取磷的含量，并计算出总磷的含量。

由于总磷的测定过程与总氮的测定过程类似，并都使用了过硫酸钾作为消解剂。故而市面上的总氮、总磷在线分析仪表使用了一体化设置，以降低成本。其内部结构也与总氮在线分析仪类似，故而其详细说明可参照总氮在线分析仪结构。

(1)在线正磷酸盐分析仪的测量原理

在线的正磷分析仪一般用于水处理过程中的除磷控制，由于其参与过程控制的特殊性，故而一般使用操作方便，分析时间短、干扰少的钼黄法来测定磷酸根的含量，更适合过程控制。其原理为在酸性条件下，磷酸盐与钼酸盐、偏钒酸盐反应生成黄色化合物，此黄色深浅与磷酸盐浓度成正比，采用分光光度法进行测量可得到正磷酸盐浓度。

(2)在线正磷酸盐分析仪的结构组成

以美国 HACH 公司 Phosphax sc 正磷酸盐分析仪（图 9.20）为例，简单介绍一下其主要结构。

其分析单元主要由比色池、空气泵、管路及捏阀组成，由仪器控制空气动泵、捏阀的启动和停止，从而实现提取样品、试剂并将其送入比色池，然后由仪器控制加热温度及时间对试剂和样品的混合液进行高温加热，反应结束后进行比色读出相应的吸光度并通过计算得出正磷酸盐的数据。

图9.20　HACH公司Phosphax sc正磷酸盐分析仪分析单元内部结构图
1—双光束LED光度计,使用经过验证的比色法(黄色),两种量程;
2—空气泵可以传输液体;3—剂量泵供试剂使用;4—清洗溶液;5—试剂

参考文献

[1] Watari M . Applications of near-infrared spectroscopy to process analysis using fourier transform spectrometer[J]. *Optical Review*, 2010, 17(3):317-322.

[2] 阿不都可力木·阿不都拉，黄立华. 烟气脱硝在连续线监测系统应用探索[J]. 能源环境保护，2012，26(1):58-60.

[3] 蔡武昌，等. 流量测量方法和仪表的选用[M]. 北京:化学工业出版社，2001.

[4] 张弛，柴晓利，赵由才. 固体废物焚烧技术[M]. 2 版. 北京:化学工业出版社，2017.

[5] 陈莹，章曙，刘德允. 冷-干直接抽取法 CEMS 冷凝器的选型[J]. 中国环保产业，2010(5):48-51.

[6] 符青灵，王森. 在线分析仪表工工作手册[M]. 北京:化学工业出版社，2013.

[7] 高晋生，鲁军，王杰. 煤化工过程中的污染与控制[M]. 北京:化学工业出版社，2010.

[8] 国家环境保护总局. 空气和废气监测分析方法[M]. 4 版. 北京:中国环境出版社，2003.

[9] 李钧，阎维平，高宝桐，等. 烟气酸露点温度的计算分析[J]. 热力发电，2009(04):37-40.

[10] 环境保护部科技标准司. 烟尘烟气连续自动监测系统运行管理[M]. 北京:化学工业出版社，2008.

[11] 李峰. 一种创新的冷干直抽法 CEMS 样气预处理技术的应用研究[J]. 分析仪器，2013(02):81-86.

[12] 胡奔流，陈敬军. 危险废物焚烧烟气净化系统酸露点温度计算方法与防腐蚀技术[J]. 有色冶金设计与研究，2007，28(2):72-76.

[13] 王复兴. 用于垃圾焚烧发电厂的多组分烟气连续监测系统[J]. 分析仪器，2004(4):19-23.

[14] 金典，龚玲，彭逸，等. 傅立叶红外分析仪对垃圾焚烧氨逃逸监测研究[J]. 资源节约与环保，2019，209(04):145-151.

[15] 王强，杨凯. 烟气排放连续监测系统(CEMS)监测技术及应用[M]. 北京：化学工业出版社，2015.

[16] 王森. 烟气排放连续监测系统(CEMS)[M]. 北京：化学工业出版社，2014.

[17] 王森. 在线分析仪器手册[M]. 北京：化学工业出版社，2008.

[18] 王修文，李露露，孙敬方，等. 我国氮氧化物排放控制及脱硝催化剂研究进展[J]. 工业催化，2019(2).

[19] 王秀菊. 烟气排放连续监测系统的选型设计与分析[J]. 电气应用，2010(07):74-77.

[20] 易江，梁永，李虹杰. 固定源排放废气连续自动监测[M]. 北京：中国标准出版社，2009.

[21] 张志仁，徐顺清，周宜开，等. 虫荧光素酶报告基因用于二噁英类化学物质的检测[J]. 分析化学，2001(07):83-85.

[22] 中华人民共和国住房和城乡建设部. 中国城市建设统计年鉴 2017[M]. 北京：中国统计出版社,2018.

[23] 钟秦. 燃煤烟气脱硫脱硝技术及工程实例[M]. 2 版. 北京：化学工业出版社，2007.

[24] 朱卫东. 火电厂烟气脱硫脱硝监测分析及氨逃逸量检测[J]. 分析仪器，2010(01)：102-108.

[25] 朱卫东，朱建平，徐淮明，等. 烟气排放连续监测系统的烟气参数在线监测技术[J]. 分析仪器，2011(1):83-88.

[26] 秋山重之，藤原雅彦，吕岩，等. 关于燃煤脱硝装置出口处烟气中微量 NH_3 测量技术[C]. 第四届中国在线分析仪器应用及发展国际论坛，2011.